高等职业教育系列教材

# 数控加工工艺

## 第 2 版

宋宏明　杨　丰　编著

机械工业出版社

本书主要介绍数控加工工艺规程的编制、工装的选择与设计、刀具的选择、产品的质量分析等，内容包括金属切削加工基础、工件的装夹与夹具设计基础、数控加工工艺基础、数控车削加工工艺、数控铣削加工工艺、加工中心加工工艺、数控线切割加工工艺、数控电火花成形加工工艺。在各个章节中以案例为纽带，把相关理论知识和技能有机地结合，具有较强的可操作性。

本书可作为高等职业院校数控技术、机械制造及其相关专业的教学用书，也可作为相关专业的职业培训教材，以及技术人员的参考用书。

本书配有授课电子课件，需要的教师可登录机械工业出版社教育服务网 www. cmpedu. com 免费注册后下载，或联系编辑索取（QQ: 1239258369, 电话：010-883979739）。

**图书在版编目（CIP）数据**

数控加工工艺/宋宏明，杨丰编著. —2 版. —北京：机械工业出版社，2018.11（2024.9 重印）
高等职业教育系列教材
ISBN 978-7-111-61469-2

Ⅰ.①数… Ⅱ.①宋… ②杨… Ⅲ.①数控机床-加工-高等职业教育-教材 Ⅳ.①TG659

中国版本图书馆 CIP 数据核字（2018）第 267352 号

机械工业出版社（北京市百万庄大街22号 邮政编码100037）
策划编辑：曹帅鹏 责任编辑：曹帅鹏
责任校对：王 延 张 薇 责任印制：郜 敏
北京富资园科技发展有限公司印刷
2024 年 9 月第 2 版第 8 次印刷
184mm×260mm · 16.25 印张 · 440 千字
标准书号：ISBN 978-7-111-61469-2
定价：49.00 元

电话服务 网络服务
客服电话：010-88361066 机 工 官 网：www.cmpbook.com
010-88379833 机 工 官 博：weibo.com/cmp1952
010-68326294 金 书 网：www.golden-book.com
**封底无防伪标均为盗版** 机工教育服务网：www.cmpedu.com

# 前言

本书第 1 版于 2010 年 4 月出版发行，在几年的使用过程中，得到了众多读者的认可，同时也收到了一些读者提出的宝贵意见。为使本书更加适合广大读者的需要，特进行了修订，并在此特别感谢为本书提出宝贵意见的读者。这次修订主要做了以下几方面的工作：

1）增加了数控电火花成形加工工艺相关内容。数控电火花成形加工技术在机械制造中使用越来越多，特别在模具制造业中是一种主要加工方法。

2）增加了新技术方面的知识，如超精密数控车削加工工艺、高速铣削加工工艺等。

3）对第 1 版中的零件图、符号等用新标准进行了更新。

4）对第 1 版中部分内容进行了补充，如夹紧机构的其他类型、专用夹具设计的案例、工艺文件的编制等。

编者在修订过程中始终围绕"必需、够用"的原则，力求使本书与生产实际紧密结合，专业理论为专业技能服务，注重对学生专业能力和解决生产实际问题能力的培养，使学生获得知识与技能，满足生产第一线的需要。

在本书的修订过程中参考了相关教材、手册等资料，在此向参考文献中的图书作者表示衷心的感谢。

由于编者水平有限，书中难免仍有不当之处，恳请各位读者不吝指正。

编 者

# 目录

# 绪论

## 1. 数控加工

### （1）数控加工的概念

随着社会生产和科学技术的不断发展，各行各业都离不开的机械产品日趋精密复杂，同时对机械产品的质量和生产效率也提出了更高的要求。尤其是在航空航天、军事、造船等领域所需求的零件，精度要求越来越高、形状也越来越复杂，这些用普通机床是难以加工的。

为适应加工精密复杂零件的需要而发展起来的数字控制（简称 NC）技术，是利用数字化信息对机械运动和加工过程进行控制的一种方法。应用数字控制技术进行控制的机床，称为数控机床（NC 机床）。数控机床是一种综合应用了计算机技术、自动控制技术、精密测量技术和机床设计等先进技术的典型机电一体化产品，是现代制造技术的基础。

数控加工就是根据被加工零件的图样和工艺要求，编制零件数控加工程序，输入数控系统，控制数控机床中刀具与工件的相对运动，使之加工出合格零件的方法。

### （2）数控加工的过程

数控加工过程如图 0-1 所示。首先对零件图进行工艺处理，然后将零件图上的几何信息和工艺信息数字化（即将刀具与工件的相对运动轨迹、加工过程中主轴速度和进给速度的变换、冷却液的开关、工件和刀具的交换等过程的控制和操作，按规定的代码和格式编制成加工程序）并制备控制介质，接着将该程序输入数控系统。数控系统则按照程序的要求，首先进行相应的运算、处理，然后发出控制命令，使各坐标轴、主轴以及辅助动作相互协调，实现刀具与工件的相对运动，自动完成零件的加工。

### （3）数控加工的特点

数控加工具有如下特点：

① 加工精度高。因为数控机床本身的精度就比较高，一般数控机床的定位精度为 ±0.01mm，重复定位精度为 ±0.005mm，而且加工过程是自动进行的，避免了操作者人为造成的误差，所以数控机床的加工精度高，且同一批工件的尺寸一致性好，加工质量稳定。

② 柔性高。数控机床加工是由加工程序控制的，当加工对象改变时，只要重新编制程序，就可以完成工件的加工。因此数控机床加工既适用于零件频繁更换的场合，也适用于单件小批量生产及产品的开发，可缩短生产准备周期，有利于机械产品的更新换代。

③ 生产效率高。数控机床的刚性较好，可以采用较高的切削参数，充分发挥刀具的切削性能，减少切削时间；同时，数控加工一般可以自动换刀，工序相对集中，减少了辅助时间。

④ 有利于生产管理的现代化。数控机床使用数字信息与标准代码处理、传递信息，特别是在数控机床上使用计算机控制，为使用计算机辅助设计、制造以及管理一体化奠定了基础。

## 2. 数控加工工艺

### （1）数控加工工艺的概念

工艺就是根据设计图样和有关技术要求，将原材料、材料或半成品加工成成品的方法和技术规定。科学的工艺是工人们经过长期生产实践摸索出来的宝贵经验，是指导产品加工和工人操作的主要技术依据。在整个生产技术准备工作中工艺占有较大的比重。

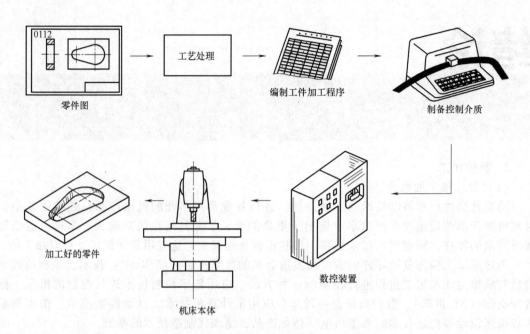

图 0-1　数控加工过程

所谓数控加工工艺，是指采用数控机床加工零件时所运用的各种方法和技术手段的总和。数控加工工艺是伴随着数控机床的产生、发展而逐步完善起来的一种应用技术，它是人们大量数控加工实践经验的总结。

（2）数控加工工艺的主要内容

数控加工工艺的主要内容包括：根据零件或产品的设计图纸及相关技术文件进行数控加工工艺的可行性分析；确定完成零件数控加工的加工方法；选择数控机床的类型和规格；确定加工坐标系、选择夹具及其辅助工具、选择刀具和刀具装夹系统；规划数控加工方案和工艺路线；划分加工区域、设计数控加工工序的内容；编写数控程序并进行调试和实际加工验证；对所有的数控工艺文件进行完善、固化并存档等。

（3）数控加工工艺的特点

在普通机床上加工零件时，是用工艺规程或工艺卡片来规定每道工序的操作过程，操作者按工艺卡片上规定的"程序"加工零件；而在数控机床上加工零件时，要把被加工零件的全部工艺过程、工艺参数和位移数据编制成程序，并以数字信息的形式记录在控制介质（如穿孔纸带、磁盘等）上，用它来控制机床加工。由此可见，数控机床加工工艺与普通机床加工工艺在原则上基本相同，但数控加工的整个过程是自动进行的，因而又有其特点。

1）数控加工工艺远比普通加工工艺复杂。数控加工工艺不仅要考虑被加工零件的工艺性，被加工零件的定位基准和装夹方式，还要选择刀具，制定工艺路线、切削方法及工艺参数等，而这些在普通工艺中均可以简化处理。因此，数控加工工艺比普通加工工艺要复杂得多，影响因素也多，有必要对数控加工的全过程进行综合分析、合理安排，然后整体完善。同一个数控加工任务，可以有多个不同的数控加工工艺方案，既可以选择以加工部位作为主线来安排工艺，也可以选择以加工刀具作为主线来安排工艺。数控加工工艺的多样化是数控加工的一个特色，是其与普通加工工艺的显著区别。

2）数控加工工艺的设计要有严密的条理性。由于数控加工的自动化程度较高，因此，相对而言，数控加工的自适应能力就较差；而且数控加工的影响因素较多，比较复杂，需要对数控加工的全过程深思熟虑，所以数控加工工艺的设计必须具有很好的条理性，也就是说，数控加工工艺的设计过程必须周密、严谨，没有错误。

3) 数控加工工艺的继承性好。凡是经过调试、校验和试切削过程验证的，并且在数控加工实践中证明是好的数控加工工艺，都可以作为模板，供后续加工类似零件时调用，这样不仅节约时间，而且可以保证质量。作为模板本身在调用中也是一个不断修改完善的过程，可以达到逐步标准化、系列化的效果。因此，数控加工工艺具有非常好的继承性。

4) 数控加工工艺必须经过实际验证才能指导生产。由于数控加工的自动化程度高，所以安全和质量是至关重要的。数控加工工艺必须经过验证后才能用于指导生产，而在普通机械加工中，工艺人员编写的工艺文件可以直接下到生产线用于指导生产，一般不需要上述的复杂过程。

5) 数控加工工艺有如下一些特殊要求：

① 由于数控机床比普通机床的刚度高，所配的刀具也好，因而在同等情况下，所采用的切削用量要比普通机床大，加工效率也较高。因此在用数控机床加工选择切削用量时要充分考虑这些特点。

② 由于数控机床的功能复合化程度越来越高，因此工序相对集中是现代数控加工工艺的特点。明显表现为工序数目少，工序内容多，并且在数控机床上安排的工序都比较复杂，所以数控机床加工的工序内容要比普通机床加工的工序内容复杂。

③ 由于数控机床加工的零件比较复杂，因此在确定装夹方式和夹具设计时，要特别注意刀具与夹具、工件的干涉问题。

### 3. 数控加工工艺系统

在数控机床加工过程中，由数控机床、夹具、刀具和工件等组成的系统称为数控加工工艺系统。

(1) 数控机床

数控机床是实现数控加工的主体。

(2) 夹具

在机床上用于装夹工件（和引导刀具）的装置统称为夹具。在机械制造工厂中，夹具的使用十分广泛，从毛坯制造到产品装配以及检测的各个生产环节，都会用到许多不同种类的夹具。夹具是实现数控加工的纽带。

(3) 刀具

金属切削刀具是现代机械加工中的重要工具。无论是普通机床还是数控机床都必须依靠刀具才能完成切削工作。刀具是实现数控加工的桥梁。

(4) 工件

工件是数控加工的对象。

# 第1章

# 金属切削加工基础

【案例引入】 图1-1所示为采用刨削方法加工平面。

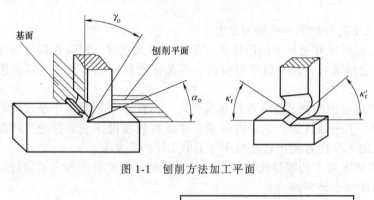

图 1-1 刨削方法加工平面

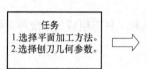

## 1.1 金属切削刀具的结构

### 1.1.1 切削运动与切削要素

#### 1. 切削运动

为了切除工件上多余的金属，从而获得形状、尺寸精度和表面质量等符合要求的工件，除必须使用切削刀具外，刀具和工件之间还必须做相对运动——切削运动。根据在切削过程中所起的作用不同，切削运动可分为主运动和进给运动。图1-2列举了几种常见加工方法的切削运动。

（1）主运动

主运动是使工件与刀具之间产生相对运动以进行切削的最主要的运动，也是切削运动中速度最高、消耗功率最大的运动。在切削运动中，主运动可以是旋转运动，也可以是直线运动，如图1-2所示。一般切削运动中主运动只有一个。

（2）进给运动

进给运动是把被切削层间断或连续地投入切削的一种运动。进给运动的特点是运动速度低，消耗功率小。进给运动可以是一个（如图1-2a所示），也可以是几个（如图1-2e所示）；可以是连续运动（如图1-2c所示），也可以是间歇运动（如图1-2b所示）。

（3）合成切削运动

当主运动和进给运动同时进行时（如车削、铣削等），刀具切削刃上选定点与工件间的相对切

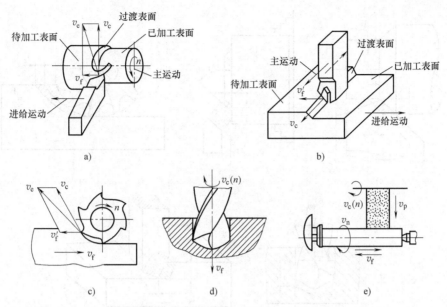

图 1-2 常见加工方法的切削运动

a）车外圆 b）刨平面 c）铣平面 d）钻孔 e）磨外圆

削运动，是主运动和进给运动的合成运动，称为合成切削运动。如图 1-2a 所示的外圆车削运动，$v_c$ 为切削刃上某点的切削速度，$v_f$ 为同一点的进给运动速度，$v_e$ 为两个运动的合成速度。

**2. 工件上的加工表面**

在切削过程中，工件上形成了三个不断变化的表面（如图 1-2a、b 所示）。

1）待加工表面：工件上有待切除金属层的表面。

2）已加工表面：工件上经刀具切削后产生的表面。

3）过渡表面：主切削刃正在切削的表面。

**3. 切削要素**

切削要素包括切削用量和切削层参数。

（1）切削用量三要素

切削用量包括切削速度、进给量和背吃刀量三个要素，各种常见切削加工的切削用量如图 1-3 所示。

1）切削速度 $v_c$。切削速度 $v_c$ 是刀具切削刃上选定点相对于工件的主运动的瞬时速度。当主运动为旋转运动时，切削速度的计算公式如下

$$v_c = \pi dn/1000 \tag{1-1}$$

式中　$v_c$——切削速度（m/min）；

　　　$d$——工件加工表面或刀具的最大直径（mm）；

　　　$n$——主运动的转速（r/min）。

2）进给量 $f$。进给量 $f$ 是工件或刀具在主运动每转一周或每一行程时，刀具与工件在进给方向上的相对位移量。进给量的大小也反映了进给速度的大小，两者关系为

$$v_f = fn \tag{1-2}$$

式中　$v_f$——进给速度（mm/min）；

　　　$f$——进给量（mm/r）；

　　　$n$——主运动的转速（r/min）。

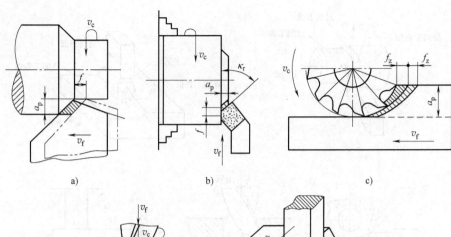

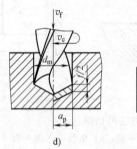
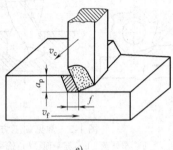

图 1-3 各种常见切削加工的切削用量

a) 车外圆　b) 车端面　c) 铣平面　d) 钻孔　e) 刨平面

3) 背吃刀量 $a_p$。背吃刀量 $a_p$ 是指已加工表面与待加工表面之间的垂直距离。当车外圆时，背吃刀量的计算公式为

$$a_p = (d_w - d_m)/2 \tag{1-3}$$

式中　$a_p$——背吃刀量（mm）；

　　　$d_w$——待加工表面直径（mm）；

　　　$d_m$——已加工表面直径（mm）。

（2）切削层参数

在切削过程中，刀具切削刃在一次进给中从工件待加工表面上切下的金属层称为切削层。如图 1-4 所示，车刀从位置Ⅰ移到位置Ⅱ时所切下的Ⅰ、Ⅱ之间的金属层就是切削层。切削层参数共有三个，即切削层公称厚度、切削层公称宽度和切削层公称横截面积。通常在垂直于切削速度的平面内测量。

1) 切削层公称厚度 $h_D$。切削层公称厚度 $h_D$ 是指垂直于过渡表面测量的切削层尺寸。$h_D$ 的大小反映了切削刃单位长度上的工作负荷。由图 1-4 可知

$$h_D = f \sin\kappa_r \tag{1-4}$$

式中　$h_D$——切削层公称厚度（mm）；

　　　$f$——进给量（mm/r）；

　　　$\kappa_r$——主偏角（°）。

2) 切削层公称宽度 $b_D$。切削层公称宽度 $b_D$ 是指沿着过渡表面测量的切削层尺寸。$b_D$ 的大小反映了参加切削的切削刃长度。由图 1-4 可知

$$b_D = a_p / \sin\kappa_r \tag{1-5}$$

式中　$b_D$——切削层公称宽度 $b_D$（mm）；

　　　$a_p$——背吃刀量（mm）；

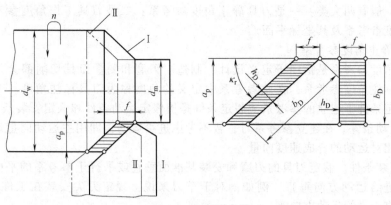

图 1-4 切削层参数

$\kappa_r$——主偏角（°）。

3）切削层公称横截面积 $A_D$。切削层公称横截面积 $A_D$ 是指在切削层尺寸平面内测量的横截面积。由图 1-4 可知

$$A_D = h_D b_D = a_p f \qquad (1\text{-}6)$$

## 1.1.2 刀具切削部分的结构

### 1. 刀具切削部分的几何要素

金属切削刀具的种类繁多，形状各异，但就其切削部分而言，都可视为外圆车刀切削部分的演变。如图 1-5 所示为外圆车刀的结构，其组成包括刀杆部分和刀头部分。刀杆部分用于在刀架上装夹；刀头部分用于切削，又称切削部分。

刀具切削部分的组成要素如下：

1）前刀面 $A_\gamma$：切削过程中切屑流过的表面。

2）主后刀面 $A_\alpha$：与工件上过渡表面相对应的刀面，也称为后刀面。

3）副后刀面 $A_\alpha'$：与工件上已加工表面相对应的刀面，也称为副后面。

4）主切削刃 $S$：前刀面与后刀面的交线，它担负主要的切削工作。

5）副切削刃 $S'$：前刀面与副后面的交线，它配合主切削刃完成切削工作。

6）刀尖：它是主、副切削刃的连接部位。刀尖可以是主、副切削刃的实际交点（如图 1-6a 所示），但为了提高刀尖强度并延长刀具使用寿命，实际中多将刀尖磨成圆弧（如图 1-6b 所示）或直线形过渡刃（如图 1-6c 所示），即圆弧刀尖和倒角刀尖。

### 2. 刀具的标注角度

为了要确定刀具切削部分各几何要素的空间位置，就需要建立相应的参考系。为此目的

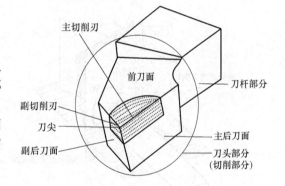

图 1-5 外圆车刀的结构

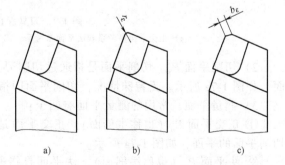

图 1-6 刀尖的形式
a）实际交点　b）圆弧形过渡刃　c）直线形过渡刃

建立的参考系一般有两大类：一是刀具静止角度参考系；二是刀具工作角度参考系。下面说明刀具静止角度参考系及其坐标平面。

（1）刀具静止角度参考系

刀具静止角度参考系是指用于定义设计、制造、刃磨和测量刀具切削部分几何要素的参考系，又称为标注角度参考系，在此参考系中定义的角度称为刀具标注角度。刀具静止角度参考系是在假定条件下建立的参考系，假定条件是指假定运动条件和假定安装条件。

1）假定运动条件。在建立参考系时，暂不考虑进给运动，即用主运动向量近似代替切削刃与工件之间相对运动的合成速度向量。

2）假定安装条件。假定刀具的刃磨和安装基准面垂直或平行于参考系的平面，同时假定刀杆中心线与进给运动方向垂直。例如：对于车刀来说，规定刀尖安装在工件中心高度上，刀杆中心线垂直于进给运动方向等。

（2）刀具静止角度参考系的坐标平面

作为一个空间参考系，就必须有确定的坐标平面。在静止角度参考系中，这样的坐标平面有三个：基面（$P_r$）、切削平面（$P_s$）和测量平面。

1）基面 $P_r$。基面是指通过切削刃上选定点，垂直于假定主运动方向的平面，如图 1-7a 所示。

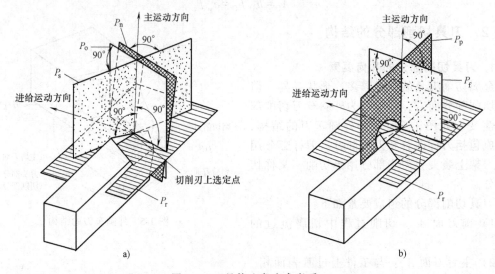

图 1-7　刀具静止角度参考系

a）正交平面参考系和法平面参考系　b）假定工作平面参考系和背平面参考系

2）切削平面 $P_s$。切削平面是指通过切削刃上选定点，与主切削刃相切并垂直于基面的平面，如图 1-7a 所示。无特殊情况，切削平面即指主切削平面。

3）测量平面。常用的测量平面有四个：

① 正交平面 $P_o$（也称主剖面）。正交平面是指通过切削刃上选定点并同时垂直于基面和切削平面的平面，如图 1-7a 所示。

② 法平面 $P_n$（也称法剖面）。法平面是指通过切削刃上选定点并垂直于切削刃的平面，如图 1-7a 所示。

③ 假定工作平面 $P_f$（也称进给剖面）。假定工作平面是指通过切削刃上选定点平行于假定进给运动方向并垂直于基面的平面，如图 1-7b 所示。

④ 背平面 $P_p$（也称切深剖面）。背平面是指通过切削刃上选定点并垂直于假定工作平面和基面的平面，如图 1-7b 所示。

以上测量平面可根据需要任选一个，然后与另两个坐标平面（基面 $P_r$ 和切削平面 $P_s$）共三个平面组成相应的参考系。如 $P_r$—$P_s$—$P_o$ 组成正交平面参考系（主剖面参考系）；$P_r$—$P_s$—$P_n$ 组成法平面参考系（法剖面参考系）；$P_r$—$P_s$—$P_f$ 组成假定工作平面参考系（进给剖面参考系）；$P_r$—$P_s$—$P_p$ 组成背平面参考系（切深剖面参考系）。

对于副切削刃的静止角度参考系，也有同样的上述坐标平面。为区分起见，可在相应符号上方加 " ' "，如 $P'_o$ 为副切削刃的正交平面，其余类同。

（3）正交平面参考系下的刀具标注角度

如图1-8所示，正交平面参考系下车刀各标注角度如下：

前角 $\gamma_o$：在主切削刃选定点的正交平面 $P_o$ 内，前刀面与基面之间的夹角，正负规定如图1-8所示。

后角 $\alpha_o$：在正交平面 $P_o$ 内，主后刀面与切削平面之间的夹角，正负规定如图1-8所示。

主偏角 $\kappa_r$：主切削刃在基面上的投影与假定进给运动方向的夹角，它总是正值。

副偏角 $\kappa'_r$：副切削刃在基面上的投影与假定进给运动反方向的夹角，它总是正值。

刃倾角 $\lambda_s$：在切削平面 $P_s$ 内，主切削刃与基面的夹角，正负规定如图1-8所示。

副后角 $\alpha'_o$：在副切削刃选定点的副正交平面 $P'_o$ 内，副后刀面与副切削平面之间的夹角，正负规定如图1-8所示。

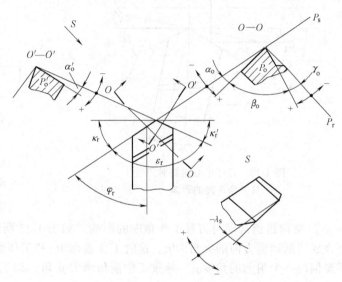

图1-8 车刀标注角度

同理，在法平面 $P_n$ 内有标注角度法前角 $\gamma_n$ 和法后角 $\alpha_n$；在假定工作平面 $P_f$ 内有标注角度侧前角 $\gamma_f$ 和侧后角 $\alpha_f$；在背平面 $P_n$ 内有标注角度背前角 $\gamma_p$ 和背后角 $\alpha_p$。

### 3. 刀具的工作角度

（1）刀具的工作角度参考系

刀具的工作角度参考系是在实际工作条件下建立的参考系，在此参考系中定义的角度称为刀具的工作角度。工作角度参考系基准平面如下：

工作基面 $P_{re}$：过切削刃选定点与合成切削速度 $v_e$ 垂直的平面。

工作切削平面 $P_{se}$：过切削刃选定点与切削刃相切并垂直于工作基面的平面。

（2）影响刀具工作角度的因素

1）刀具安装位置对刀具工作角度的影响

① 刀刃安装高低对工作前、后角的影响。如图1-9所示，当切削点高于工件中心时，此时工作基面与工作切削平面与正常位置相应的平面成 $\theta$ 角，由图可以看出，此时工作前角增大 $\theta_p$ 角，而工作后角减小 $\theta_p$ 角，$\theta_p$ 角满足如下关系式

$$\sin\theta_p = 2h/d \qquad (1-7)$$

② 刀杆中心与进给方向不垂直对工作主、

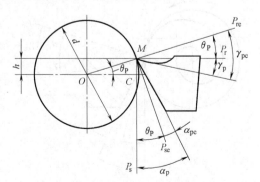

图1-9 刀刃安装高低的影响

副偏角的影响。如图 1-10 所示，当刀杆中心线比正常位置偏 $\theta_A$ 角时，将引起工作主偏角 $\kappa_{re}$ 增大（或减小），工作副偏角 $\kappa'_{re}$ 减小（或增大），角度变化值为 $\theta_A$ 角。

2）进给运动对刀具工作角度的影响

① 进给运动方向对工作主、副偏角的影响。如图 1-11 所示，当实际进给运动方向与假定进给运动方向偏 $\theta_A$ 角时，将引起工作主偏角 $\kappa_{re}$ 增大（或减小），工作副偏角 $\kappa'_{re}$ 减小（或增大），角度变化值为 $\theta_A$ 角。

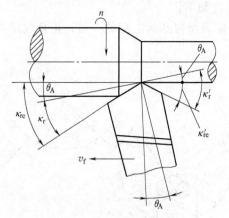

图 1-10　刀杆中心偏斜对刀具工作角度的影响

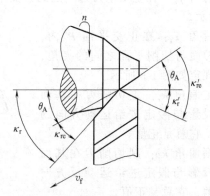

图 1-11　进给运动方向对刀具工作角度的影响

② 横向进给运动对刀具工作角度的影响。如图 1-12 所示，车端面或切断时，主运动方向与合成切削运动方向的夹角为 $\mu$，这时工作基面 $P_{re}$ 和工作切削平面 $P_{se}$ 相对于静止角度参考系都要偏转一个附加的角度 $\mu$，导致工作前角增大 $\mu$ 角，而工作后角减小 $\mu$ 角。

$$\tan\mu = v_f/v_c = f/\pi d \tag{1-8}$$

③ 纵向进给运动对刀具工作角度的影响。如图 1-13 所示，车外圆或螺纹时，主运动方向

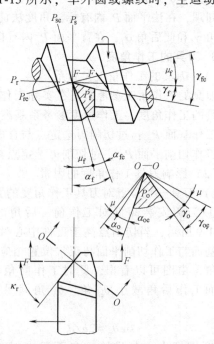

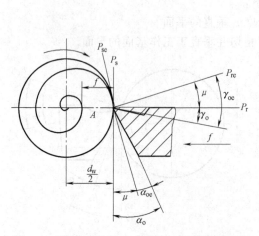

图 1-12　横向进给运动对刀具工作角度的影响

图 1-13　纵向进给运动对刀具工作角度的影响

与合成切削运动方向的夹角为 $\mu_f$，这时工作基面 $P_{re}$ 和工作切削平面 $P_{se}$ 相对于静止角度参考系都要偏转一个附加的角度 $\mu_f$，导致工作前角增大 $\mu_f$ 角，而工作后角减小 $\mu_f$ 角。

$$\tan\mu = \tan\mu_f \sin\kappa_r = f\sin\kappa_r / \pi d \qquad (1\text{-}9)$$

式中　$f$——纵向进给量或螺纹的导程（mm/r）；

$d$——工件选定点的直径（mm）；

$\mu_f$——螺旋升角（°）。

## 1.2 金属切削刀具的选择

### 1.2.1 刀具材料

在金属切削加工中，刀具切削部分起主要作用，所以刀具材料一般指刀具切削部分的材料。刀具材料决定了刀具的切削性能，直接影响加工效率、刀具使用寿命和加工成本。因此合理选择刀具材料是切削加工工艺的一项重要内容。

**1. 刀具材料的基本要求**

金属切削加工时，刀具受到很大的切削压力、摩擦力和冲击力，产生很高的切削温度。在这种高温、高压和剧烈的摩擦环境下工作，刀具材料需满足如下一些基本要求。

（1）高硬度和高耐磨性

刀具材料的硬度必须高于被加工材料的硬度才能切下金属，这是刀具材料必备的基本要求，现有刀具材料硬度都在 60HRC 以上。一般刀具硬度越高，耐磨性越好。刀具金相组织中硬质点（如碳化物、氮化物等）越多，颗粒越小，分布越均匀，则刀具耐磨性越好。

（2）足够的强度与冲击韧性

刀具在切削时受到很大的切削力与冲击力，如车削 45 钢，在背吃刀量 $a_p = 4$mm，进给量 $f = 0.5$mm/r 的条件下，刀片所承受的切削力达到 4000N。可见，刀具材料必须具有较高的强度和较强的韧性。

（3）高耐热性

刀具材料的耐热性是衡量刀具切削性能的主要指标，通常用高温下保持高硬度的性能来衡量，也称热硬性。刀具材料高温硬度越高，则耐热性越好，高温抗塑性变形能力、抗磨损能力也越强。

（4）优良的导热性

刀具材料的导热性好，说明切削产生的热量容易传导出去，从而降低了刀具切削部分的温度，减少刀具磨损。另外，刀具材料的导热性好，则其抗耐热冲击和抗热裂纹性能也好。

（5）良好的工艺性与经济性

刀具不但要有良好的切削性能，本身还应该易于制造，这就要求刀具材料要有较好的工艺性，如锻造、热处理、焊接、磨削和高温塑性变形等性能。此外，经济性也是刀具材料的重要指标之一，选择刀具时，要考虑经济效果，以降低生产成本。

**2. 常用刀具材料**

刀具材料有很多种，目前常用的有高速钢、硬质合金、陶瓷、立方氮化硼和金刚石等。

（1）高速钢

高速钢（又称锋钢，白钢）是在合金工具钢中加入较多的钨、钼、铬、钒等合金元素的高合金工具钢，具有较高的强度、韧性和耐热性，使用比较广泛。高速钢按用途不同，可分为普通高速钢和高性能高速钢两种。

1）普通高速钢。普通高速钢具有一定的硬度（62~67HRC）和耐磨性、较高的强度和韧性。在切削钢料时切削速度一般不高于40~60m/min，不适于高速切削和硬材料的切削。

　　2）高性能高速钢。高性能高速钢是在普通高速钢中增加碳、钒的含量或加入钴、铝等其他合金元素而得到的耐热性、耐磨性更高的新钢种，耐用度为普通高速钢的1~3倍。

　　表1-1列出了几种常用高速钢的牌号及其主要性能。

表1-1　常用高速钢的牌号及其主要性能

| 类型 | 高速钢牌号 | | 常温硬度/HRC | 抗弯强度/MPa | 冲击韧性/（kJ/mm²） | 600℃下的硬度/HRC |
|---|---|---|---|---|---|---|
| | 中国牌号 | 习惯名称 | | | | |
| 普通高速钢 | W18Cr4V | T1 | 62~65 | 3430 | 290 | 50.5 |
| | W6Mo5Cr4V2 | M2 | 63~66 | 3500~4000 | 300~400 | 47~48 |
| 高性能高速钢 | W6Mo5Cr4V3 | M3 | 65~67 | 3200 | 250 | 51.7 |
| | W7Mo4Cr4V2Co5 | M41 | 66~68 | 2500~3000 | 230~350 | 54 |
| | W6Mo5Cr4V2Al | 501钢 | 66~69 | 3000~4100 | 230~350 | 55~56 |
| | 110W1.5Mo9.5Cr4VCo8 | M42 | 67~69 | 2650~3730 | 230~290 | 55.2 |
| | W10Mo4Cr4VAl | 5F6钢 | 68~69 | 3010 | 200 | 54.2 |

　　（2）硬质合金

　　硬质合金是由硬度和熔点都很高的碳化物，用Co、Mo、Ni作粘结剂烧结而成的粉末冶金制品。其常温硬度可达78~82HRC，能耐850~1000℃的高温，切削速度比高速钢高4~10倍，但其冲击韧性与抗弯强度远比高速钢差，因此很少做成整体式刀具。

　　1）硬质合金分类。切削刀具用硬质合金根据国际标准ISO分类，把所有牌号分成用颜色标志的三大类，分别用P、M、K表示。

　　① P类。外包装用蓝色标志，国家标准YT类，主要成分为WC+TiC+Co，适于加工长切屑的黑色金属。

　　② M类。外包装用黄色标志，国家标准YW类，主要成分为WC+TiC+TaC（NbC）+Co，适于加工长切屑或短切屑的黑色金属及有色金属。

　　③ K类。外包装用红色标志，国家标准YG类，主要成分为WC+Co，适于加工短切屑的黑色金属、有色金属及非金属材料。

　　在国际标准ISO中通常又分别在P、M、K三种代号之后附加01、05、10、20、30、40、50等数字进行更进一步的细分。一般来讲，数字越小，硬度越高、韧性越低；而数字越大，韧性越高、硬度越低。表1-2列出了国内常用各类合金的牌号和性能。

表1-2　国内常用各类合金的牌号和性能

| 国家标准牌号 | 国际标准牌号 | 密度/（g/cm²） | 硬度/HRA | 抗弯强度/MPa | 使用性能或推荐用途 |
|---|---|---|---|---|---|
| YG3 | K05 | 15.20~15.40 | 91.5 | 140 | 铸铁、有色金属及其合金的精加工、半精加工，要求无冲击 |
| YG3X | K05 | 15.20~15.40 | 92.0 | 130 | 细晶粒铸铁、有色金属及其合金的精加工、半精加工 |
| YG6 | K20 | 14.85~15.05 | 90.5 | 186 | 铸铁、有色金属及其合金的半精加工、粗加工 |
| YG6X | K10 | 14.85~15.05 | 91.7 | 180 | 细晶粒铸铁、有色金属及其合金的半精加工、粗加工 |
| YG8 | K30 | 14.60~14.85 | 90.0 | 206 | 铸铁、有色金属及其合金的粗加工，可用于断续切削 |
| YT5 | P30 | 11.50~13.20 | 90.0 | 175 | 碳素钢、合金钢的粗加工，可用于断续切削 |
| YT14 | P20 | 11.20~11.80 | 91.0 | 155 | 碳素钢、合金钢的半精加工、粗加工，可用于断续切削时的精加工 |

（续）

| 国家标准牌号 | 国际标准牌号 | 密度/（g/cm²) | 硬度/HRA | 抗弯强度/MPa | 使用性能或推荐用途 |
|---|---|---|---|---|---|
| YT15 | P10 | 11.10~11.60 | 91.5 | 150 | 碳素钢、合金钢的半精加工、粗加工，可用于断续切削时的精加工 |
| YT30 | P01 | 9.30~9.70 | 92.5 | 127 | 碳素钢、合金钢的精加工 |
| YW1 | M10 | 12.85~13.40 | 92.0 | 138 | 高温合金、不锈钢等难加工材料的精加工、半精加工 |
| YW2 | M20 | 12.65~13.35 | 91.0 | 168 | 高温合金、不锈钢等难加工材料的半精加工、粗加工 |

2）涂层硬质合金。涂层硬质合金刀片是在韧性较好的刀具表面涂上一层耐磨损、耐溶着、耐反应的物质，使刀具在切削中具有既硬而又不易破损的性能。常用的涂层材料有 TiC、TiN 和 $Al_2O_3$ 等。

涂层的方法分为两大类，一类为物理涂层（PVD）；另一类为化学涂层（CVD）。一般来说，物理涂层是在550℃以下将金属和气体离子化后喷涂在刀具表面；而化学涂层则是将各种化合物通过化学反应沉积在刀具上形成表面膜，反应温度一般都在1000~1100℃左右。最近低温化学涂层也已实用化，温度一般控制在800℃左右。

（3）陶瓷

陶瓷刀具的材料主要由硬度和熔点都很高的 $Al_2O_3$、$Si_3N_4$ 等氧化物、氮化物组成，另外还有少量的金属碳化物、氧化物等添加剂，通过粉末冶金的工艺方法制粉，再压制烧结而成。常用的陶瓷刀具有两种：$Al_2O_3$ 基陶瓷和 $Si_3N_4$ 基陶瓷。

陶瓷刀具的优点是有很高的硬度和耐磨性，硬度可达91~95HRA，耐磨性是硬质合金的5倍；刀具寿命比硬质合金高；而且具有很好的热硬性，当切削温度达760℃时，具有87HRA（相当于66HRC）的硬度，当切削温度达到1200℃时，仍能保持80HRA的硬度。陶瓷刀具的摩擦系数低，切削力比硬质合金小，用该类刀具加工时能提高表面粗糙度。陶瓷刀具的缺点是强度和韧性差，热导率低，最大的缺点是脆性大，抗冲击性能很差。

此类刀具一般用于高速精细加工硬材料。

（4）金刚石

金刚石是碳的同素异构体，具有极高的硬度。现用的金刚石刀具有三类：天然金刚石刀具、人造聚晶金刚石刀具和复合聚晶金刚石刀具。

金刚石刀具具有如下优点：极高的硬度和耐磨性，人造金刚石硬度达10000HV，耐磨性是硬质合金的60~80倍；切削刃锋利，能实现超精密微量加工和镜面加工；很高的导热性。金刚石刀具的缺点如下：耐热性差，在700~800℃以上硬度下降很大，无法切削；与铁原子有很强的化学亲和作用，一般不易加工铁族金属；强度低，脆性大，对振动很敏感。

此类刀具主要用于高速条件下精细加工有色金属及其合金和非金属材料。

（5）立方氮化硼

立方氮化硼（简称CBN）是以六方氮化硼为原料在高温高压下合成的。

CBN刀具的主要优点是硬度高（8000~9000HV），硬度仅次于金刚石，耐热性好（耐热温度可达1400~1500℃），较高的导热性和较小的摩擦系数；缺点是强度和韧性较差，抗弯强度仅为陶瓷刀具的1/5~1/2。

CBN刀具适用于加工高硬度淬火钢、冷硬铸铁和高温合金材料。它不宜加工塑性大的钢件和镍基合金，也不适于加工铝合金和铜合金，通常用于采用负前角的高速切削。

## 1.2.2 金属切削过程中的物理现象及其基本规律

金属切削过程是指通过切削运动，使刀具从工件上切下多余的金属层，形成切屑和已加工表面的过程。在这个过程中产生一系列的物理现象，如形成切屑、切削力、切削热与切削温度、刀具磨损等。研究这些现象及其变化规律，对于提高切削效率，降低成本，改善加工质量是至关重要的。

**1. 切削变形**

（1）切削变形的本质

实验研究表明，金属切削过程是一个类似于金属材料受挤压的变形过程。其本质是切削层在受到刀具前刀面的挤压而产生剪切滑移的塑性变形过程。

这一现象与挤压试验有些类似。图 1-14a 是普通挤压过程的示意图，试件受压时，内部产生剪切应力和应变，滑移面 $DA$、$CB$ 与作用力 $F$ 的方向大致成 45°；图 1-14b 是切削过程示意图，与挤压试验比较，差别在于工件仅切削层受挤压，$DB$ 以下有工件母体的阻碍，所以金属只沿 $DA$ 方向滑移，这就是切削过程中的剪切面。

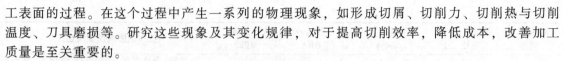

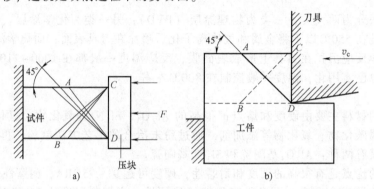

图 1-14　挤压与切削的比较

a）挤压　b）切削

（2）三个变形区

1）第一变形区。切削层金属在刀具的挤压下首先将产生弹性变形，当最大剪切应力超过材料的屈服极限时，发生塑性变形，如图 1-15 所示，金属会沿 $OA$ 线剪切滑移，$OA$ 被称为始滑移线。随着刀具的移动，这种塑性变形将逐步增大，当达到 $OM$ 线时，剪切应力达到材料的断裂强度，即沿剪切方向挤裂而成为切屑，这时滑移变形停止，$OM$ 被称为终滑移线。$OA$ 与 $OM$ 之间的区域就是第一变形区 I。由于塑性变形的特点是晶格间的剪切滑移，所以这一变形区也称剪切区。

2）第二变形区。经第一变形区剪切滑移而形成的切屑沿刀具前刀面流出，在靠近前刀面处形成第二变形区，如图 1-15 所示 II 变形区。在这个变形区域，由于切削层材料受到刀具前刀面的挤压和摩擦，变形进一步加剧，材料在此处纤维化，流动速度减慢，甚至停滞在前刀面上。而且，切屑与前刀面的压力很大，高达 2~3GPa，因此摩擦产生的热量也使切屑与刀具表面温度上升到几百度的高温，切屑底部与刀具前刀面发生粘结现象。

3）第三变形区。从图 1-15 可以看出，在已加工表面处也形成了显著的变形层，这是工件已加工表面受到切削刃钝圆半径和后面的挤压和摩擦而产生的塑性变形引起的，这一

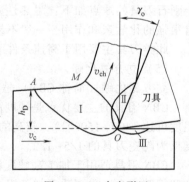

图 1-15　三个变形区

部分称为第三变形区。第三变形区的变形造成工件表层金属的纤维化和加工硬化，并产生一定的残余应力，这将影响到工件的表面质量和使用性能。

（3）积屑瘤

1）现象。在一定的条件下切削钢或其他塑性金属材料时，由于前刀面挤压和摩擦的作用，使切屑底层中的一部分金属停滞并堆积在切削刃口附近，形成硬块（如图1-16所示），能代替切削刃进行切削，这个硬块称为积屑瘤。

2）形成。积屑瘤的形成可以根据第二变形区的特点来解释。当金属切削层从终滑移线流出时，受到刀具前刀面的挤压和摩擦，切屑与刀具前刀面接触面温度升高。挤压力和温度达到一定程度时，就会产生粘结现象，也就是常说的"冷焊"。切屑流过与刀具粘附的底层时，产生内摩擦，这时底层上面的金属出现加工硬化，并与底层粘附在一起，逐渐长大，成为积屑瘤。

3）影响。积屑瘤硬度很高，是工件材料硬度的2~3倍，能同刀具一样对金属进行切削。它对金属的切削过程会产生如下影响：

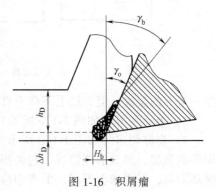

图1-16　积屑瘤

① 保护刀具。积屑瘤包裹着刀刃和部分刀具前刀面，代替刀刃进行切削，减少刀具磨损，提高了刀具寿命。但对于硬质合金刀具而言，因为积屑瘤的形成过程是不稳定的，所以积屑瘤频繁脱落，反而使刀具磨损加剧。

② 增大刀具前角。如图1-16所示，由于积屑瘤的粘附，刀具的实际前角增大，因而可以减小切削变形，对切削过程起积极作用。

③ 增大切削厚度。由图1-16可以看出，当积屑瘤存在时，实际的金属切削层厚度比无积屑瘤时增加了一个 $\Delta h_D$，显然，这对工件切削尺寸的控制是不利的。值得注意的是，这个厚度 $\Delta h_D$ 的增加并不是固定的，因为积屑瘤在不停地变化，它是一个产生、长大、最后脱落的周期性变化过程，这样可能在加工中产生振动。

④ 增大已加工表面粗糙度值。积屑瘤的底部一般比较稳定，而它的顶部极不稳定，经常会破裂，然后再形成。破裂的积屑瘤一部分随切屑排除，另一部分则留在已加工表面上，使已加工表面变得非常粗糙。可以看出，如果想提高表面加工质量，必须控制积屑瘤的产生。

4）控制。根据积屑瘤产生的原因可以知道，切屑底层与前刀面发生粘结和加工硬化是积屑瘤产生的必要条件。一般来说，温度与压力太低，不会发生粘结；而温度太高，也不会产生积屑瘤，所以切削温度是积屑瘤产生的决定因素。因此可以采取以下几个方面的措施来避免积屑瘤的发生：

① 控制切削速度，使切削温度避开积屑瘤产生的温度范围（一般为300~400℃），就可减少积屑瘤的产生。或用低速切削，如使切削温度低，粘结现象就不易发生；或用高速切削，使切削温度高于积屑瘤消失的相应温度。

② 调整刀具角度，增大前角，从而减小切屑对刀具前刀面的压力。

③ 适当提高工件材料硬度，减小加工硬化倾向。

④ 采用润滑性能好的切削液，减小摩擦。

（4）切屑的类型

由于工件材料以及切削条件不同，切削变形的程度也就不同，因而所产生的切屑形态也就多种多样。根据切削层变形特点和变形后形成切屑的外形不同，通常将切屑分为以下四类（如图1-17所示）：

1）带状切屑（如图1-17a所示）。当切削塑性金属材料时，若切屑在滑移后尚未达到破裂程度，则形成连绵不断、底面光滑的带状切屑。

2）挤裂切屑（如图1-17b所示）。若切屑的滑移变形比较充分，以致达到破裂程度，产

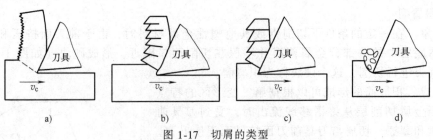

图 1-17　切屑的类型

a）带状切屑　b）挤裂切屑　c）单元切屑　d）崩碎切屑

生一节节的裂纹，但裂纹上下尚未贯穿，仅背面裂开，底面仍较光滑，称之为挤裂切屑。

3）单元切屑（如图 1-17c 所示）。发生的裂纹上下贯穿时则称为单元切屑。

4）崩碎切屑（如图 1-17d 所示）。当切削脆性金属材料时，被切削层在发生弹性变形后，即突然崩裂，形成崩碎切屑。它的形状不规则，加工表面凹凸不平，切削过程很不平稳，易损坏刀具，于机床也不利，生产中应力求避免。当加工铸铁时，如采用较大的刀具前角、较大的背吃刀量和较高的切削速度，通常可将崩碎切屑转化为节状切屑。

在生产中，最常见的是带状切屑，切削过程最平稳，有时是挤裂切屑，切削力波动最大的单元切屑很少见。当改变挤裂切屑的条件时：如增大刀具前角、提高切削速度、减小切削厚度（即减小进给量）等，就可以得到带状切屑；反之，则可得到单元切屑。这说明，切屑的形态可以随切削条件而转化。掌握了它的变化规律，就可以控制切屑的变形、形态和尺寸，以达到卷屑、断屑的目的。

**2. 切削力**

切削过程中作用在刀具与工件上的力称为切削力。了解切削力对于计算功率消耗和刀具、机床、夹具的设计，以及制定合理的切削用量，确定合理的刀具几何参数等都有重要的意义。在数控加工过程中，许多数控设备就是通过监测切削力来监控数控加工过程以及加工刀具所处的状态。

（1）切削力的来源、合力与分解

切削时作用在刀具上的力，由以下两方面组成：

① 三个变形区内产生的弹性变形抗力和塑性变形抗力。

② 切屑、工件与刀具间的摩擦力。

这些力的总和形成作用在刀具上的合力 $F_r$（如图 1-18 所示）。车外圆时，$F_r$ 又可分解为相互垂直的 $F_c$、$F_p$、$F_f$ 三个分力（如图 1-19所示）。

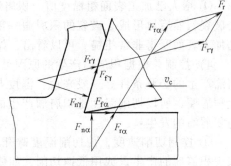

图 1-18　作用在刀具上的力

1）$F_c$——主切削力（或称切向力）。

主切削力 $F_c$ 是合力 $F_r$ 在主运动方向上的分力，垂直于基面，是计算刀具强度、设计机床零件和确定机床功率的依据。

2）$F_p$——背向力（或称径向力、切深抗力）。

背向力 $F_p$ 是合力 $F_r$ 在垂直于进给运动方向上的分力，是验算工艺系统刚度的主要依据。此力的反力使工件发生弯曲变形，影响工件的加工精度，并在切削过程中产生振动。

3）$F_f$——进给抗力（或称轴向力、进给力）。

进给抗力 $F_f$ 是合力 $F_r$ 在进给运动方向上的分力，是设计机床进给机构、计算刀具进给功率的依据。

由图 1-19 有

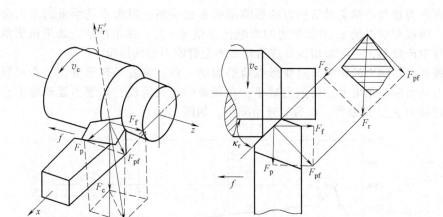

图1-19 车外圆时的切削分力与合力

$$F_r = \sqrt{F_c^2 + F_{pf}^2} = \sqrt{F_c^2 + F_p^2 + F_f^2} \qquad (1-10)$$

式中 $F_{pf}$——合力在基面上的投影，是背向力 $F_p$ 与进给抗力 $F_f$ 的合力（N）。

根据实验可得，当 $\kappa_r = 45°$、$\lambda_s = 0°$、$\gamma_o = 15°$ 时，$F_c$、$F_p$、$F_f$ 之间有以下近似关系

$$F_p = (0.4 \sim 0.5) F_c \qquad (1-11)$$

$$F_f = (0.3 \sim 0.4) F_c \qquad (1-12)$$

随着刀具几何参数、切削用量、工件材料和刀具磨损等情况的不同，$F_c$、$F_p$、$F_f$ 之间的比例也不同。

（2）切削功率

切削过程中所消耗的功率称为切削功率 $P_c$。通过图1-19可以看到，背向力 $F_p$ 在力的方向上无位移，不做功，因此切削功率为进给力 $F_f$ 与切削力 $F_c$ 所做的功。

$$P_c = (F_c v_c + F_f n f / 1000) / (60 \times 1000) \qquad (1-13)$$

式中 $P_c$——切削功率（kW）；

   $F_c$——主切削力（N）；

   $F_f$——进给抗力（N）；

   $v_c$——切削速度（m/min）；

   $n$——工件转速（r/min）；

   $f$——进给量（mm/r）。

由于 $F_f$ 消耗功率一般小于 1%～2%，可以忽略不计，因此切削功率公式可简化为

$$P_c = F_c v_c / (60 \times 1000) \qquad (1-14)$$

在设计机床选择电机功率 $P_E$ 时，应按下式计算

$$P_E \geqslant P_c / \eta \qquad (1-15)$$

式中 $P_E$——机床电机功率（kW）；

   $\eta$——机床传动效率，一般取 0.75～0.85。

（3）影响切削力的因素

1）工件材料。一般材料的强度愈高，硬度越大，材料的剪切屈服强度越高，切削力越大；强度、硬度相近的材料，塑性、韧性越大，所需的切削力也越大。

2）切削用量。因为切削面积 $AD = a_p f$，所以背吃刀量 $a_p$ 与进给量 $f$ 的增大都将增大切削面积。切削面积的增大将使变形力和摩擦力增大，切削力也将增大，但两者对切削力的影响不同。

　　虽然背吃刀量与进给量对切削力的影响都成正比关系，但由于进给量的增大会减小切削层的变形，所以背吃刀量 $a_p$ 对切削力的影响比进给量 $f$ 大。在生产中，如果机床消耗功率相等，为提高生产效率，一般采用提高进给量而不是背吃刀量的措施。

　　切削速度对切削力的影响与对变形系数的影响一样，都有马鞍形变化。在积屑瘤产生阶段，由于刀具实际前角增大，切削力减小；在积屑瘤消失阶段，切削力逐渐增大；在积屑瘤消失时，切削力 $F_c$ 达到最大，以后又开始减小，如图 1-20 所示。

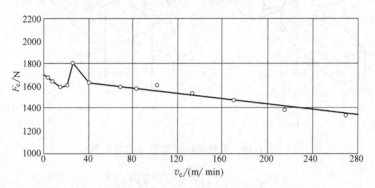

图 1-20　切削速度对切削力的影响

　　3）刀具几何参数。

　　① 刀具前角。在刀具几何参数中，前角 $\gamma_o$ 对切削力的影响最大。切削力随着前角的增大而减小，这是因为当前角增大时，切削变形与摩擦力会减小，所以切削力相应减小。

　　② 刀具主偏角 $\kappa_r$ 和刀尖圆弧半径 $r_\varepsilon$。主偏角对切削力 $F_c$ 的影响不大，当 $\kappa_r = 60° \sim 75°$ 时，$F_c$ 最小，因此，主偏角 $\kappa_r = 75°$ 的车刀在生产中应用较多；主偏角 $\kappa_r$ 的变化对背向力 $F_p$ 与进给力 $F_f$ 的影响较大，背向力随主偏角的增大而减小，进给力随主偏角的增大而增大，如图 1-21 所示。

　　刀尖圆弧半径 $r_\varepsilon$ 增大，曲线上各点的平均 $\kappa_r$ 减小，切削变形增大，切削力也增大，所以 $r_\varepsilon$ 增大相当于 $\kappa_r$ 减小对切削力的影响。

　　③ 刀具刃倾角 $\lambda_s$。实验表明，刃倾角 $\lambda_s$ 的变化对切削力 $F_c$ 的影响不大，但对背向力 $F_p$ 的影响较大，如图 1-22 所示。当刃倾角由正值向负值变化时，背向力 $F_p$ 逐渐增大，因此工件弯曲变形增大，机床振动也增大。

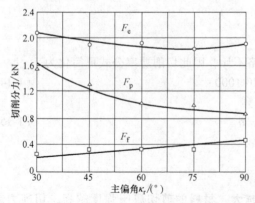

图 1-21　主偏角 $\kappa_r$ 对切削力的影响

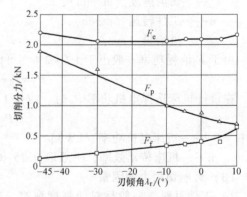

图 1-22　刃倾角 $\lambda_s$ 对切削力的影响

　　4）刀具材料与切削液。

　　刀具材料影响到它与被加工材料之间摩擦力的变化，因此影响切削力的变化。同样的切削条件，陶瓷刀切削力最小，硬质合金次之，高速钢刀具切削力最大。切削液的正确应用，可以减小摩擦，从而减小切削力。

### 3. 切削热与切削温度

切削热是切削过程的重要物理现象之一。切削温度能改变前刀面上的摩擦系数和工件材料的性能，并影响积屑瘤的大小、已加工表面的质量、刀具的磨损程度和耐用度以及生产效率等。

（1）切削热的产生和传出

切削中所消耗的能量几乎全部转换为热量。三个变形区就是三个发热区（如图 1-23 所示），即切削热来自工件材料的弹、塑性变形和前、后刀面的摩擦。

切削热主要通过切屑、刀具、工件和周围介质（空气或切削液）传出，如不考虑切削液，则各种介质的比例参考如下：

① 车削加工。切屑，50%～86%；刀具，10%～40%；工件，3%～9%；空气，1%。切削速度越高，切削厚度越大，切屑传出的热量越多。

② 钻削加工。切屑，28%；刀具，14.5%；工件，52.5%；空气，5%。

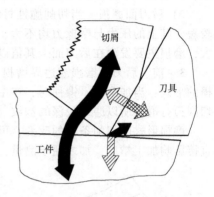

图 1-23 切削热的产生和传出

（2）切削温度 $\theta$ 及其影响因素

切削温度一般是指前刀面与切屑接触区域的平均温度。切削温度可用仪器测定，也可通过切屑的颜色大致判断。如切削碳素钢，切屑的颜色从银白色、黄色、紫色到蓝色，表示切削温度从低到高。切削温度的高低取决于该处产生热量的多少和传出热量的快慢。因此，凡是影响切削热产生与传出的因素都影响切削温度的高低。

1）工件材料。工件材料主要通过本身的强度、硬度和导热系数等对切削温度产生影响。如低碳钢，强度、硬度较低，变形小，产生的热量少，且导热系数大，热量传出快，所以切削温度很低；40Cr 硬度接近中碳钢，强度略高，但导热系数小，所以切削温度高；脆性材料变形小，摩擦小，切削温度比 45 钢低 40%。

2）切削用量。根据实验得到车削时切削用量三要素 $v_c$、$a_p$、$f$ 和切削温度 $\theta$ 之间关系的经验公式如下。

高速钢刀具（加工材料 45 钢）：$\theta = (140\sim170)a_p^{0.08-0.1}f^{0.2-0.3}v_c^{0.35-0.45}$     (1-16)

硬质合金刀具（加工材料 45 钢）：$\theta = 320a_p^{0.05}f^{0.15}v_c^{0.26-0.41}$     (1-17)

以上公式表明，切削用量三要素 $v_c$、$a_p$、$f$ 中，切削速度 $v_c$ 对切削温度的影响最显著，因为指数最大，切削速度增加一倍，切削温度约升高 32%；其次是进给量 $f$，进给量增加一倍，切削温度约升高 18%；背吃刀量 $a_p$ 对切削温度的影响最小，约为 7%。主要的原因是切削速度增加，使摩擦热增多；进给量增加，切削变数减小，切屑带走的热量增多，所以热量增加不多；背吃刀量的增加，使切削宽度增加，显著增加热量的散热面积。

3）刀具几何参数。影响切削温度的主要几何参数为前角 $\gamma_o$ 与主偏角 $\kappa_r$。前角 $\gamma_o$ 增大，切削温度降低。因为前角增大时，切削力下降，切削热减少，所以切削温度降低。主偏角 $\kappa_r$ 减小，切削宽度 $b_D$ 增大，切削厚度 $h_D$ 减小，刀具散热条件得到改善，因此切削温度也下降。

4）其他。刀具磨损量增大，切削温度升高；切削液可显著降低切削温度。

### 4. 刀具磨损与刀具使用寿命

切削金属时，刀具一方面切下切屑，另一方面刀具本身也要发生损坏。刀具损坏的形式主要有磨损和破损两类。前者是连续的逐渐磨损，属正常磨损；后者包括脆性破损（如崩刃、碎断、剥落、裂纹破损等）和塑性破损两种，属非正常磨损。

刀具磨损后，使工件加工精度降低，表面粗糙度增大，并导致切削力加大、切削温度升高，甚至产生振动，不能继续正常切削。因此，刀具磨损直接影响加工效率、质量和成本。

（1）刀具的正常磨损形式

刀具的正常磨损形式主要有三种，如图1-24a所示。

1）前刀面磨损。当切削塑性材料且 $h_D > 0.5$mm 时，切屑与前刀面在高温、高压下相互接触，产生剧烈摩擦，以形成月牙洼磨损为主，其值以最大深度 $KT$ 表示（如图1-24b所示）。

2）后刀面磨损。当切削脆性材料或 $h_D < 0.1$mm 的塑性材料时，切屑与前刀面的接触长度较短，其上的压力与摩擦力均不大，而相对的刀刃钝圆使后刀面与工件表面的接触压力却较大，磨损主要发生在后刀面，其值以磨损带宽度 $VB$ 表示（如图1-24c所示）。

3）前、后刀面磨损或边界磨损。当切削塑性材料且 $h_D = 0.1 \sim 0.5$mm 时，兼有前两种磨损的形式；当加工铸、锻件时，在主切削刃靠近外皮处及副切削刃靠近刀尖处，因为 $h_D$ 减小、切削刃打滑，所以磨出较深的沟纹（如图1-24所示）。

磨损形式随切削条件的改变，可以互相转化。在大多数情况下，后刀面都有磨损，且 $VB$ 直接影响加工精度，加之便于测量，所以常以 $VB$ 表示刀具磨损程度。

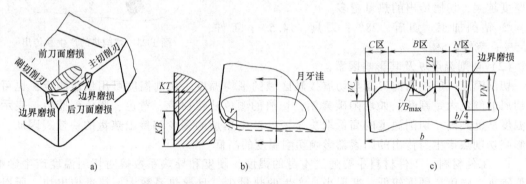

图1-24 刀具的正常磨损形式

a）磨损形式 b）前刀面磨损 c）后刀面磨损

（2）刀具正常磨损的原因

刀具正常磨损的原因有以下几种：

1）磨粒磨损。在切削过程中，刀具上经常被一些硬质点刻出深浅不一的沟痕，这就是磨粒磨损。磨粒磨损对高速钢的作用较明显。

2）粘结磨损。刀具与工件材料接触到原子间距离时产生的结合现象，称为粘结。粘结磨损就是由于接触面滑动在粘结处产生剪切破坏而造成的。在低、中速切削时，粘结磨损是硬质合金刀具的主要磨损原因。

3）扩散磨损。由于切削时的高温作用，刀具与工件材料中的合金元素相互扩散而造成的刀具磨损即为扩散磨损。硬质合金刀具和金刚石刀具在切削钢件且温度较高时，常发生扩散磨损，所以金刚石刀具不宜加工钢铁材料。一般在刀具表层涂覆 TiC、TiN、$Al_2O_3$ 等，能有效提高抗扩散磨损能力。

4）相变磨损。相变磨损是指工具钢在切削温度超过相变温度时，刀具材料中的金相组织发生变化，硬度显著下降而引起的磨损。

5）氧化磨损。在高温下（700~800℃），空气中的氧气易与硬质合金中的 Co、WC 发生氧化作用，产生脆弱的氧化物，被切屑和工件带走，使刀具磨损。

6）热电磨损。切削时，刀具与工件构成一自然热电偶，产生热电势，工艺系统自成回路，热电流在刀具和工件中通过，使碳离子发生迁移，从刀具移至工件，或从工件移至刀具，都将使刀具表面层的组织变得脆弱而加剧刀具磨损。

刀具磨损是由机械摩擦和热效应两方面因素作用造成的。

① 在低、中速切削加工范围内磨粒磨损和粘结磨损是刀具磨损的主要原因。通常拉削、铰孔和攻螺纹加工时的刀具磨损主要属于这类磨损。

② 在中等以上切削速度加工时，热效应使高速钢刀具产生相变磨损，使硬质合金刀具产生粘结、扩散和氧化磨损。

（3）刀具磨损过程及磨钝标准

1）磨损过程。如图 1-25 所示是通过切削实验得到的刀具磨损过程，分三个阶段：

① 初期磨损阶段：新刃磨的刀具，由于表面粗糙不平，在切削时很快被磨去，故磨损较快。经研磨过的刀具，初期磨损量较小。

② 正常磨损阶段：经初期磨损后，刀具表面已经被磨平，压强减小，磨损速度较为缓慢。磨损量随着切削时间的延长而近似地成比例增加。

③ 急剧磨损阶段：当磨损量增加到一定限度后，机械摩擦加剧，切削力加大，切削温度升高，磨损原因也发生变化（如转化为相变磨损、扩散磨损等），磨损加快，已加工表面质量明显恶化，出现振动、噪声等，以致刀具崩刃，失去切削能力。

由此可知，刀具不能无休止地使用下去，而应规定一个合理的磨损限度，刀具磨损到此限度（$VB$ 值）时，即应换刀或重新刃磨。

2）刀具的磨钝标准。刀具磨损到一定限度就不能继续使用，这个磨损限度称为磨钝标准。ISO 统一规定，以 1/2 背吃刀量 $a_p$ 处后刀面上测定的磨损带宽度 $VB$ 作为刀具磨钝标准（如图 1-26 所示）。

自动化生产中用的精加工刀具，常以沿工件径向的刀具磨损量作为衡量刀具的磨钝标准，称为刀具径向磨损量 $NB$（如图 1-26 所示）。

磨钝标准的具体数值可参考相关手册，一般为 0.3~0.6mm。在实际生产中，为了不影响生产，一般根据切削中发生的一些现象来判断刀具是否磨钝，例如是否出现振动或异常噪声等。

（4）刀具使用寿命

1）刀具使用寿命的概念。刃磨后的刀具自开始切削到磨损量达到磨钝标准为止的切削时间称为刀具使用寿命，以 $T$ 表示。它是指净切削时间，不包括用于对刀、测量、快进和回程等非切削时间。生产中也可用达到磨钝标准前的切削路程 $l_m$ 来定义刀具使用寿命。

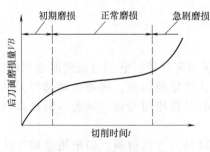

图 1-25 刀具磨损过程

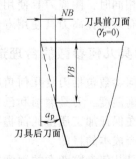

图 1-26 刀具磨钝标准

2）影响刀具使用寿命的主要因素。

① 切削用量对刀具使用寿命的影响。通过实验，得出切削速度与刀具使用寿命之间（$v_c$—$T$）有如下数学关系

$$v_c T^m = C_o \tag{1-18}$$

式中　$v_c$——切削速度（m/min）；

　　　$T$——刀具使用寿命（min）；

　　　$m$——指数，表示 $v_c$—$T$ 之间影响指数；

　　　$C_o$——与刀具、工件材料和切削条件有关的系数。

这个关系式是20世纪初由美国工程师泰勒（F. W. Taylor）建立的，人们常称之为泰勒公式。指数 $m$，表示切削速度对刀具使用寿命的影响程度。对于高速钢刀具，$m = 0.1 \sim 0.125$；对于硬质合金刀具，$m = 0.1 \sim 0.4$；对于陶瓷刀具，$m = 0.2 \sim 0.4$。$m$ 值大，表明切削速度对刀具使用寿命的影响小，即刀具的切削性能较好。

固定其他切削条件，只改变 $f$、$a_p$，分别得到与 $v_c$—$T$ 类似的关系，再把式（1-18）综合在一起得

$$T = C_T / v_c^x f^y a_p^z \tag{1-19}$$

式中　$T$——刀具使用寿命（min）；

　　　$C_T$——与刀具、工件材料和切削条件有关的系数；

　　　$x$、$y$、$z$——指数，分别表示各切削参数对刀具使用寿命的影响程度。

用YT15硬质合金车刀，以 $f>0.70$mm/r 的进给量切削 $\sigma_b = 0.637$GPa 的碳钢时，切削用量与 $T$ 的关系为

$$T = 53 \times 10^5 / v_c^5 f^{2.25} a_p^{0.75} \tag{1-20}$$

由此看出，$v_c$ 对 $T$ 的影响最大，$f$ 次之，$a_p$ 最小。与三者对切削温度的影响顺序完全一致，反映了切削温度对刀具使用寿命有着重要的影响。应注意的是，上述关系是在一定条件下通过实验求出的，如果切削条件改变，各因素对刀具使用寿命的影响就不同，各指数、系数也相应地发生变化。

② 刀具几何参数对刀具使用寿命的影响。增大前角，切削力减小，切削温度降低，刀具使用寿命提高。不过如果前角太大，刀具强度变低，散热变差，刀具使用寿命反而下降。

减小主偏角 $\kappa_r$ 与增大刀尖圆弧半径 $r_\varepsilon$，能增加刀具强度，降低切削温度，从而提高刀具使用寿命。

③ 工件材料对刀具使用寿命的影响。工件材料的硬度、强度和韧性越高，刀具在切削过程中的产生的温度也越高，刀具使用寿命也就越短。

④ 刀具材料对刀具使用寿命的影响。一般情况下，刀具材料热硬性越高，则刀具使用寿命就越高。刀具使用寿命的高低在很大程度上取决于刀具材料的合理选择。如加工合金钢，在切削条件相同时，陶瓷刀具使用寿命比硬质合金刀具长。采用涂层刀具材料和使用新型刀具材料，能有效地提高刀具使用寿命。

## 1.2.3　刀具几何参数的合理选择

刀具几何参数包括刀具几何角度、刀面形式和切削刃形状等，它们对切削时金属的变形、切削力、切削温度、刀具磨损和已加工表面质量等都有明显的影响。所谓合理选择刀具几何参数，是指在保证加工质量的前提下，能够获得最长的刀具使用寿命，从而达到提高切削效率，降低生产成本的目的。

选择刀具几何参数考虑的因素很多，主要有工件材料、刀具材料、切削用量和工艺系统刚性等工艺条件以及机床功率等。以下所述是在一定切削条件下的基本选择方法，要选择好刀具几何参数，必须在生产实践中不断摸索、总结、提炼才能掌握。

### 1. 前角和前刀面形状的选择

（1）前角的作用

刀具前角是一个重要的刀具几何参数，其主要作用有：

① 影响切削区域的变形程度；

② 影响切削刃与刀头的强度、受力性质和散热条件；

③ 影响切屑形态和断屑效果；

④ 影响已加工表面质量。

（2）前角的选择原则

在选择刀具前角时，首先应保证刀刃锋利，同时也要兼顾刀刃的强度。但两者又是一对矛盾，需要根据生产现场的条件，考虑各种因素，选择一个合理值 $\gamma_{opt}$ 以达到一个平衡点。这里所说的 $\gamma_{opt}$ 是指保证最长刀具使用寿命的 $\gamma_o$，在某些情况下未必是最适宜的。如出现振动时，为了减振或消振，有时仍需增大 $\gamma_o$；在精加工时，考虑到加工精度和粗糙度的要求，也可能重新选择适宜的 $\gamma_o$。

① 刀具材料。由于刀具前角增大，将降低刀刃强度，因此在选择刀具前角时，应考虑刀具材料的性质。刀具材料不同，其强度和韧性也就不同，强度和韧性大的刀具材料可以选择大的前角，而脆性大的刀具材料甚至取负的前角。如高速钢刀具的前角可比硬质合金刀具大 $5° \sim 10°$；陶瓷刀具的前角常取负值，其值一般在 $-15° \sim 0°$ 之间。如图 1-27a 所示为刀具材料不同时，$\gamma_o$ 的合理值 $\gamma_{opt}$。

② 工件材料。当加工钢件等塑性材料时，切屑沿前刀面流出时和前刀面接触长度长，压力与摩擦力较大，为了减小变形和摩擦，一般选择大的前角。如加工铝合金时取 $\gamma_o = 25° \sim 35°$；加工低碳钢时取 $\gamma_o = 20° \sim 25°$；加工高碳钢时取 $\gamma_o = 10° \sim 15°$；当加工高强度钢时，为增强切削力，前角取负值。

当加工脆性材料时，切屑为碎状，切屑与前刀面接摸触长度短，切削力主要集中在切削刃附近，受冲击时易产生崩刃，因此刀具前角相对塑性材

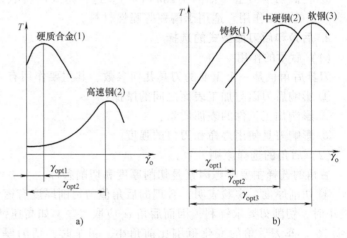

图 1-27 合理前角与刀具材料、工件材料的关系
a) 不同刀具材料 b) 不同工件材料

料取得小些或取负值，以提高刀刃的强度。如加工灰铸铁时，取较小的正前角；加工淬火钢或冷硬铸铁等高硬度的难加工材料时，宜取负前角。一般用正前角的硬质合金刀具加工淬火钢时，刚开始切削就会发生崩刃。

如图 1-27b 所示为工件材料不同时，$\gamma_o$ 的合理值 $\gamma_{opt}$。

（3）前刀面型式

前刀面型式的合理选择，对防止刀具崩刃、提高刀具耐用度和切削效率、降低生产成本等都有重要意义。

① 正前角锋刃平面型（如图 1-28a 所示）。这种型式的特点是刃口较锋利，但强度差，$\gamma_o$ 不能太大，不易折屑。主要用于高速钢刀具，精加工铸铁、青铜等脆性材料。

② 带倒棱的正前角平面型（如图 1-28b 所示）。这种型式的特点是切削刃强度及抗冲击能力强，同样条件下可以采用较大的前角，提高了刀具使用寿命。主要用于硬质合金刀具和陶瓷刀具，加工铸铁等脆性材料。

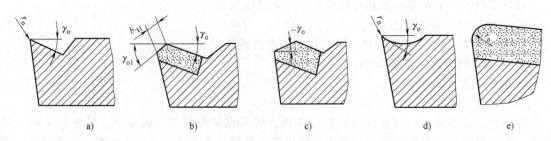

图 1-28　前刀面型式

a）正前角锋刃平面型　b）带倒棱的正前角平面型　c）负前角平面型

d）曲面型　e）钝圆切削刃型

③ 负前角平面型（如图 1-28c 所示）。这种型式的特点是切削刃强度较好，但刀刃较钝，切削变形大。主要用于硬脆刀具材料，加工高强度高硬度材料，如淬火钢等。图示类型负前角后部加有正前角，有利于切屑流出，许多刀具并无此角，只有负角。

④ 曲面型（如图 1-28d 所示）。这种型式的特点是有利于排屑、卷屑和断屑，而且前角较大，切削变形小，所受切削力也较小。在钻头、铣刀、拉刀等刀具上都有曲面型前刀面。

⑤ 钝圆切削刃型（如图 1-28e 所示）。这种型式的特点是切削刃强度和抗冲击能力增加，具有一定的消振作用。适用于陶瓷等脆性材料。

**2. 后角和后刀面型式的选择**

（1）后角的作用

刀具后角也是一个重要的刀具几何参数，其主要作用有：

① 影响后刀面与加工表面之间的摩擦；

② 影响加工工件的表面质量；

③ 影响刀具使用寿命和刃口的强度。

（2）后角的选择原则

后角的选择主要考虑因素是切削厚度和切削条件。

① 切削厚度。实验表明，合理的后角值与切削厚度有密切关系。当切削厚度 $h_D$ 和进给量 $f$ 较小时，切削刃要求锋利，因而后角 $\alpha_o$ 应取大些。如高速钢立铣刀，每齿进给量很小，后角取到 16°。车刀后角的变化范围比前角小，粗车时，切削厚度 $h_D$ 较大，为保证切削刃强度，取较小后角，$\alpha_o = 4° \sim 8°$；精车时，为保证加工表面质量，$\alpha_o = 8° \sim 12°$。车刀合理后角在 $f \leqslant 0.25mm/r$ 时，可选 $\alpha_o = 10° \sim 12°$；在 $f > 0.25mm/r$ 时，$\alpha_o = 5° \sim 8°$。

② 工件材料。当工件材料强度或硬度较高时，为加强切削刃强度，一般采用较小的后角。对于塑性较大的材料，已加工表面易产生加工硬化，为减小后刀面摩擦，宜取较大的后角。对于脆性材料，力集中在刀尖处，可取小的后角。特硬材料在 $\gamma_o$ 为负值时，为造成较好的切入条件，应加大后角。

总之，选择后角的原则是，在不产生摩擦的条件下，应适当减小后角。

（3）后刀面型式

① 双重后刀面。为减少刃磨后面的工作量，提高刃磨质量，在硬质合金刀具和陶瓷刀具上通常把后面做成双重后面，如图 1-29a 所示。

② 带消振棱的后刀面。当工艺系统刚性较差，容易出现振动时，可以在车刀后面磨出 $b_{\alpha 1} = 0.1 \sim 0.3mm$，$\alpha_o = -10° \sim -5°$ 的消振棱，如图 1-29b 所示。

③ 带刃带的后刀面。对一些定尺寸刀具（如钻头、铰刀等），为了便于控制刀具尺寸，避免重磨后尺寸精度的变化，常在后刀面上刃磨出后角为 0° 的小棱边，称为刃带，如图 1-29c

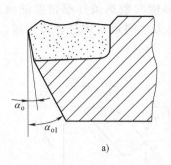 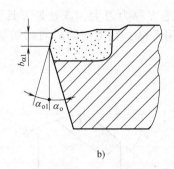 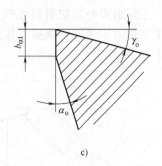

图 1-29 后刀面型式

a）双重后刀面 b）带消振棱的后刀面 c）带刃带的后刀面

所示。刃带的作用是为了在制造刃磨刀具时有利于控制和保持尺寸精度，同时在切削时提高切削的平稳性和减小振动。一般刃带宽在 $b_{a1} = 0.1 \sim 0.3$mm 范围内，超过一定值将增大摩擦，降低表面加工质量。

（4）副后角的选择

一般刀具的副后角 $\alpha_o'$ 通常等于后角 $\alpha_o$，但切断刀、切槽刀和锯片等的 $\alpha_o'$ 因受其结构强度限制，只允许取小的 $\alpha_o'$ 值，如 $1° \sim 2°$。

**3. 主、副偏角及刀尖形状的选择**

（1）主偏角的选择

1）主偏角的作用主要有：

① 影响已加工表面残留面积的高度；

② 影响各切削分力的比例；

③ 影响刀尖的强度和刀具使用寿命；

④ 影响断屑。

2）主偏角的选择原则。主偏角 $\kappa_r$ 的增大或减小对切削加工既有有利的一面，也有不利的一面，在选择时应综合考虑。其主要选择原则有以下几点：

① 根据工艺系统刚性。当工艺系统刚性较好时（工件长径比 $l_w/d_w < 6$），主偏角 $\kappa_r$ 可以取小值。如在刚度好的机床上加工冷硬铸铁等高硬度高强度材料时，为减轻刀刃负荷，增加刀尖强度，提高刀具使用寿命，一般取比较小的值，$\kappa_r = 10° \sim 30°$。

当工艺系统刚性较差时（工件长径比 $l_w/d_w = 6 \sim 12$），或带有冲击性的切削，主偏角 $\kappa_r$ 可以取大值，一般 $\kappa_r = 60° \sim 75°$，甚至主偏角 $\kappa_r$ 可以大于 $90°$，以避免加工时振动。硬质合金刀具车刀的主偏角多为 $60° \sim 75°$。

② 根据工件加工要求。当车阶梯轴时，$\kappa_r = 90°$；同一把刀具当加工外圆、端面和倒角时，$\kappa_r = 45°$。

（2）副偏角的选择

副偏角 $\kappa_r'$ 的大小将对刀具使用寿命和加工表面粗糙度产生影响。副偏角的减小，可降低残留物面积的高度，减小表面粗糙度值，同时刀尖强度增大，散热面积增大，提高刀具使用寿命。但是副偏角太小又会使刀具副后刀面与工件的摩擦增大，使刀具使用寿命降低，另外还会引起加工中的振动。

副偏角的选择原则是，在不影响摩擦和振动的条件下，应选取较小的副偏角，一般选择在 $5° \sim 15°$ 之间。但是切断刀、切槽刀等的刀具因受其结构强度限制，只允许取小的 $\kappa_r'$ 值，如 $1° \sim 2°$。

（3）刀尖形状的选择

主切削刃与副切削刃连接的地方称为刀尖，该处是刀具强度和散热条件都很差的地方。为了增加刀尖强度，提高刀具使用寿命，在主切削刃与副切削刃之间通常用过渡刃连接，如图 1-30 所示。

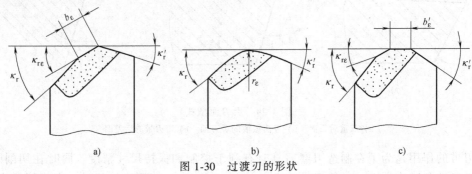

图 1-30　过渡刃的形状

a）直线形过渡刃　b）圆弧形过渡刃　c）水平修光刃

① 直线形过渡刃。直线形过渡刃（如图 1-30a 所示）刃磨较容易，一般适用于粗加工。在粗车或强力车削时，一般取过渡刃偏角 $\kappa_{r\varepsilon} = \dfrac{1}{2}\kappa_r$，长度 $b_\varepsilon = 0.5 \sim 2 \text{mm}$。

② 圆弧形过渡刃。圆弧形过渡刃（如图 1-30b 所示）刃磨较难，但可减小已加工表面粗糙度值，较适用于精加工。$r_\varepsilon$ 值与刀具材料有关：高速钢，$r_\varepsilon = 1 \sim 3 \text{mm}$；硬质合金、陶瓷刀，$r_\varepsilon$ 略小，常取 $0.5 \sim 1.5 \text{mm}$。这是因为 $r_\varepsilon$ 大时，背向力 $F_p$ 也增大，工艺系统刚性不足时，容易产生振动，而脆性刀具材料对此反应较敏感。

③ 水平修光刃。修光刃（如图 1-30c 所示）指刀尖处磨出的一小段 $\kappa_{r\varepsilon} = 0°$ 且与进给方向平行的刀刃。这种修光刃能在进给量较大时获得较高的表面加工质量，适用于精加工，一般宽度 $b'_\varepsilon = (1.2 \sim 1.5)f$。

**4. 刃倾角的选择**

（1）刃倾角的作用

① 影响切屑流出方向。当 $\lambda_s = 0°$ 时（如图 1-31a 所示），主切削刃与基面重叠，切屑在前刀面上近似沿垂直于主切削刃的方向流出；当 $\lambda_s < 0°$ 时（如图 1-31b 所示），切屑流向与 $v_f$ 方向相反，可能缠绕、擦伤已加工表面，但刀尖强度较好，常用于粗加工；当 $\lambda_s > 0°$ 时（如图 1-31c 所示），切屑流向与 $v_f$ 方向一致，保护了已加工表面，但刀尖强度较差，适用于精加工。

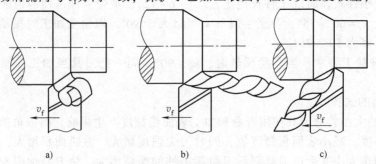

图 1-31　刃倾角对切屑流出方向的影响

a）$\lambda_s = 0°$　b）$\lambda_s < 0°$　c）$\lambda_s > 0°$

② 影响刀尖强度及继续切削时切削刃上受冲击的位置。当 $\lambda_s > 0°$ 时，刀尖首先接触工件，受冲击的是刀尖，容易崩刃；当 $\lambda_s < 0°$ 时，首先接触工件的是离刀尖较远的切削刃，保护了刀尖，较适用于粗加工，特别是冲击较大的加工。

③ 影响各切削分力的比例。

（2）刃倾角的选择

根据加工性质和加工条件选择：

① 粗加工、有冲击载荷或加工高强度、高硬度材料时，为了保护刀尖，选择 $\lambda_s < 0°$。精加工时，为控制切屑流向，减小背向力 $F_p$，选择 $\lambda_s > 0°$。

② 工艺系统刚性差时，$\lambda_s > 0°$，减小背向力 $F_p$。

③ 微量切削时，$\lambda_s$ 取大值（$\lambda_s = 45° \sim 75°$），使刀具实际刃口半径减小。

## 1.2.4　切削液的合理选择

### 1. 切削液的作用

切削液的主要作用是润滑和冷却，它对于减少刀具磨损、提高已加工表面质量、降低切削区温度和提高生产效率都有非常重要的作用。

（1）冷却

切削液可带走大量的切削热，降低切削温度，提高刀具使用寿命并减小工件与刀具的热膨胀，提高加工精度。

（2）润滑

切削液渗入到切屑、刀具和工件的接触面间，粘附在金属表面上形成润滑膜，减小它们之间的摩擦系数、减轻粘结现象、抑制积屑瘤并改善已加工表面的粗糙度，提高刀具使用寿命。

（3）清洗作用

在车、铣、磨削、钻等加工时，常浇注和喷射切削液来清洗机床上的切屑和杂物，并将切屑和杂物带走。

（4）防锈作用

一些切削液中加入了防锈添加剂，它能与金属表面起化学反应而生成一层保护膜，从而起到防锈的作用。切削液的使用效果取决于切削液的类型、形态、用量和使用方法等。

### 2. 切削液添加剂及切削液的分类

（1）切削液添加剂

切削液中加入添加剂，对改善它的冷却、润滑作用和性能有很大的影响。

① 油性添加剂。单纯矿物油与金属的吸附力差，润滑效果不好，如在矿物油中添加油性添加剂，将改善润滑作用。动植物油、皂类、胺类等与金属吸附力强，形成的物理吸附油膜较牢固，是理想的油性添加剂。不过物理吸附油膜在温度较高时将失去吸附能力，因此一般油性添加剂切削液在 200℃ 以下使用。

② 极压添加剂。这种添加剂主要是利用添加剂中的化合物，在高温下与被加工金属快速反应形成化学吸附膜，从而起到固体润滑剂的作用。目前常用的添加剂中一般含氯、硫和磷等化合物。由于化学吸附膜与金属结合牢固，一般在 400 ~ 800℃ 高温下仍起作用。硫与氯的极压切削油分别对有色金属和钢铁有腐蚀作用，应注意合理使用。

③ 表面活性剂。表面活性剂是一种有机化合物，它使矿物油微小颗粒稳定分散在水中，形成稳定的水包油乳化液。表面活性剂除了起乳化作用外，还能吸附在金属表面形成润滑膜，起润滑作用。

④ 防锈添加剂。防锈添加剂是一种极性很强的化合物，与金属表面有很强的附着力，吸附在金属表面形成保护膜，或与金属表面化合成钝化膜，起防锈作用。

（2）切削液的种类

① 切削油。切削油分为两类：一类是以矿物油为基体加入油性添加剂的混合油，一般用

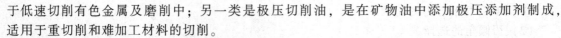

于低速切削有色金属及磨削中；另一类是极压切削油，是在矿物油中添加极压添加剂制成，适用于重切削和难加工材料的切削。

② 水溶性切削液。这种切削液的主要成分为水，并加入防锈剂，也可加入适量的表面活性剂和油性添加剂，使其具有一定的润滑性能。

③ 乳化液。由矿物油、乳化剂及其他添加剂配制的乳化油加 95%~98% 的水稀释而成的乳白色切削液，有良好的冷却性能和清洗作用。

**3. 切削液的选用原则**

切削液的使用效果除取决于切削液的性能外，还与刀具材料、加工要求、工件材料和加工方法等因素有关，应综合考虑，合理选用。

（1）依据刀具材料、加工要求选用切削液

高速钢刀具耐热性差，粗加工时，切削用量大，切削热多，容易导致刀具磨损，应选用以冷却为主的切削液，如 3%~5% 的乳化液或水溶液；精加工时，主要是获得较好的表面质量，可选用润滑性好的极压切削油或高浓度极压乳化液。

硬质合金刀具耐热性好，一般不用切削液。如必要，可用低浓度乳化液或水溶液，但应连续、充分地浇注，以免高温下刀片冷热不均，产生热应力而导致裂纹、损坏等。

（2）依据工件材料选用切削液

加工钢等塑性材料时，需要用切削液；而加工铸铁等脆性材料时，一般则不用切削液；对于高强度钢、高温合金等，加工时均处于极压润滑摩擦状态，应选用极压切削油或极压乳化液；对于铜、铝及铝合金等，为了得到较好的表面质量和精度，可采用 10%~20% 乳化液、煤油或煤油与矿物油的混合液。

（3）依据加工工种选用切削液

在用钻孔、攻螺纹、铰孔、拉削等方法加工时，排屑方式为半封闭或封闭状态，导向部、校正部与已加工表面的摩擦较严重，对硬度高、强度大、韧性大和冷硬严重的难切削材料尤为突出，宜选用乳化液、极压乳化液或极压切削油；在使用成形刀具、齿轮刀具等加工时，要求保持形状、尺寸精度等，也应采用润滑性好的极压切削油或高浓度极压切削液；磨削加工时温度很高，且细小的磨屑会破坏工件表面质量，所以要求切削液具有较好的冷却性能和清洗性能，常用半透明的水溶液或普通乳化液。

# 1.3 常用切削加工方法

## 1.3.1 车削加工

**1. 车削加工的基本内容**

车削加工的基本内容如图 1-32 所示。

**2. 车削加工的常用刀具**

车削加工的常用刀具如图 1-33 所示。

## 1.3.2 铣削加工

**1. 铣削加工的基本内容**

铣削加工的基本内容如图 1-34 所示。

**2. 铣削加工的常用刀具**

（1）圆柱铣刀

圆柱形铣刀一般用于在卧式铣床上用周铣方式加工较窄的平面，如图 1-35 所示为其工作

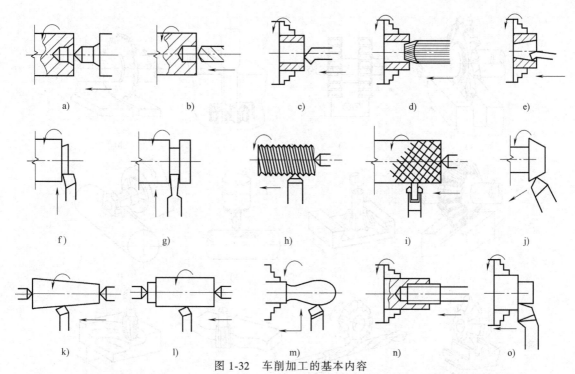

图 1-32 车削加工的基本内容

a) 钻中心孔  b) 钻孔  c) 车内孔  d) 铰孔  e) 车内锥孔  f) 车端面  g) 切断  h) 车外螺纹
i) 滚花  j) 车短外圆锥  k) 车长外圆锥  l) 车外圆  m) 车成形面  n) 攻螺纹  o) 车台阶

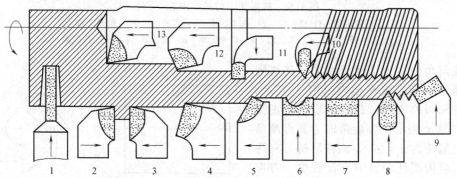

图 1-33 常用数控车刀的种类、形状和用途

1—切断刀  2—左偏刀  3—右偏刀  4—弯头车刀  5—直头车刀  6—成形车刀  7—宽刃精车刀
8—外螺纹车刀  9—端面车刀  10—内螺纹车刀  11—内切槽刀  12—通孔车刀  13—盲孔车刀

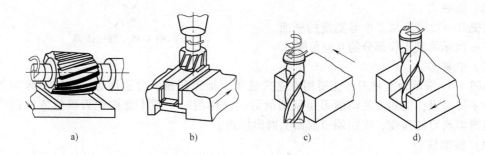

图 1-34 铣削加工的基本内容

a)、b)、c) 铣平面  d) 铣沟槽

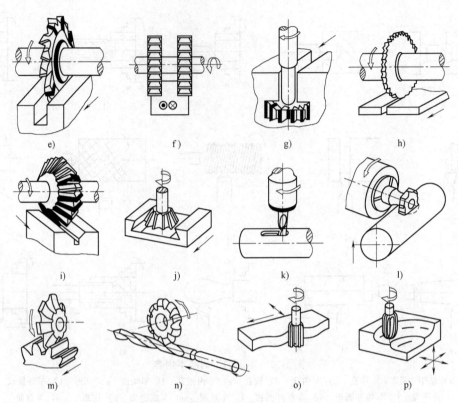

图 1-34　铣削加工的基本内容（续）

e）铣沟槽　f）铣台阶　g）铣 T 形槽　h）切断　i）、j）铣角度槽
k）、l）铣键槽　m）铣齿形　n）铣螺旋槽　o）铣曲面　p）铣立体曲面

部分的几何角度。为了便于制造，其切削刃前角通常规定在法平面内，用 $\gamma_n$ 表示；为了测量和刃磨方便，其后角规定在正交平面内，用 $\alpha_o$ 表示；螺旋角即为其刃倾角 $\lambda_s$；其主偏角为 $\kappa_r = 90°$。圆柱形铣刀有两种类型：粗齿圆柱形铣刀有齿数少、刀齿强度高、容屑空间大、重磨次数多等特点，适用于粗加工；细齿圆柱形铣刀齿数多、工作平稳，适用于精加工。

（2）面铣刀

面铣刀一般用于加工中等宽度的平面，如图 1-36 所示为其工作部分的几何角度。

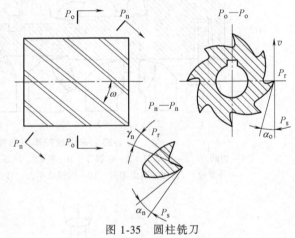

图 1-35　圆柱铣刀

（3）立铣刀

如图 1-37 所示为立铣刀，主要用在立式铣床上加工凹槽、台阶面等。立铣刀圆周上的切削刃是主切削刃，端面上的切削刃是副切削刃，故切削时一般不宜沿铣刀轴线方向进给。为了提高副切削刃的强度，应在端刃前面上磨出棱边。

（4）键槽铣刀

如图 1-38 所示为键槽铣刀，用于加工键槽。键槽铣刀圆周上的切削刃是副切削刃，端面上的切削刃是主切削刃并且延伸至中心，所以能沿铣刀轴线方向进给。

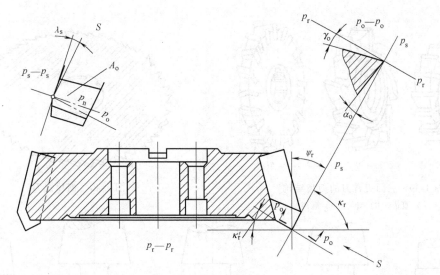

图 1-36　面铣刀

（5）三面刃铣刀

三面刃铣刀主要用于加工沟槽和台阶面。这类铣刀除圆周表面具有主切削刃外，两侧面也有副切削刃，从而改善了切削条件，提高了切削效率并减小了表面粗糙度值。三面刃铣刀的刀齿结构可分为直齿、错齿和镶齿三种，如图 1-39 所示。

（6）锯片铣刀

如图 1-40 所示是薄片的锯片铣刀，用于切槽或切断。这类铣刀仅有周刃，厚度由圆周沿径向至中心逐渐变薄。

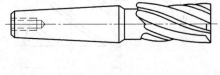
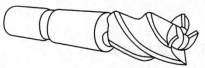

图 1-37　立铣刀

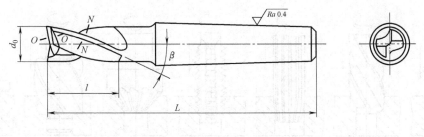

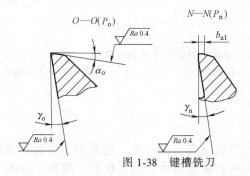

图 1-38　键槽铣刀

（7）成形铣刀

成形铣刀是根据工件的成形表面形状设计切削刃廓形的专用成形刀具，如图 1-41 所示。

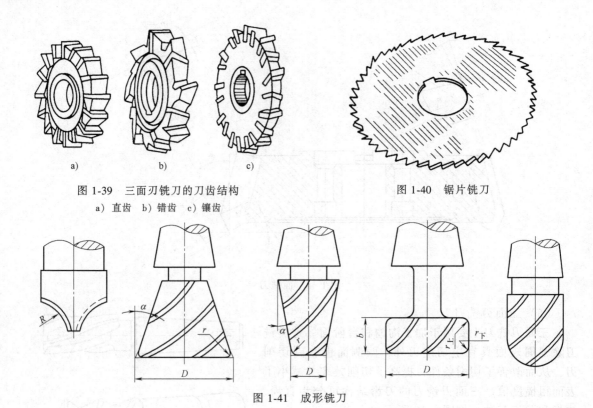

图 1-39　三面刃铣刀的刀齿结构　　　　　　　图 1-40　锯片铣刀
a）直齿　b）错齿　c）镶齿

图 1-41　成形铣刀

### 1.3.3　钻削加工

**1. 钻削加工的基本内容**

钻削加工的基本内容如图 1-42 所示。

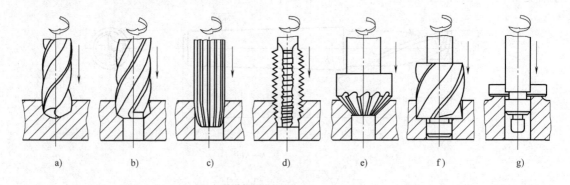

图 1-42　钻削加工的基本内容
a）钻孔　b）扩孔　c）铰孔　d）攻螺纹　e）、f）锪沉头孔　g）锪端面

**2. 钻削加工的常用刀具**

（1）中心钻

中心钻主要用来加工中心孔，起引钻定心的作用，经常用在钻孔加工的前一步。中心钻分为无护锥复合中心钻（A 型）和有护锥复合中心钻（B 型）两种，如图 1-43 所示。无护锥复合中心钻用来加工 A 型中心孔，有护锥复合中心钻用来加工 B 型中心孔。B 型中心孔是在 A 型中心孔的端部加上 120°的圆锥，用于保护 60°的工作锥面不致碰伤。

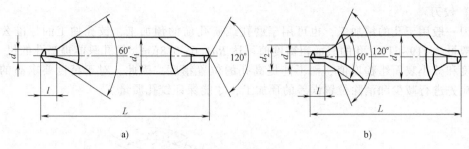

图 1-43　中心钻

a）A 型中心钻孔　b）B 型中心钻孔

（2）麻花钻

麻花钻主要用于孔的粗加工，如图 1-44 所示为麻花钻的结构。

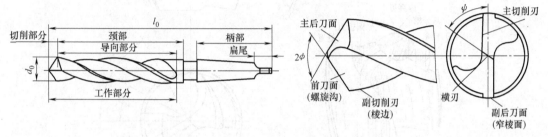

图 1-44　麻花钻的结构

如图 1-45 所示为麻花钻的主要几何角度。

如图 1-46 所示为基本型群钻，其寿命比普通麻花钻增加 2~3 倍，进给量提高约 3 倍，钻孔效率大大提高。群钻的刃形特点是：三尖七刃锐当先，月牙弧槽分两边，一侧外刃开屑槽，横刃磨低窄又尖。

（3）扩孔钻

扩孔钻可用来扩大孔径，提高孔加工精度。用扩孔钻扩孔标准公差精度等级可达 IT11 ~ IT10，表面粗糙度值可达 $Ra6.3~3.2\mu m$。扩孔钻与麻花钻相似，但齿数较多，一般为 3~4 个齿。扩孔钻加工余量小，主切削刃较短，无需延伸到中心，无横刃，加之齿数较多，可选择较大的切削用量。如图 1-47 所示为整体式扩孔钻和套式扩孔钻。

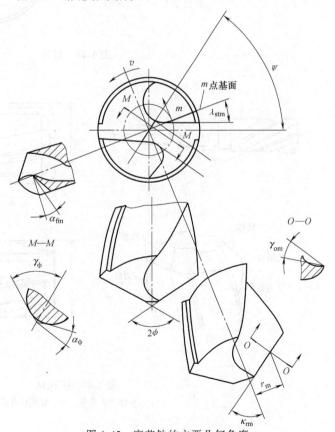

图 1-45　麻花钻的主要几何角度

（4）铰刀

铰刀一般用于孔的精加工，也可用于磨孔或研孔前的预加工，铰孔加工的标准公差精度等级一般可达 IT9~IT8，孔的表面粗糙度值可达 $Ra1.6~0.8\mu m$。铰孔只能提高孔的尺寸精度、形状精度和减小表面粗糙度值，而不能提高孔的位置精度。因此，对于精度要求高的孔，在铰削前应先进行减少和消除位置误差的预加工，才能保证铰孔质量。

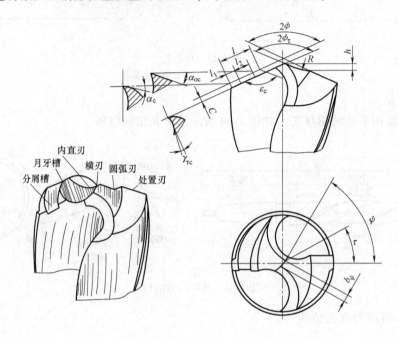

图 1-46　群钻

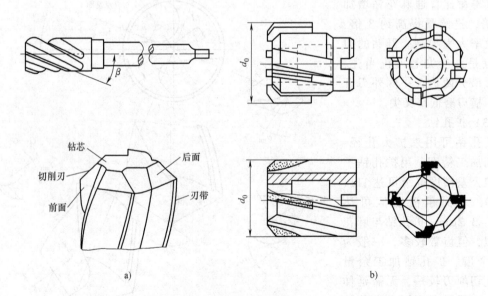

图 1-47　扩孔钻

a）整体式扩孔钻　b）套式扩孔钻

如图 1-48 所示为铰刀的结构。

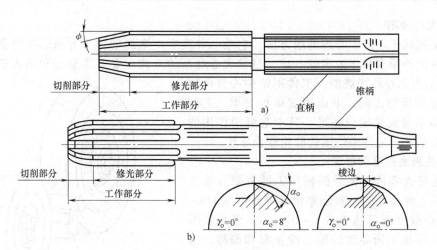

图 1-48 铰刀的结构

a）手用铰刀 b）机用铰刀

## 1.3.4 磨削加工

### 1. 外圆表面的磨削加工

磨削是轴类零件外圆表面精加工的主要方法，既能加工未淬硬的黑色金属，又能对淬硬的零件进行加工。根据磨削时定位方式的不同，外圆磨削可分为中心磨削和无心磨削两种类型。轴类零件的外圆表面一般在外圆磨床上进行磨削加工，有时连同台阶端面和外圆一起加工。无台阶、无键槽工件的外圆则可在无心磨床上进行磨削加工。

（1）中心磨削

在外圆磨床上进行回转类零件外圆表面磨削加工的方式称为中心磨削。中心磨削一般由中心孔定位，在外圆磨床或万能外圆磨床上加工。磨削后工件尺寸的标准公差精度等级可达 IT8～IT6，表面粗糙度值可达 $Ra0.8～0.1\mu m$。按进给方式不同分为纵向进给磨削法和横向进给磨削法。

① 纵向进给磨削法（纵向磨法）。如图 1-49 所示，砂轮高速旋转，工件装在前后顶尖上，工件旋

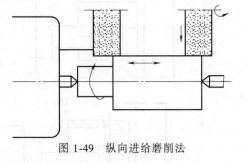

图 1-49 纵向进给磨削法

转并和工作台一起纵向往复运动，每一个纵向行程终了时，砂轮做一次横向进给，直到加工余量被全部磨完为止。

② 横向进给磨削法（切入磨法）。如图 1-50 所示，切入磨削因为无纵向进给运动，所以要求砂轮宽度必须大于工件磨削部位的宽度，当工件旋转时，砂轮以慢速做连续的横向进给运动。其生产效率高，适用于大批量生产，也能进行成形磨削。但切入磨法的横向磨削力较大，磨削温度高，要求机床、工件有足够的刚度，故适合磨削短而粗且刚性好的工件；加工精度低于纵向磨法。

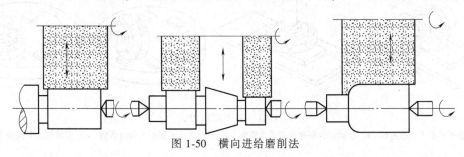

图 1-50 横向进给磨削法

（2）无心磨削

无心磨削属于不定中心的磨削方法，它是一种高生产率的精加工方法。在磨削过程中以被磨削工件的外圆本身作为定位基准。目前无心磨削的方式主要有贯穿法和切入法两种。如图 1-51 所示为无心外圆磨削，工件不定中心自由地置于磨削轮和导轮之间，下面用支承板支承，工件被磨削外圆本身就是定位基准。其中起磨削作用的砂轮称为磨削轮，起传动作用的砂轮称为导轮。

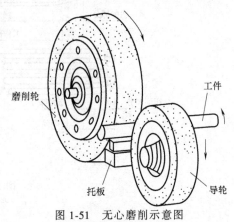

图 1-51　无心磨削示意图

**2. 内孔表面的磨削加工**

磨削是淬火零件内孔表面精加工的主要方法之一，磨削后工件尺寸的标准公差精度等级可达 IT8～IT6，表面粗糙度值可达 $Ra0.8～0.4\mu m$。磨孔能够修正前道工序加工所导致的轴心线歪斜和偏移，因此磨孔不但能获得较高的尺寸精度和形状精度，而且还能提高孔的位置精度。如图 1-52 所示是几种常见的内孔表面磨削方式。

**3. 平面的磨削加工**

平面磨削与其他表面磨削一样，具有切削速度高、进给量小、尺寸精度易于控制及能获得较小的表面粗糙度值等特点，加工精度一般可达 IT7～IT5 级，表面粗糙度值可达 $Ra1.6～0.2\mu m$。如图 1-53 所示是几种常见的平面磨削方式。

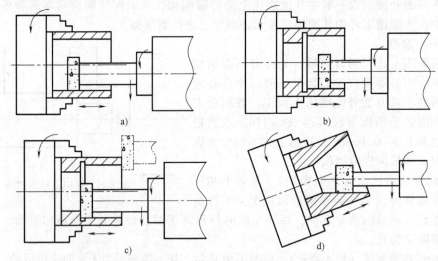

图 1-52　内孔表面磨削方式

a）磨通孔　b）磨阶梯孔　c）磨端面　d）磨锥孔

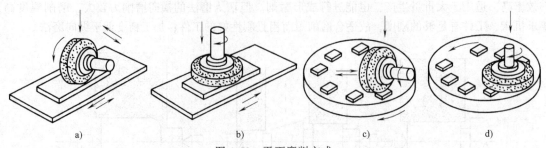

图 1-53　平面磨削方式

a）卧轴矩台平面磨床周边磨削　b）立轴矩台平面磨床端面磨削　c）卧轴圆台平面磨床周边磨削　d）立轴圆台平面磨床端面磨削

#### 4. 砂轮

砂轮是由一定比例的磨粒和结合剂经压坯、干燥、焙烧和车整而制成的一种特殊的多孔体切削工具。磨粒起切削刃的作用，结合剂把分散的磨粒粘结起来，使之具有一定的强度，在烧结过程中形成的气孔暴露在砂轮表面时，形成容屑空间。所以磨粒、结合剂和气孔是构成砂轮的三要素，如图1-54所示。

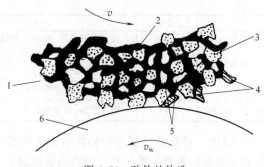

图1-54 砂轮的构造
1—砂轮 2—结合剂 3—磨粒 4—磨屑 5—气孔 6—工件

（1）砂轮的组成要素

① 磨料。磨料是制造砂轮的主要原料，它担负着切削工作。因此，磨料必须锋利，并且具备较高的硬度、良好的耐热性和一定的韧性。常用磨料的名称、代号、特性和用途见表1-3。

表1-3 常用磨料的性能及其适用范围

| 磨料名称 | | 代号 | 成份 | 颜色 | 力学性能 | 反应性 | 热稳定性 | 适用磨削范围 |
|---|---|---|---|---|---|---|---|---|
| 钢玉类 | 棕钢玉 | A | $w(Al_2O_3)=95\%$ $w(TiO_2)=2\%\sim3\%$ | 棕色 | 强度高 硬度高 | 稳定 | 2100℃熔融 | 碳钢、合金钢、铸铁 |
| | 白钢玉 | WA | $w(Al_2O_3)>90\%$ | 白色 | | | | 淬火钢、高速钢 |
| 碳化硅类 | 黑碳化硅 | C | $w(SiC)>95\%$ | 黑色 | | 与铁有反应 | >1500℃气化 | 铸铁、黄铜、非金属材料 |
| | 绿碳化硅 | GC | $w(SiC)>99\%$ | 绿色 | | | | 硬质合金等 |
| 超磨硬料类 | 立方氮化硼 | CBN | B、N | 黑色 | 高硬度 | 高温时与水碱有反应 | <1300℃稳定 | 高强度钢、耐热合金等 |
| | 人造金刚石 | D | 碳结晶体 | 乳白色 | | | >700℃石墨化 | 硬质合金、光学玻璃等 |

② 粒度。粒度是指磨料颗粒的大小，通常以粒度号表示。磨料的粒度分粗磨粒与微粉两种。粗磨粒指颗粒尺寸大于40μm的磨料，用筛选法分级，其粒度号值是磨粒通过的筛网在每英寸长度上筛孔的数目；微粉指颗粒尺寸小于等于40μm的磨料，用显微镜测量法分级，其粒度号值是基本颗粒的最大尺寸，微粉粒度范围为W0.5～W63。表1-4列出了常用粒度的使用范围。

表1-4 不同粒度磨具使用范围

| 磨具粒度 | 一般使用范围 |
|---|---|
| F14～F24 | 磨钢锭、铸件去毛刺、切钢坯等 |
| F36～F46 | 一般平面磨、外圆磨和无心磨 |
| F60～F100 | 精磨、刀具刃磨 |
| F120～F400 | 精磨、珩磨、螺纹磨 |
| F400以下 | 精细研磨、镜面磨削 |

③ 结合剂。结合剂起粘结磨粒的作用。结合剂的性能决定了砂轮的强度、耐冲击性、耐腐蚀性及耐热性。此外，它对磨削温度及磨削表面质量有一定影响。常用的结合剂的性能及用途见表1-5。

表1-5 结合剂的种类、代号、性能及用途

| 名称 | 代号 | 性能 | 用途 |
|---|---|---|---|
| 陶瓷 | V | 耐热、耐腐蚀、气孔率大、易保持砂轮廓形，弹性差，不耐冲击 | 应用最广，可制薄片砂轮以外的各种砂轮 |

（续）

| 名称 | 代号 | 性能 | 用途 |
|---|---|---|---|
| 树脂 | B | 强度及弹性好,耐热及耐腐蚀性差 | 制作高速及耐冲击砂轮、薄片砂轮 |
| 橡胶 | R | 强度及弹性好,能吸振,耐热性很差,不耐油,气孔率小 | 制作薄片砂轮、精磨及抛光用砂轮 |
| 菱苦土 | Mg | 自锐性好,结合能力较差 | 制作粗磨砂轮 |
| 金属(常用青铜) | J | 强度最高,自锐性较差 | 制作金刚石磨具 |

④ 硬度。砂轮的硬度是指砂轮表面上的磨粒在磨削力作用下脱落的难易程度。砂轮的硬度软,表示砂轮的磨粒容易脱落;砂轮的硬度硬,表示磨粒较难脱落。砂轮的硬度和磨料的硬度是两个不同的概念。同一种磨料可以做成不同硬度的砂轮,它主要决定于结合剂的性能、数量以及砂轮制造的工艺。磨削与切削的显著差别是砂轮具有自锐性,选择砂轮的硬度,实际上就是选择砂轮的自锐性,希望还锋利的磨粒不要太早脱落,也不要磨钝了还不脱落。

⑤ 组织号。磨粒在砂轮中占有的体积百分数（即磨粒率）称为砂轮的组织号。砂轮的组织号表示磨粒、结合剂和气孔三者的体积比例,也表示砂轮中磨粒排列的紧密程度。表 1-6 列出了砂轮的组织号及相应的磨粒占砂轮体积的百分比。组织号愈大,磨粒排列越疏松,即砂轮空隙越大。

表 1-6　砂轮的组织号及磨粒率

| 级别 | 紧密 | | | | 中等 | | | | 疏松 | | | | | | |
|---|---|---|---|---|---|---|---|---|---|---|---|---|---|---|---|
| 组织号 | 0 | 1 | 2 | 3 | 4 | 5 | 6 | 7 | 8 | 9 | 10 | 11 | 12 | 13 | 14 |
| 磨粒率(磨粒占砂轮体积×100%) | 62 | 60 | 58 | 56 | 54 | 52 | 50 | 48 | 46 | 44 | 42 | 40 | 38 | 36 | 34 |

（2）砂轮的选择

选择砂轮应符合工作条件、工件材料和加工要求等各种因素,以保证磨削质量。

① 磨削钢等韧性材料时应选择刚玉类磨料;磨削铸铁、硬质合金等脆性材料时应选择碳化硅类磨料。

② 粗磨时选择粗粒度,精磨时选择细粒度。

③ 薄片砂轮应选择橡胶或树脂结合剂。

④ 工件材料硬度高,应选择软砂轮,工件材料硬度低应选择硬砂轮。

⑤ 磨削接触面积大应选择软砂轮。因此内圆磨削和端面磨削的砂轮硬度比外圆磨削的砂轮硬度要软。

⑥ 精磨和成形磨时砂轮硬度应硬一些。

⑦ 砂轮粒度细时,砂轮硬度应软一些。

⑧ 磨有色金属等软材料时,应选择软的且疏松的砂轮,以免砂轮堵塞。

⑨ 成形磨削、精密磨削时应选择组织较紧密的砂轮。

⑩ 工件磨削面积较大时,应选择组织疏松的砂轮。

## 1.3.5　其他加工方法

### 1. 拉削加工

拉削加工是一种高效率的孔的精加工方法。除拉削圆孔外,还可拉削各种截面形状的通孔及内键槽（如图 1-55 所示）,并可获得较高的尺寸精度和表面粗糙度。拉削圆孔可达到的标准公差等级为 IT9～IT7,表面粗糙度值为 $Ra1.6～0.4\mu m$。

如图 1-56 所示为拉刀拉孔的过程。

### 2. 刨削加工

刨削是单件小批量生产的平面加工最常用的加工方法,加工的标准公差精度等级一般可

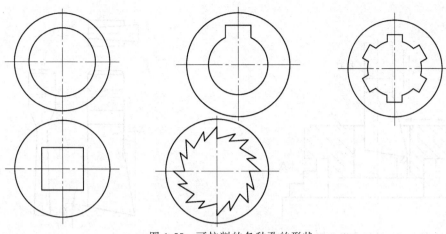

图 1-55 可拉削的各种孔的形状

达 IT9~IT7，表面粗糙度值可达$Ra12.5$~$1.6\mu m$。刨削可以在牛头刨床或龙门刨床上进行，如图 1-57 所示。

当前，普遍采用宽刃刀精刨代替刮研，能取得良好的效果。采用宽刃刀精刨，切削速度较低（2~5m/min），加工余量小（预刨余量 0.08~0.12mm，终刨余量 0.03~0.05mm），工件发热变形小，可获得较小的表面粗糙度值（$Ra0.8$~$0.25\mu m$）和较高的加工精度（直线度为0.02/1000），且生产率也较高。如图 1-58 所示为宽刃精刨刀，刨削加工时用煤油作切削液。

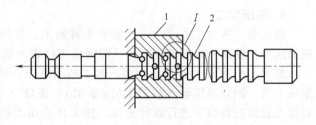

I放大

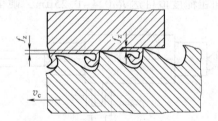

图 1-56 拉刀拉孔的过程
1—工件 2—拉刀

### 3. 插削加工

插削加工可以认为是立式刨削加工，主要用于单件小批量生产中加工零件的内表面，例如孔内键槽、花键等，也可用于加工某些不便铣削或刨削的外表面。如图 1-59 所示为插削孔内键槽示意图，如图 1-60 所示为键槽插刀。

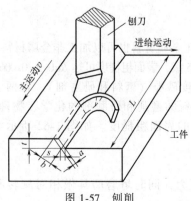

图 1-57 刨削

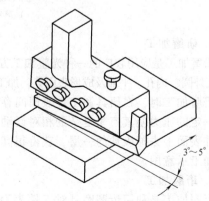

图 1-58 宽刃精刨刀刨削

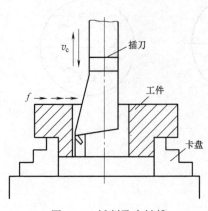

图 1-59　插削孔内键槽

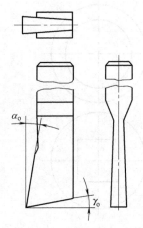

图 1-60　键槽插刀

### 4. 滚压加工

滚压是冷压加工方法之一，属于无屑加工。滚压加工是指用滚压工具对金属材质的工件施加压力，使其产生塑性变形，从而降低工件表面粗糙度，强化表面性能的加工方法。

如图 1-61 所示为外圆表面滚压加工的示意图。外圆表面的滚压加工一般可用各种相应的滚压工具，例如滚压轮（如图 1-61a 所示）、滚珠（如图 1-61b 所示）等，在普通卧式车床上对加工表面在常温下进行强行滚压，使工件金属表面层产生塑性变形，修正工件表面的微观几何形状，减小工件表面粗糙度值，提高工件的耐磨性、耐蚀性和疲劳强度。例如：经滚压后的外圆表面粗糙度值可达 $Ra0.4 \sim 0.25\mu m$，硬化层深度 $0.2 \sim 0.05mm$，硬度提高5%～20%。

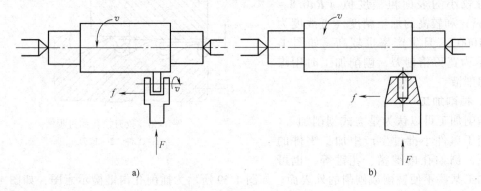

图 1-61　滚压加工示意图
a）滚轮滚压　b）滚珠滚压

### 5. 研磨加工

研磨加工是应用较广的一种光整加工方法，既可以加工金属材料也可以加工非金属材料，可用于加工外圆、内孔、平面及成形表面等。加工后精度可达 IT5 级，表面粗糙度可达 $Ra0.1 \sim 0.006\mu m$。

研磨加工时，在研具和工件表面间存在分散的细粒度砂粒（磨料和研磨剂），在两者之间施加一定的压力使其产生复杂的相对运动，这样经过砂粒的磨削和研磨剂的化学、物理作用，在工件表面上去掉极薄的一层，获得很高的精度和较小的表面粗糙度。如图 1-62 所示为平面研磨加工示意图。

### 6. 珩磨加工

珩磨加工是利用珩磨磨具对工件表面施加一定的压力，同时珩磨磨具做相对旋转和直线

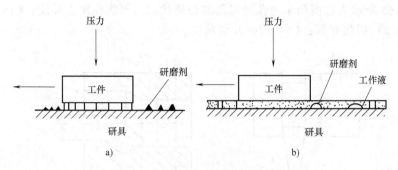

图 1-62 平面研磨加工示意图

a) 干式研磨 b) 湿式研磨

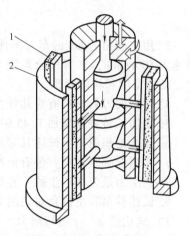

往复运动，切除工件上极小余量的一种光整加工方法。加工后标准公差精度等级可达 IT6~IT5，表面粗糙度值可达 $Ra0.2~0.05\mu m$，圆度和圆柱度可达到 $0.003~0.005mm$。珩磨的应用范围很广，可加工铸铁件、淬硬和不淬硬的钢件以及青铜件等，但不宜加工易堵塞油石的塑性金属。珩磨加工的设备简单、生产率高、成本较低，在成批、大量生产中广泛应用。如图 1-63 所示为珩磨加工示意图。

**7. 超精加工**

超精加工是用细粒度的油石对工件施加很小的压力，油石做往复振动和沿工件轴向的慢速运动，以实现微量磨削的一种光整加工方法，其加工原理如图 1-64 所示。

经过超精加工后的工件表面粗糙度值可达 $Ra0.08~0.01\mu m$。然而由于加工余量较小（小于 0.01mm），因而只能去除工件表面的凸峰，对加工精度的提高不显著。

图 1-63 珩磨加工示意图

1—油石 2—工件

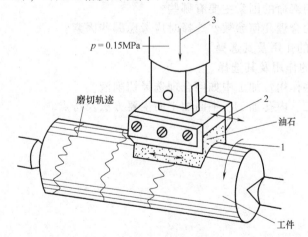

图 1-64 超精加工示意图

1—工件低速回转运动 2—磨头轴向进给运动 3—磨头高速往复振动

**思考题与习题**

1. 主运动、进给运动如何定义？有何特点？

2. 如图 1-65 所示为切槽和车内孔时刀具的切削状态，要求在图上标注：（1）工件上的几种加工表面；（2）切削要素；（3）刀具几何角度。

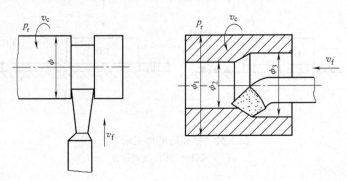

图 1-65 习题 2 图

3. 用主偏角为 60°的车刀车外圆，工件加工前直径为 100mm，加工后直径为 95mm，工件转速为 500r/min，车刀进给速度为 50mm/min，试求切削速度、进给量、背吃刀量、切削厚度、切削宽度和切削面积。

4. 常用的刀具材料有哪几种？各有何特点？

5. 粗加工铸铁和精加工 45 钢工件应选用什么牌号的硬质合金？为什么？

6. 什么是积屑瘤？试述其对加工的影响及控制措施。

7. 切屑有哪些种类？各有何特点？

8. 切削力是怎样产生的？各切削分力对加工有何影响？

9. 试述前角和主偏角对切削力、切削温度的影响。

10. 试比较 $a_p$、$f$ 对切削力、切削温度的影响。

11. 刀具磨损的原因有哪些？高速钢刀具和硬质合金刀具磨损的主要原因是什么？

12. 刀具磨损过程可分为几个阶段？各有何特点？

13. 影响刀具使用寿命的因素主要有哪些？

14. 什么叫刀具的合理几何参数？选择时应考虑哪些因素？

15. 说明 $\gamma_o$、$\alpha_o$ 的作用及其选择。

16. 说明 $\kappa_r$、$\kappa_r'$ 的作用及其选择。

17. 切削液有哪些作用？加工中如何合理选择切削液？

18. 试述外圆加工、内孔加工、平面加工的主要方法及特点。

# 第2章

# 工件的装夹与夹具设计基础

【案例引入】 如图 2-1a 所示，钻后盖上的 $\phi10$mm 孔，其夹具结构如图 2-1b 所示。

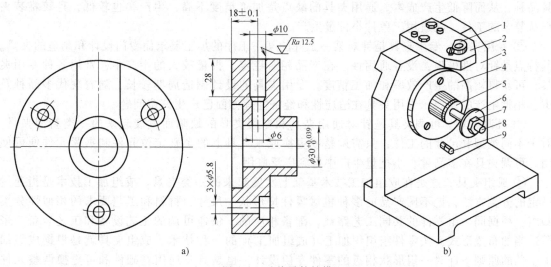

图 2-1　后盖零件钻模

a）钻径向孔的工序图　b）钻模

1—钻套　2—钻模板　3—夹具体　4—支承板　5—圆柱销　6—开口垫圈　7—螺母　8—螺杆　9—菱形销

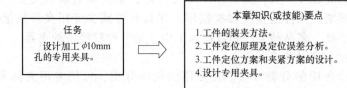

| 任务 | | 本章知识（或技能）要点 |
|---|---|---|
| 设计加工 $\phi10$mm 孔的专用夹具。 | ⟹ | 1.工件的装夹方法。<br>2.工件定位原理及定位误差分析。<br>3.工件定位方案和夹紧方案的设计。<br>4.设计专用夹具。 |

## 2.1　工件的装夹

### 2.1.1　机床夹具概述

#### 1. 工件装夹的概念

在机床上加工工件时，必须用夹具装好、夹牢工件。将工件装好，就是在加工前确定工件在工艺系统中的正确位置，即定位；将工件夹牢，就是对工件施加作用力，使之在加工过程中始终保持在原先确定的位置上，即夹紧。从定位到夹紧的全过程，称为装夹。

#### 2. 机床夹具的概念

机床夹具是在机械制造过程中，用来固定加工对象，使之占有正确位置，以接受加工或

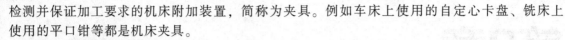

检测并保证加工要求的机床附加装置，简称为夹具。例如车床上使用的自定心卡盘、铣床上使用的平口钳等都是机床夹具。

### 3. 机床夹具的分类

机床夹具的种类很多，形状千差万别。为了设计、制造和管理的方便，往往按某一属性进行分类。

（1）按夹具的通用特性分类

① 通用夹具。通用夹具是指结构、尺寸已规格化，且具有一定通用性的夹具，如自定心卡盘、四爪单动卡盘、台虎钳、万能分度头和电磁吸盘等。其特点是适用性强、不需调整或稍加调整即可装夹一定形状范围内的各种工件。采用这类夹具可缩短生产准备周期，减少夹具品种，从而降低生产成本。通用夹具的缺点是加工精度不高，生产率也较低，且较难装夹形状复杂的工件，故适用于单件小批量生产。

② 专用夹具。专用夹具是针对某一工件的某一工序的加工要求而专门设计和制造的夹具。其特点是针对性极强，没有通用性。在产品相对稳定、批量较大的生产中，常用各种专用夹具，可获得较高的生产效率和加工精度。专用夹具的设计制造周期较长，随着现代多品种及中、小批生产的发展，专用夹具在适应性和经济性等方面已产生许多问题。

③ 可调夹具。可调夹具是针对通用夹具和专用夹具的缺陷而发展起来的一类新型夹具。对于不同类型和尺寸的工件，只需调整或更换原来夹具上的个别定位元件和夹紧元件便可使用。可调夹具在多品种、小批量生产中得到广泛应用。

④ 成组夹具。这是在成组加工技术基础上发展起来的一类夹具。成组加工技术是指通过一定的分类方法，把不同产品的多种机械零件按形状、尺寸、材料和工艺要求的相似性分类归组，根据同一组零件的共同工艺路线，配备相应的、快速可调的工艺设备和工艺装备，采用适当的布置形式，按零件组组织加工（成组加工）的一种技术。成组夹具就是根据成组加工工艺的原则，针对一组形状相近的零件专门设计，也是具有通用基础件和可更换调整元件的夹具。这类夹具从外形上看，它和可调夹具不易区别。但它与可调夹具相比，具有使用对象明确、设计科学合理、结构紧凑、调整方便等优点。

⑤ 组合夹具。组合夹具是一种模块化的夹具，并已商品化。标准的模块元件具有较高的精度和耐磨性，可组装成各种夹具，夹具用毕即可拆卸，留待组装新的夹具。由于使用组合夹具可缩短生产准备周期，元件能重复多次使用，并具有可减少专用夹具数量等优点，因此组合夹具在单件、中小批、多品种生产和数控加工中，是一种较经济的夹具。

（2）按夹具使用的机床分类

这是专用夹具设计所用的分类方法。按使用的机床分类，可把专用夹具分为车床夹具、铣床夹具、钻床夹具、镗床夹具、磨床夹具、齿轮机床夹具和数控机床夹具等。

（3）按夹具夹紧的动力源分类

按夹具夹紧的动力源可将夹具分为手动夹具和机动夹具两大类。为减轻劳动强度和确保安全生产，手动夹具应有扩力机构与自锁功能。常用的机动夹具有气动夹具、液压夹具、气液夹具、电动夹具、电磁夹具、真空夹具和离心力夹具等。

### 4. 机床夹具的组成

虽然机床夹具的种类繁多，但它们的工作原理基本上是相同的。将各类夹具中作用相同的结构或元件加以概括，可得出夹具一般所共有的以下几个组成部分，这些组成部分既相互独立又相互联系。

（1）定位元件

定位元件的作用是确定工件在夹具中的正确位置并支承工件，是夹具的主要功能元件之一，如图2-1所示的支承板4、圆柱销5和菱形销9。定位元件的定位精度直接影响工件加工的精度。

（2）夹紧元件

夹紧元件的作用是将工件压紧夹牢，并保证在加工过程中工件的位置正确、不变，如图2-1中的开口垫圈6、螺母7和螺杆8。

（3）连接定向元件

这种元件用于将夹具与机床连接并确定夹具对机床主轴、工作台或导轨的相互位置。

（4）对刀元件或导向元件

这些元件的作用是保证工件加工表面与刀具之间的正确位置。用于确定刀具在加工前正确位置的元件称为对刀元件；用于确定刀具位置并引导刀具进行加工的元件称为导向元件，如图2-1所示的钻套1。

（5）其他装置或元件

根据加工需要，有些夹具上还设有分度装置、靠模装置、上下料装置、工件顶出机构、电动扳手和平衡块等，以及标准化了的其他连接元件。

（6）夹具体

夹具体是夹具的基体骨架，用来配置、安装各夹具元件，使之组成一整体，如图2-1所示的夹具体3。常用的夹具体有铸件结构、锻造结构、焊接结构和装配结构，形状有回转体形和底座形等。

上述各组成部分中，定位元件、夹紧元件和夹具体是夹具的基本组成部分。

## 2.1.2 工件装夹的方法

工件装夹的方法主要有以下三种。

### 1. 直接找正装夹法

用划针、百分表等工具直接找正工件位置并加以夹紧的方法称为直接找正装夹法。此法生产率低，精度取决于工人的技术水平和测量工具的精度，一般只用于单件小批生产或要求位置精度较高的工件。如图2-2所示，在车床上用四爪单动卡盘装夹工作过程中，采用百分表进行内孔表面的找正。

### 2. 划线找正装夹法

先用划针画出要加工表面的位置，再按划线找正工件在机床上的位置并夹紧。图2-3所示为在牛头刨床上按划线找正装夹。划线找正的定位精度不高，主要用于批量小、毛坯精度低及大型零件的粗加工。

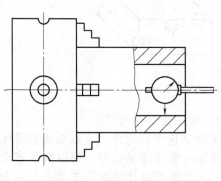

图2-2 直接找正装夹法

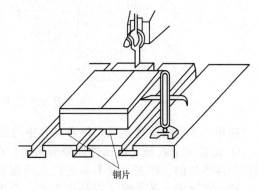

图2-3 划线找正装夹法

### 3. 夹具装夹法

此法是用夹具上的定位元件使工件获得正确位置的一种方法。这种方法安装迅速方便，定位精度较高而且稳定，生产率较高，广泛用于成批和大量生产加工中。

## 2.2 工件的定位

### 2.2.1 工件定位的基本原理

#### 1. 自由度的概念

由刚体运动学可知，一个自由刚体在空间有且仅有六个自由度。如图 2-4 所示的工件，它在空间的位置是任意的，既能沿 $Ox$、$Oy$、$Oz$ 三个坐标轴移动，称为移动自由度，分别表示为 $\vec{x}$、$\vec{y}$、$\vec{z}$；又能绕 $Ox$、$Oy$、$Oz$ 三个坐标轴转动，称为转动自由度，分别表示为 $\hat{x}$、$\hat{y}$、$\hat{z}$。

#### 2. 六点定位原理

工件定位的实质就是限制工件的自由度，使工件在夹具中占有某个确定的正确加工位置。

如图 2-5 所示的长方体工件，欲使其完全定位，可以设置六个固定点，工件的三个面分别与这些点保持接触，在其底面设置三个不共线的点 1、2、3（构成一个面），限制工件的三个自由度：$\vec{z}$、$\hat{x}$、$\hat{y}$；侧面

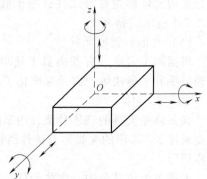

图 2-4 工件的六个自由度

设置两个点 4、5（成一条线），限制 $\vec{y}$、$\hat{z}$ 两个自由度；端面设置一个点 6，限制 $\vec{x}$ 自由度。于是工件的六个自由度便都被限制了。这些用来限制工件自由度的固定点，称为定位支承点，简称支承点。用合理分布的六个支承点限制工件六个自由度的法则，称为六点定位原理。

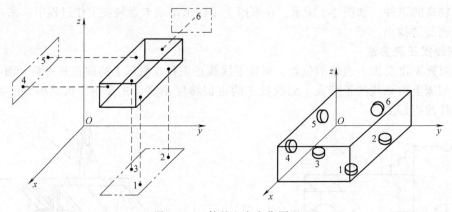

图 2-5 工件的六点定位原理

应用六点定位原理实现工件在夹具中的正确定位时，应注意下列几点：

① 定位支承点是定位元件抽象而来的。在夹具的实际结构中，定位支承点是通过具体的定位元件体现的，即支承点不一定用点或销的顶端，而常用面或线来代替。根据数学概念可知，两个点决定一条直线，三个点决定一个平面，即一条直线可以代替两个支承点，一个平面可以代替三个支承点。在具体应用时，还可用窄长的平面（条形支承）代替直线，用较小的平面来代替点。

② 定位支承点与工件定位基准面始终保持接触，才能起到限制自由度的作用。

③ 分析定位支承点的定位作用时，不考虑力的影响。工件的某一自由度被限制，是指工

件在某个坐标方向上有了确定的位置，并不是指工件在受到使其脱离定位支承点的外力时不能运动。使工件在外力作用下不能运动，要靠夹紧装置来完成。

### 3. 工件定位中的几种情况

（1）完全定位和不完全定位

根据工件加工面（包括位置尺寸）要求，有时需要限制六个自由度，有时仅需要限制一个或几个（少于六个）自由度，前者称作完全定位，后者称作不完全定位。完全定位和不完全定位都有应用。如图2-6所示，在长方形工件上加工一个盲孔，为了满足所有加工要求，必须限制工件的六个自由度，这就是完全定位；但如果是加工一个通孔，就只需限制五个自由度，这就是不完全定位。

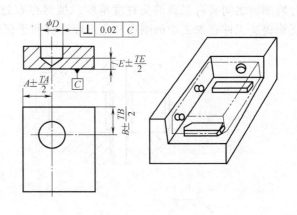

图 2-6　完全定位示例

（2）欠定位

根据工件的加工要求，应该限制的自由度没有完全被限制的定位，称为欠定位。欠定位无法保证加工要求，所以是绝不允许的。

如图2-7所示，工件在支承板1和两个圆柱销2上定位，按此定位方式，$\vec{x}$自由度没被限制，属于欠定位。工件在$x$方向上的位置不确定，如图2-7中的双点画线位置和虚线位置，因此钻出孔的位置也不确定，无法保证尺寸$A$的精度。在$x$方向设置一个止推销后，工件在$x$方向才能取得确定的位置。

（3）过定位

工件在定位时，同一个自由度被两个或两个以上的定位元件来限制，这样的定位称为过定位（或称定位干涉）。如图2-8a中采用孔与端面组合定位，由于大端面限制$\vec{y}$、$\hat{x}$、$\hat{z}$三个自由度，长销限制$\vec{x}$、$\vec{z}$和$\hat{x}$、$\hat{z}$四个自由度，可见$\hat{x}$、$\hat{z}$被两个定位元件重复限制，出现过定位。在这种情况下，若工件端面和孔的轴线不垂直，或销的轴线与销的大端面有垂直度误差，则在轴向夹紧力作用下，将使工件或长销产生变形，这当然是应该想办法避免的。

由于过定位往往会带来不良后果，一般确定定位方案时，应尽量避免。消除或减少过定位引起的干涉，一般有两种方法：

① 改变定位装置的结构，使定位元件重复限制自由度的部分不起定位作用。

对于图2-8a可以采用以下几种改进措施：采用小平面与长销组合定位，如图2-8b所示；采用大平面与短销组合定位，如图2-8c所示；还可以采用球面垫圈与长销组合定位，如图2-8d所示。

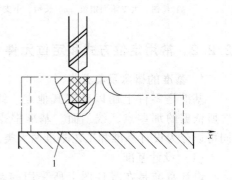

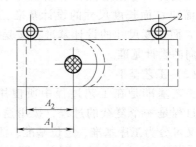

图 2-7　欠定位示例

1—支承板　2—圆柱销

② 提高工件和夹具有关表面的位置精度。

对于图 2-8a 所示定位方案，若能保证工件孔轴线与左端面之间、定位元件的长销轴线与台阶端面之间具有很高的垂直度精度，虽然存在过定位，但不会对加工产生不利影响。甚至还能提高工件在加工中的刚度和稳定性，有利于保证加工精度，反而可以获得良好的效果。

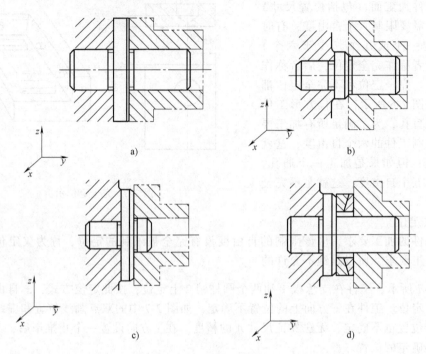

图 2-8　工件过定位及改进方法

a）长销、大支承面定位　b）长销、小支承面定位　c）短销、大支承面定位　d）长销、球面垫圈定位

## 2.2.2　常用定位方式和定位元件

### 1. 基准的概念及其分类

基准是零件上用以确定其他点、线、面位置所依据的那些点、线、面。基准根据功用不同可以分为设计基准和工艺基准两大类。

（1）设计基准

设计基准是在零件图上所采用的基准，它是标注设计尺寸的起点，如图 2-9 所示的 $A$ 面是 $B$ 面和 $C$ 面长度尺寸的设计基准；$D$ 面为 $E$面和 $F$ 面长度尺寸的设计基准，又是两个孔水平方向的设计基准。

（2）工艺基准

工艺基准是在工艺过程中所使用的基准。工艺过程是一个复杂的过程，按用途不同工艺基准又可分为工序基准、定位基准、测量基准和装配基准。

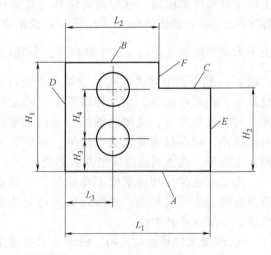

图 2-9　设计基准

① 工序基准。在工序图上，用来标定本工序被加工面尺寸和位置所采用的基准，称为工序基准。所标定的被加工表面位置的尺寸，称为工序尺寸。如图 2-10 所示，通孔为加工表面，

要求其中心线与 $A$ 面垂直，并与 $B$ 面及 $C$ 面保持距离 $L_1$、$L_2$，因此表面 $A$、表面 $B$ 和表面 $C$ 均为本工序的工序基准。

② 定位基准。定位时据以确定工件在夹具中位置的点、线、面称为定位基准。这些作为定位基准的点、线、面既可以是工件与定位元件实际接触的点、线、面，也可以是一些实际并不存在的理论回转中心线。如图 2-11 所示，零件的内孔套在心轴上加工 $\phi40h6$ 的外圆时，内孔轴线即为定位基准。

③ 测量基准。用于测量已加工表面尺寸及位置的基准，称为测量基准。如图 2-11 所示的零件，当以内孔为基准（套在检验心轴上）去检验 $\phi40h6$ 外圆的径向圆跳动和端面 $B$ 的轴向圆跳动时，内孔轴线即为测量基准。

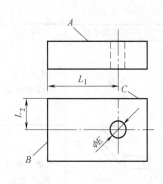

图 2-10 工序基准

④ 装配基准。装配时用以确定零件在机器中位置的基准称为装配基准。

### 2. 定位副

通常将工件上的定位基面和与之相接触（或配合）的定位元件的限位基面合称为定位副。如图 2-12 所示，工件以圆孔在心轴上定位，工件的内孔表面称为定位基面，它的轴线称为定位基准；与之对应，心轴的圆柱表面称为限位基面，心轴的轴线称为限位基准；而工件的内孔表面与定位元件心轴的圆柱表面就合称为一对定位副。

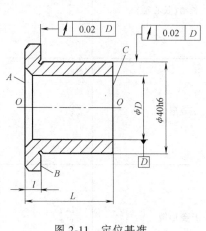

图 2-11 定位基准

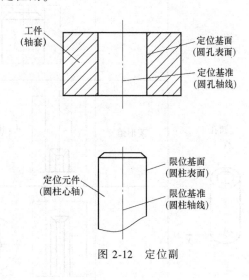

图 2-12 定位副

### 3. 常用定位元件所能限制的自由度

表 2-1 所示为常用定位元件所能限制的自由度。

表 2-1 常用定位元件所能限制的自由度

| 工件定位基准面 | 定位元件 | 定位方式简图 | 定位元件特点 | 限制的自由度 |
|---|---|---|---|---|
| 平面 | 支承钉 | | | $1、2、3—\vec{z}、\hat{x}、\hat{y}$<br>$4、5—\vec{x}、\hat{z}$<br>$6—\vec{y}$ |
| | 支承板 | | 每个支承板也可设计为两个或两个以上小支承板 | $1、2—\vec{z}、\hat{x}、\hat{y}$<br>$3—\vec{x}、\hat{z}$ |

（续）

| 工件定位基准面 | 定位元件 | 定位方式简图 | 定位元件特点 | 限制的自由度 |
|---|---|---|---|---|
| 平面 | 固定支承与浮动支承 | | 1、3—固定支承<br>2—浮动支承 | 1、2—$\vec{z}$、$\hat{x}$、$\hat{y}$<br>3—$\vec{x}$、$\hat{z}$ |
| | 固定支承与辅助支承 | | 1、2、3、4—固定支承<br>5—辅助支承 | 1、2、3—$\vec{z}$、$\hat{x}$、$\hat{y}$<br>4—$\vec{x}$、$\hat{z}$<br>5—增加刚度，不限制自由度 |
| 圆孔 | 定位销（心轴） | | 短销（短心轴） | $\vec{x}$、$\vec{y}$ |
| | | | 长销（长心轴） | $\vec{x}$、$\vec{y}$、$\hat{x}$、$\hat{y}$ |
| | 菱形销 | | 短菱形销 | $\vec{y}$ |
| | | | 长菱形销 | $\vec{y}$、$\hat{x}$ |
| | 锥销 | | 单锥销 | $\vec{x}$、$\vec{y}$、$\vec{z}$ |
| | | | 1—固定销<br>2—活动销 | $\vec{x}$、$\vec{y}$、$\vec{z}$、$\hat{x}$、$\hat{y}$ |

（续）

| 工件定位基准面 | 定位元件 | 定位方式简图 | 定位元件特点 | 限制的自由度 |
|---|---|---|---|---|
| 外圆柱面 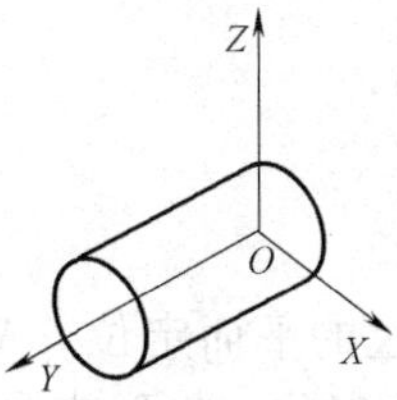 | 支承板或支承钉 | 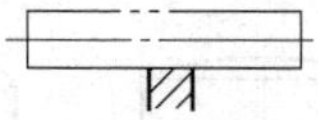 | 短支承板或支承钉 | $\vec{z}$ |
| | | 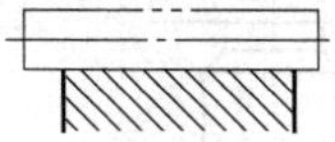 | 长支承板或两个支承 | $\vec{z}$、$\hat{x}$ |
| | V形块 | 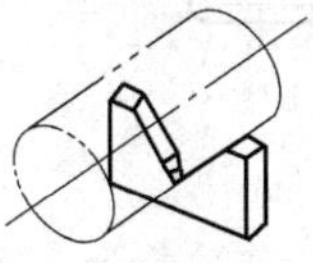 | 窄 V 形块 | $\vec{x}$、$\vec{z}$ |
| | | 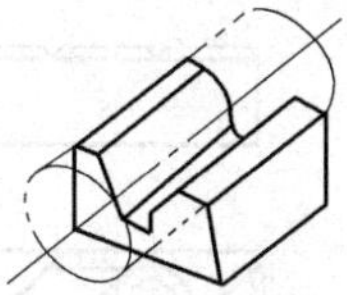 | 宽 V 形块或两个窄 V 形块 | $\vec{x}$、$\vec{z}$、$\hat{x}$、$\hat{z}$ |
| | | 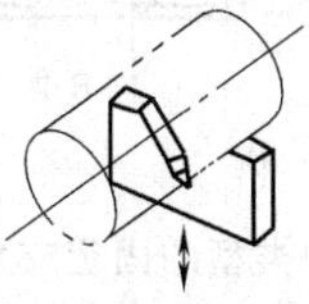 | 垂直运动的窄活动 V 形块 | $\vec{x}$ |
| | 定位套 | 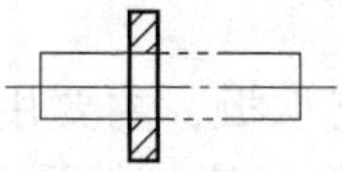 | 短套 | $\vec{x}$、$\vec{z}$ |
| | | 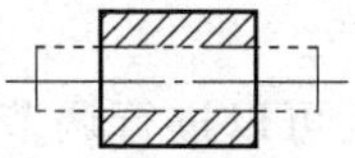 | 长套 | $\vec{x}$、$\vec{z}$、$\hat{x}$、$\hat{z}$ |
| | 半圆孔 | 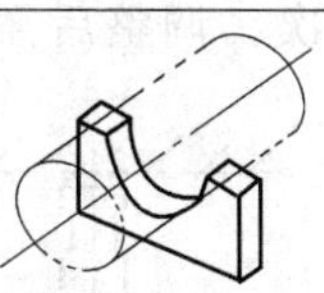 | 短半圆孔 | $\vec{x}$、$\vec{z}$ |
| | | | 长半圆孔 | $\vec{x}$、$\vec{z}$、$\hat{x}$、$\hat{z}$ |
| | 锥套 | 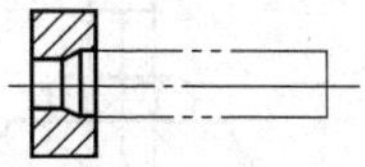 | 单锥套 | $\vec{x}$、$\vec{y}$、$\vec{z}$ |
| | | 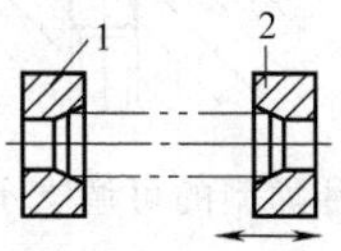 | 1—固定锥套 2—活动锥套 | $\vec{x}$、$\vec{y}$、$\vec{z}$、$\hat{x}$、$\hat{z}$ |

#### 4. 常用定位元件及选用

（1）工件以平面定位时的定位元件

1）主要支承。主要支承用来限制工件的自由度，起定位作用。常用的主要支承有固定支承、可调支承和自位支承三种。

① 固定支承。固定支承有支承钉和支承板两种型式，如图 2-13 所示。在使用过程中，它们都是固定不动的。

如图 2-13a 所示为用于平面定位的各种支承钉，它们的结构和尺寸均已标准化。图中，A 型为平头支承钉，主要用于支承工件上已加工过的基准平面；B 型为球头支承钉，主要用于工件上未经加工的粗糙平面定位；C 型为网纹顶面的支承钉，常用于要求摩擦力大的工件侧面定位。

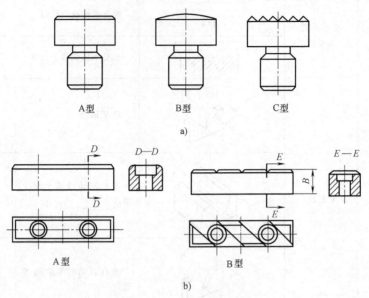

图 2-13　各种类型的固定支承
a) 支承钉　b) 支承板

如图 2-13b 所示为用于平面定位的各种支承板，主要用于工件上已加工过的平面定位。A 型支承板结构简单，便于制造，但不利于清除切屑，故适用于顶面和侧面的定位；B 型支承板则易保证工作表面清洁，故适用于底面定位。

② 可调支承。可调支承是指支承的高度可以进行调节，如图 2-14 所示为几种可调支承的结构。可调支承在一批工件加工前调整一次，调整后需要锁紧，其作用与固定支承相同。

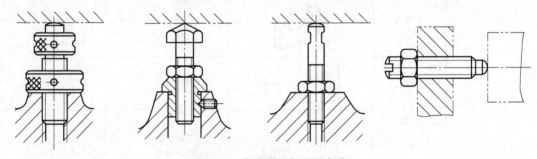

图 2-14　各种类型的可调支承

③ 自位支承。在工件定位过程中能自动调整位置的支承称为自位支承。其作用相当于一个固定支承只限制一个自由度。由于增加了接触点数，可以提高工件的装夹刚度和稳定性，但夹具结构稍复杂，自位支承一般适用于毛面定位或刚度不足的场合，如图 2-15 所示为自位支承结构。

2）辅助支承。工件因为尺寸、形状或局部刚度较差，使其定位不稳或受力变形，故需要增设辅助支承，用以承受工件重力、夹紧力或切削力。辅助支承的工作特点是：待工件定位夹紧后，再调整辅助支承，使其与工件的有关表面接触并锁紧；而且辅助支承是每装夹一个工件就调整一次。但此支承不限制工件的自由度，也不允许破坏原有定位。如图 2-16 所示，

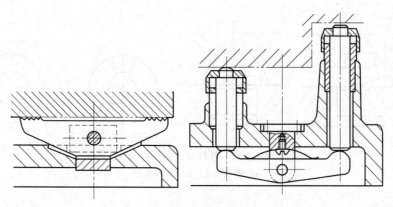

图 2-15 各种类型的自位支承

工件以平面 $A$ 定位，由于被加工面悬伸较大，在切削力作用下会产生变形和振动，因此工件定位后增设辅助支承 3，以提高支承刚度，减少振动，提高加工精度。

（2）工件以圆孔定位时的定位元件

生产中，工件以圆柱孔定位应用较广，如各类套筒、盘类、杠杆和拨叉等，所采用的定位元件有圆柱销和各种心轴。

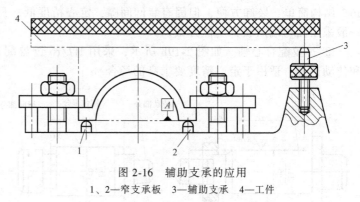

图 2-16 辅助支承的应用
1、2—窄支承板 3—辅助支承 4—工件

1）圆柱销。如图 2-17 所示为圆柱定位销结构。定位销工作部分的直径 $d$ 可根据工件定位基面的尺寸和装卸方式来设计，与工件的配合按 g5、g6、f6、f7 制造；定位销与夹具体的联接采用过盈配合，可用 H7/r6 或 H7/n6 配合压入夹具体孔中。

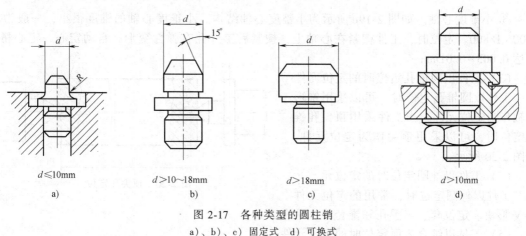

$d \leqslant 10mm$  
a)

$d > 10 \sim 18mm$  
b)

$d > 18mm$  
c)

$d > 10mm$  
d)

图 2-17 各种类型的圆柱销
a)、b)、c) 固定式 d) 可换式

2）圆锥销。如图 2-18 所示，工件以圆柱孔在圆锥销上定位。孔端与锥销接触，其交线是一个圆，相当于三个止推定位支承，限制了工件的三个自由度 $(\vec{x}、\vec{y}、\vec{z})$。图 2-18a 用于粗基准，图 2-18b 用于精基准。

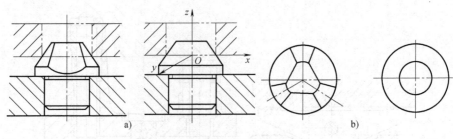

图 2-18 各种类型的圆锥销
a）粗基准用 b）精基准用

3）定位心轴

① 间隙配合心轴。如图 2-19a 所示为圆柱心轴的间隙配合心轴结构，孔轴配合采用 H7/g6。结构简单、装卸方便，但因有装卸间隙，定心精度低，只适用于同轴度要求不高的场合，一般采用孔与端面联合定位方式。

② 过盈配合心轴。如图 2-19b 所示，采用 H7/r6 过盈配合。其中有导向部分、定位部分和传动部分，适用于定心精度要求高的场合。

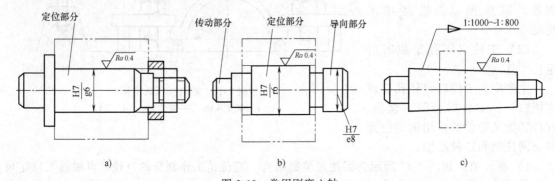

图 2-19 常用刚度心轴
a）间隙配合心轴 b）过盈配合心轴 c）小锥度心轴

③ 小锥度心轴。如图 2-19c 所示为小锥度心轴结构。小锥度心轴的锥度很小，一般为 1/1000~1/800。定位时，工件楔紧在心轴上，楔紧后工件孔有弹性变形，自动定心，定心精度可达 0.005~0.01mm。

（3）工件以圆锥孔定位时的定位元件

工件以圆锥孔定位时，可以采用锥形心轴作为定位元件；当工件采用顶尖孔锥面定位时，可以采用顶尖作为定位元件，如图 2-20 所示。

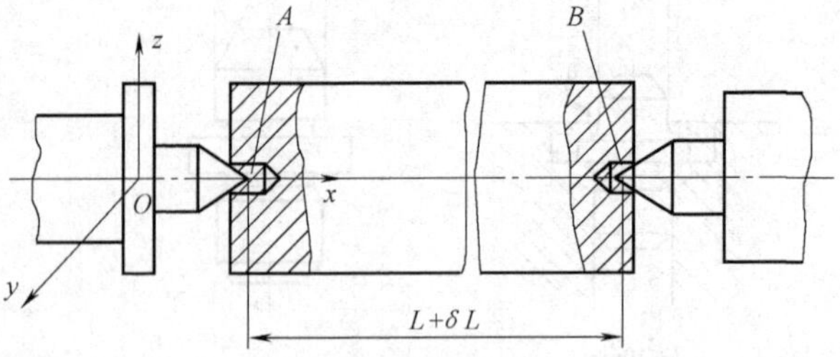

（4）工件以外圆定位时的定位元

工件以外圆定位时，常用的定位元件有 V 形块、定位套、半圆孔和锥套等，见表 2-1。

（5）工件以组合表面定位时的定位元件

以上所述定位方法，多为以单一表面定位。实际上，工件往往是以两个或两个以上的表面同时定位的，即采取组合定位方式。

组合定位的方式很多，生产中最常用的就是"一面两孔"定位，如加工箱体、杠杆和盖板等。这种定位方式简单、可靠、夹紧方便，易于做到工艺过程中的基准统一，保证工件的

图 2-20 顶尖孔定位

相互位置精度。

工件采用一面两孔定位时，定位平面一般是加工过的精基准面，两孔可以是工件结构上原有的，也可以是为定位需要专门设置的工艺孔。相应的定位元件是支承板和两个定位销。如图 2-21 所示为某箱体镗孔时以一面两孔定位的示意图。支承板限制工件 $\vec{z}$、$\hat{x}$、$\hat{y}$ 三个自由度；短圆柱销 $A$ 限制工件的 $\vec{x}$、$\vec{y}$ 两个自由度；短圆柱销 $B$ 限制工件的 $\vec{x}$、$\hat{z}$ 两个自由度。可见 $\vec{x}$ 被两个

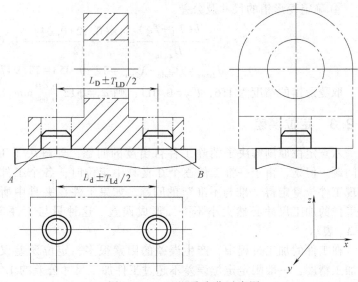

图 2-21 一面两孔定位示意图

柱销重复限制，产生过定位现象，严重时将不能装夹工件。

为了使工件顺利地装到定位销上，可把定位销 $B$ 上与工件孔壁相碰的那部分削去，即做成削边销。为保证削边销的强度，一般多采用菱形结构，故又称为菱形销，见表 2-2。

表 2-2 菱形销尺寸　　　　　　　　　　　　　（单位：mm）

| $D_2$ | 3~6 | >6~8 | >8~20 | >20~25 | >25~32 | >32~40 | >40~50 |
|---|---|---|---|---|---|---|---|
| $b$ | 2 | 3 | 4 | 5 | 6 | 6 | 8 |
| $B$ | $D_2-0.5$ | $D_2-1$ | $D_2-2$ | $D_2-3$ | $D_2-4$ | $D_2-5$ | |

注：削边销的削边方向应垂直于两孔中心连线。

【例 2-1】 一面两孔定位方案如图 2-22 所示，已知两孔中心距为 $(80\pm0.06)$ mm、孔径为 $\phi12H7$ $\left(^{+0.018}_{0}\right)$ mm。试确定两个定位销的尺寸及公差。

**解：**① 确定定位销中心距及公差。

取 $T_{1x}=\left(\dfrac{1}{3}\sim\dfrac{1}{5}\right)T_{1k}=\left(\dfrac{1}{3}\sim\dfrac{1}{5}\right)\times0.12=0.04$，得 $L_{销}=$ 80±0.02

式中 $T_{1x}$——定位销中心距公差（mm）；

$T_{1k}$——两孔中心距公差（mm）。

② 确定圆柱销尺寸及公差。

取相应孔的下极限尺寸作为圆柱销直径的基本尺寸，配合设为 H7/g6，则圆柱销尺寸为 $\phi12^{-0.006}_{-0.017}$mm。

③ 确定菱形销的宽度。

查表 2-2，取 $b=4$mm。

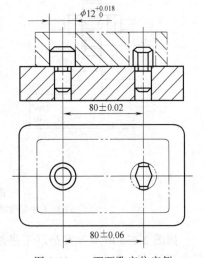

图 2-22 一面两孔定位实例

④ 确定菱形销的尺寸及公差

$$X_{2\min} = \frac{b(T_{1k}+T_{1x})}{D_{2\min}} = \frac{4\times(0.12+0.04)}{12} \approx 0.053(\text{mm})$$

$$d_{2\max} = D_{2\min} - X_{2\min} = 12 - 0.053 = 11.947(\text{mm})$$

取菱形销的精度为 IT6，$T_{d2} = 0.011$，则 $d_2 = \phi 12^{-0.053}_{-0.064}$ mm。

## 2.2.3 定位误差

六点定位原则解决了消除工件自由度的问题，即解决了工件在夹具中位置"定与不定"的问题。但是，由于一批工件逐个在夹具中定位时，各个工件所占据的位置不完全一致，即出现工件位置定得"准与不准"的问题。如果工件在夹具中所占据的位置不准确，加工后各个工件的加工尺寸必然大小不一，形成误差。这种只与工件定位有关的误差称为定位误差，用 $\Delta_D$ 表示。

在工件的加工过程中，产生误差的因素很多，定位误差仅是加工误差的一部分，为了保证加工精度，一般限定定位误差不超过工件加工尺寸公差的 1/5~1/3，即

$$\Delta_D \leq (1/5 \sim 1/3)T \tag{2-1}$$

式中 $\Delta_D$——定位误差（mm）；

$T$——工件加工尺寸公差（mm）。

### 1. 定位误差产生的原因

工件逐个在夹具中定位时，各个工件的位置不一致的原因主要是基准不重合，而基准不重合又分为两种情况：一种是定位基准与工序基准不重合产生的基准不重合误差；另一种是定位基准与限位基准不重合产生的基准位移误差。

（1）基准不重合误差

由于定位基准与工序基准不重合而造成的加工误差，称为基准不重合误差，用 $\Delta_B$ 表示。如图 2-23 所示，在工件上铣通槽，要求保证尺寸 $a^{0}_{-\delta_a}$、$b^{+\delta_b}_{0}$、$h^{0}_{-\delta_h}$，为使分析问题方便，仅讨论如何保证尺寸 $a^{0}_{-\delta_a}$ 的问题。

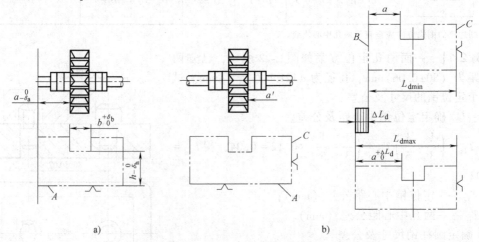

图 2-23 基准不重合误差分析

a）以工序基准面 $B$ 为定位基准　b）以工件上的 $C$ 面为定位基准

如图 2-23a 所示方案是以工序基准面 $B$ 为定位基准，即工序基准与定位基准重合。基准不重合误差 $\Delta_B = 0$。

如图 2-23b 所示方案是以工件上的 $C$ 面为定位基准，因此定位基准与工序基准不重合。这时定位基准与工序基准之间的联系尺寸 $L$（定位尺寸）的公差 $\Delta L_d$，将引起工序基准相对于定位基准在加工尺寸方向上发生变动。其变动的最大范围，即为基准不重合误差值，故 $\Delta_B = \Delta L_d$。

注意：① 当定位尺寸与工序尺寸方向一致时，则基准不重合误差就是定位尺寸的公差。

② 当定位尺寸与工序尺寸方向不一致时，则基准不重合误差就等于定位尺寸公差在加工尺寸（即工序尺寸）方向的投影。

（2）基准位移误差

由于定位副的制造误差而造成定位基准位置的变动，对工件加工尺寸造成的误差，称为基准位移误差，用 $\Delta_Y$ 来表示。

如图 2-24 所示，工件以圆柱孔在心轴上定位铣键槽，要求保证尺寸 $A$ 和 $B$。其中尺寸 $B$ 由铣刀保证，而尺寸 $A$ 由按心轴中心调整的铣刀位置保证。如果工件内孔直径与心轴外圆直径做成完全一致，作无间隙配合，即孔的中心线与轴的中心线位置重合，则不存在因定位引起的误差。但实际上，如图 2-24b 所示，心轴和工件内孔都有制造误差。于是工件套在心轴上必然会有间隙，孔的中心线与轴的中心线位置不重合，导致这批工件的加工尺寸 $A$ 中附加了工件定位基准变动误差，其变动量可按下式计算：

$$\Delta_Y = A_{max} - A_{min} = i_{max} - i_{min} \tag{2-2}$$

式中　$\Delta_Y$——基准位移误差（mm）；

$i$——定位基准的位移量（mm）。

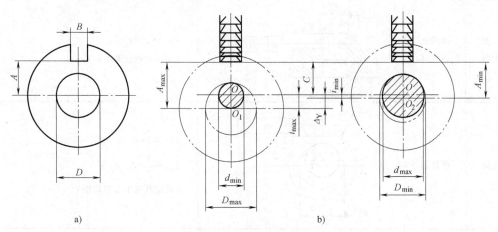

图 2-24　基准位移误差

a）工序简图　b）加工示意图

注意：① 当定位基准的变动方向与加工尺寸方向一致时，则基准位移误差就等于定位基准的最大变动范围。

② 当定位基准的变动方向与加工尺寸方向不一致时，则基准位移误差就等于定位基准的最大变动范围在加工尺寸（即工序尺寸）方向的投影。

**2. 定位误差的计算**

由于定位误差 $\Delta_D$ 是由基准不重合误差和基准位移误差组合而成的，因此在计算定位误差时，应先分别算出 $\Delta_B$ 和 $\Delta_Y$，然后将两者组合而得 $\Delta_D$。组合时可有如下情况：

（1）两种特殊情况

当 $\Delta_Y = 0$，$\Delta_B \neq 0$ 时　　　　　　　　　　$\Delta_D = \Delta_B$ 　　　　　　　　　　(2-3)

当 $\Delta_Y \neq 0$，$\Delta_B = 0$ 时　　　　　　　　$\Delta_D = \Delta_Y$　　　　　　　　　　　　（2-4）

（2）一般情况

$$\Delta_B \neq 0, \ \Delta_Y \neq 0$$

如果工序基准不在定位基面上，则

$$\Delta_D = \Delta_Y + \Delta_B \qquad\qquad\qquad (2\text{-}5)$$

如果工序基准在定位基面上，则

$$\Delta_D = \Delta_Y \pm \Delta_B \qquad\qquad\qquad (2\text{-}6)$$

"＋""－"的判别方法如下：

① 分析定位基面尺寸由大变小（或由小变大）时，定位基准的变动方向。

② 当定位基面尺寸作同样变化时，设定位基准不动，分析工序基准变动方向。

③ 若两者变动方向相同即"＋"，两者变动方向相反即"－"。

常见定位方式的定位误差见表 2-3。

表 2-3　常见定位方式的定位误差

| 定位方式 | | 定位简图 | 定位误差 |
|---|---|---|---|
| 定位基面 | 限位基面 | | |
| 平面 | 平面 | | $\Delta_{DA} = 0$<br>$\Delta_{DB} = \delta_1$ |
| 圆孔面<br>及平面 | 圆柱面<br>及平面 | | $\Delta_{DA} = \delta_D + \delta_{d_0} + X_{min}$<br>（定位基准任意方向移动） |
| 圆孔面 | 圆柱面 | | $\Delta_D(\underline{\underline{\phantom{=}}}) = 0$<br>$\Delta_{DA} = \dfrac{1}{2}(\delta_D + \delta_{d_0})$<br>（定位基准单方向移动） |
| 圆柱面 | 两垂直平面 | | $\Delta_{DA} = 0$<br>$\Delta_{DB} = \dfrac{\delta_d}{2}$<br>$\Delta_{DC} = \delta_d$ |
| 圆柱面 | 平面及<br>V 形面 | | $\Delta_{DA} = \dfrac{\delta_d}{2}$<br>$\Delta_{DB} = 0$<br>$\Delta_{DC} = \dfrac{1}{2}\delta_d \cos\beta$ |

（续）

| 定位方式 | | 定位简图 | 定位误差 |
|---|---|---|---|
| 定位基面 | 限位基面 | | |
| 圆柱面 | 平面及 V形面 | 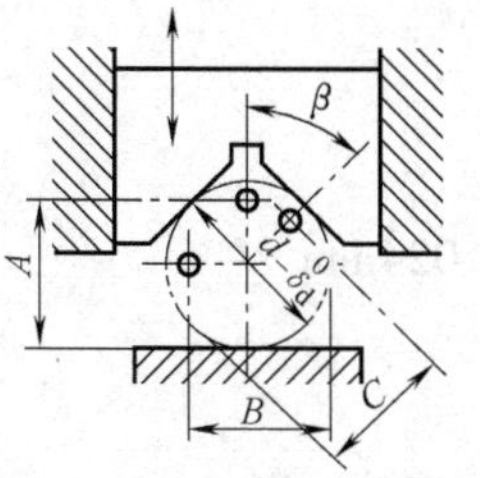 | $\Delta_{DA}=0$ $\Delta_{DB}=\dfrac{\delta_d}{2}$ $\Delta_{DC}=\dfrac{1}{2}\delta_d(1-\cos\beta)$ |
| 圆柱面 | 平面及 V形面 | 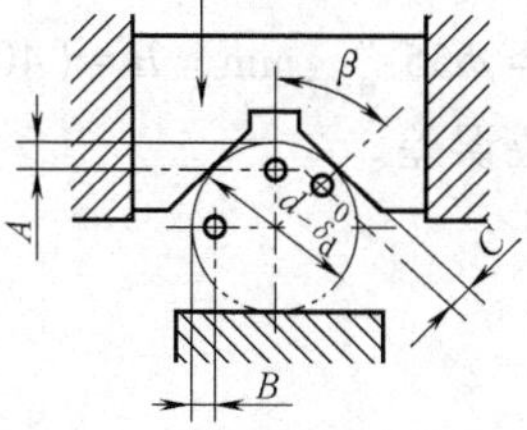 | $\Delta_{DA}=\delta_d$ $\Delta_{DB}=\dfrac{\delta_d}{2}$ $\Delta_{DC}=\dfrac{1}{2}\delta_d(1+\cos\beta)$ |
| 圆柱面 | V形面 | 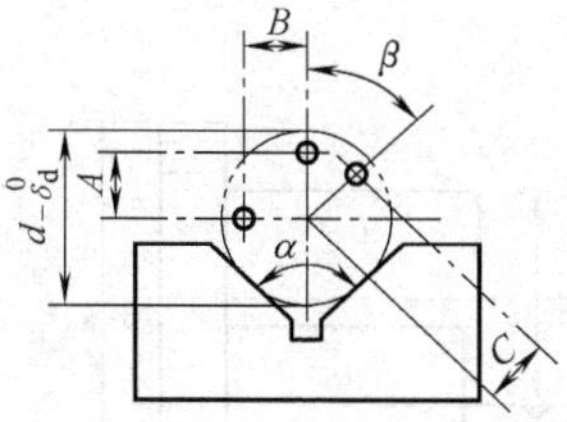 | $\Delta_{DA}=\dfrac{\delta_d}{2\sin\dfrac{\alpha}{2}}$ $\Delta_{DB}=0$ $\Delta_{DC}=\dfrac{\delta_d\cos\beta}{2\sin\dfrac{\alpha}{2}}$ |
| 圆柱面 | V形面 | 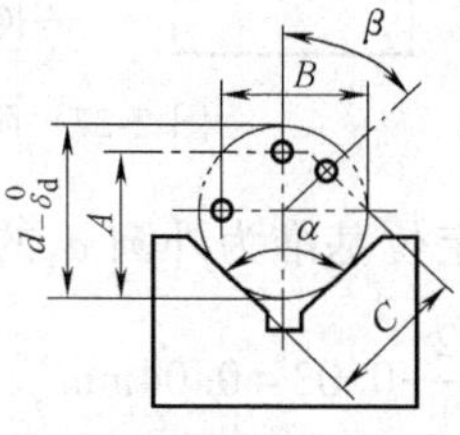 | $\Delta_{DA}=\dfrac{\delta_d}{2}\left(\dfrac{1}{\sin\dfrac{\alpha}{2}}-1\right)$ $\Delta_{DB}=\dfrac{\delta_d}{2}$ $\Delta_{DC}=\dfrac{\delta_d}{2}\left(\dfrac{\cos\beta}{\sin\dfrac{\alpha}{2}}-1\right)$ |
| 圆柱面 | V形面 | 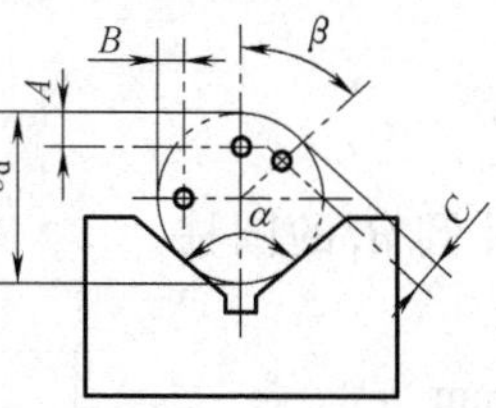 | $\Delta_{DA}=\dfrac{\delta_d}{2}\left(\dfrac{1}{\sin\dfrac{\alpha}{2}}+1\right)$ $\Delta_{DB}=\dfrac{\delta_d}{2}$ $\Delta_{DC}=\dfrac{\delta_d}{2}\left(\dfrac{\cos\beta}{\sin\dfrac{\alpha}{2}}+1\right)$ |

【例2-2】　如图2-25所示，以 $A$ 面定位加工 $\phi20H8$ 孔，求加工尺寸（40±0.1）mm 的定位误差。

解：① 工序基准为 $B$ 面，定位基准为 $A$ 面，基准不重合。因为定位尺寸与工序尺寸方向一致时，基准不重合误差就是定位尺寸的公差，故

$$\Delta_B=0.05+0.1=0.15\text{mm}$$

② $\Delta_Y=0$ （定位基面为平面）

③ $\Delta_D=\Delta_B=0.15\text{mm}$

**【例2-3】** 如图2-26所示，铣削斜面，求加工尺寸（39±0.04）mm的定位误差。

**解：** ① 工序基准和定位基准均为 $\phi80mm$ 外圆轴线，基准重合，因此 $\Delta_B = 0$。

② 查表2-3，得

$$\Delta_Y = \frac{\delta_d\cos\beta}{2\sin\frac{\alpha}{2}} = \frac{0.04\times\cos30°}{2\sin45°} = 0.024mm$$

③ $\Delta_D = \Delta_Y = 0.024mm$

**【例2-4】** 如图2-27所示，工件以外圆在V形块上定位加工孔，要求保证尺寸 $H$。已知 $d_1 = \phi30_{-0.01}^{0}mm$，$d_2 = \phi55_{-0.02}^{0}mm$，$H = (40\pm0.15)mm$，$t = 0.03mm$。求加工尺寸 $H$ 的定位误差。

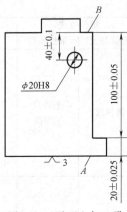

图2-25　平面上加工孔

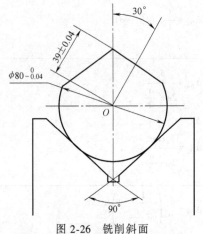

图2-26　铣削斜面

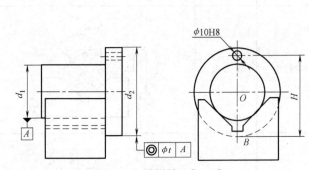

图2-27　阶梯轴上加工孔

**解：** ① 工序基准为外圆 $d_2$ 的下母线 $B$，定位基准为外圆 $d_1$ 的轴线，基准不重合。

$$\Delta_B = \frac{\delta_{d_2}}{2} + t = \frac{0.02}{2} + 0.03 = 0.04mm$$

② $\Delta_Y = \dfrac{\delta_{d_1}}{2\sin\frac{\alpha}{2}} = \dfrac{0.01}{2\sin45°} = 0.007mm$

③ 因工序基准（$B$）不在定位基面（外圆 $d_1$ 的圆柱面）上，故

$$\Delta_D = \Delta_B + \Delta_Y = 0.04 + 0.007 = 0.047mm$$

**【例2-5】** 如图2-28所示，工件以外圆在V形块上定位加工 $\phi6_{-0.018}^{0}mm$ 孔，要求保证尺寸（45±0.1）mm，求其定位误差。

**解：** ① 工序基准为外圆 $\phi6_{-0.018}^{0}mm$ 的下母线，定位基准为外圆 $\phi60_{-0.025}^{0}mm$ 的轴线，基准不重合。

$$\Delta_B = \frac{\delta_d}{2} = \frac{0.025}{2} \approx 0.013mm$$

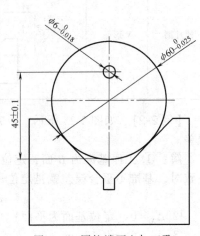

图2-28　圆柱端面上加工孔

② $\Delta_{\mathrm{Y}} = \dfrac{\delta_{\mathrm{d}}}{2\sin\dfrac{\alpha}{2}} = \dfrac{0.025}{2\sin 45°} \approx 0.015\mathrm{mm}$

③ 因工序基准在定位基面上，定位基准的变动方向与工序基准的变动方向相反，故定位误差为：$\Delta_{\mathrm{D}} = \Delta_{\mathrm{Y}} - \Delta_{\mathrm{B}} = 0.015 - 0.013 = 0.002\mathrm{mm}$。

## 2.3 工件的夹紧

### 2.3.1 夹紧装置的设计要求

在机械加工过程中，工件会受到切削力、离心力和惯性力等外力的作用。为了保证在这些外力作用下，工件仍能在夹具中保持已由定位元件所确定的加工位置，而不致发生振动和位移，在夹具结构中必须设置一定的夹紧装置将工件可靠地夹牢。

**1. 夹紧装置的组成**

如图 2-29 所示为夹紧装置组成示意图，它主要由以下三部分组成：

① 动力源装置，即产生夹紧作用力的装置。其所产生的力称为原始力，如气动、液动、电动等，图 2-29 中的动力源装置是气缸 1。对于手动夹紧来说，力源来自人力。

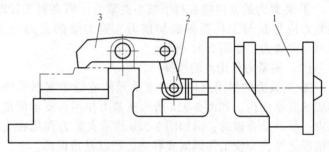

图 2-29 夹紧装置组成示意图
1—气缸 2—连杆 3—压板

② 中间传力机构，即介于动力源和夹紧元件之间传递力的机构，如图 2-29 中的连杆 2。在传递力的过程中，它不仅能够改变作用力的方向和大小，起增力作用；还能使夹紧实现自锁，保证动力源提供的原始力消失后，仍能可靠地夹紧工件，这对手动夹紧尤为重要。

③ 夹紧元件，即夹紧装置的最终执行件，与工件直接接触完成夹紧作用，如图 2-29 中的压板 3。

**2. 夹紧装置的要求**

必须指出，夹紧装置的具体组成并非是一成不变的，需根据工件的加工要求、安装方法和生产规模等条件来确定。但无论其组成如何，都必须满足以下基本要求：

① 夹紧过程中应能保持工件在定位时已获得的正确位置。

② 夹紧力大小要适当。夹紧机构既要保证工件在加工过程中不产生松动或振动。同时，又不能产生过大的夹紧变形和表面损伤。

③ 夹紧机构应操作方便、安全省力，以便减轻劳动强度，缩短辅助时间，提高生产效率。

④ 夹紧机构的自动化程度和复杂程度应和工件的生产规模相适应，并有良好的结构工艺性，尽可能采用标准化元件。

**3. 夹紧力的确定**

设计夹紧机构，必须首先合理确定夹紧力的三要素：大小、方向和作用点。

（1）夹紧力方向的确定

① 夹紧力方向应指向主要定位表面。如图 2-30 所示直角支座镗孔，要求孔与 A 面垂直，故应以 A 面为主要定位基准，且夹紧力方向与之垂直，则较容易保证质量。反之，若夹紧力压向 B 面，当工件 A、B 两面有垂直度误差时，就会使孔不垂直 A 面而可能报废。

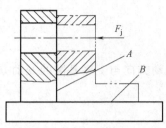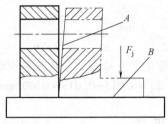

图 2-30 夹紧力的方向示意

② 夹紧力的方向应是工件刚度较好的方向。由于工件在不同方向上刚度是不同的，而且不同的受力表面也会因其接触面积大小而变形各异，所以夹紧力的方向应是工件刚度较好的方向。尤其在夹压薄壁零件时，更需要注意使夹紧力的方向指向工件刚度最好的方向。

③ 夹紧力的方向应有利于减小夹紧力。当夹紧工件时，夹紧力应尽量与工件受到的切削力、重力等的方向一致，以减小夹紧力，如图 2-31 所示。

（2）夹紧力作用点的选择

① 夹紧力的作用点应正对支承元件或位于支承元件所形成的支承面内。如图 2-32a 所示夹紧力作用在支承面范围之内，所以是合理的；而如图 2-32b 所示夹紧力作用在支承面范围之外，会使工件倾斜或移动，所以是错误的。

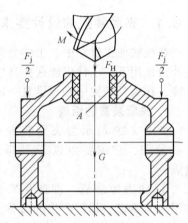

图 2-31 夹紧力的方向对夹紧力大小的影响

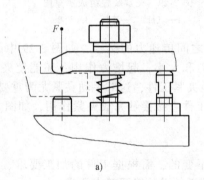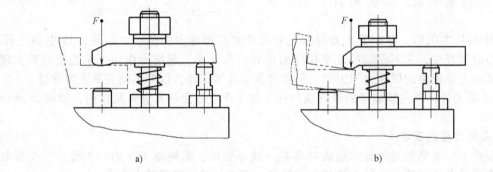

a)

b)

图 2-32 夹紧力作用点应在支承面内
a）正确 b）错误

② 夹紧力的作用点应位于工件刚度较好的部位。夹紧力的作用点应施加于工件刚度较好的方向和部位，这一原则对刚度差的工件特别重要。如图 2-33a 所示，薄壁套筒零件的轴向刚度比径向刚度好，应沿轴向施加夹紧力；如图 2-33b 所示薄壁箱体零件，夹紧力应作用于刚度较好的凸边上；箱体没有凸边时，可以将单点夹紧改为三点夹紧，如图 2-33c 所示，从而改变了着力点的位置，降低了着力点的压强，减少了工件的变形。

③ 夹紧力的作用点应尽量靠近加工表面。夹紧力的作用点靠近加工表面，可以减小切削力对夹紧点的力矩，防止或减小工件的加工振动或弯曲变形。如图 2-34 所示，增加辅助支承，同时给予夹紧力 $F_2$。这样翻转力矩小又增加了工件的刚度，既保证了定位夹紧的可靠性，又减小了振动和变形。

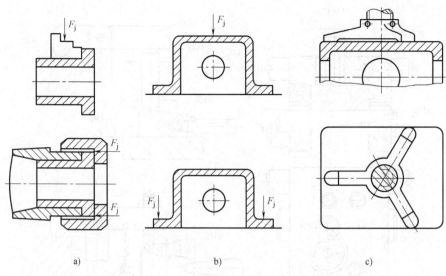

图 2-33 夹紧力作用点应在工件刚度较好的部位
a) 薄壁套筒零件 b) 有凸边箱体 c) 无凸边箱体

（3）夹紧力大小的确定

夹紧力的大小，对于保证定位稳定、夹紧可靠，确定夹紧装置的结构尺寸，都有着重要作用。夹紧力的大小要适当。夹紧力过小则夹紧不牢靠，在加工过程中工件可能发生位移而破坏定位，其结果轻则影响加工质量，重则造成工件报废甚至发生安全事故；夹紧力过大会使工件变形，也会对加工质量不利。

### 2.3.2 典型夹紧机构

**1. 斜楔夹紧机构**

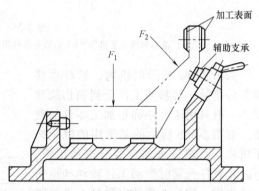

图 2-34 夹紧力的作用点靠近加工表面

如图 2-35 所示为用斜楔夹紧机构夹紧工件的实例。如图 2-35a 所示，需要在工件上钻削互相垂直的 $\phi 8mm$ 与 $\phi 5mm$ 的小孔，工件装入夹具后，用锤子锤击楔块大头，则楔块对工件产生夹紧力，对夹具体产生正压力，从而把工件楔紧。如图 2-35b 所示是将斜楔与滑柱合成一种夹紧机构，一般用气压或液压驱动。如图 2-35c 所示是由端面斜楔与压板组合而成的夹紧机构。

选用斜楔夹紧机构时，应根据需要确定斜角 $\alpha$。凡有自锁要求的楔块夹紧，其斜角 $\alpha$ 必须小于 $2\phi$（$\phi$ 为摩擦角），为可靠起见，通常取 $\alpha = 6° \sim 8°$。在现代夹具中，斜楔夹紧机构常与气压、液压传动装置联合使用，由于气压和液压可保持一定的压力，故楔块斜角 $\alpha$ 不受此限，可取得更大些，一般在 $15° \sim 30°$ 范围内选择。斜楔夹紧机构结构简单，操作方便，但传力系数小，夹紧行程短，自锁能力差。

**2. 螺旋夹紧机构**

由螺钉、螺母、垫圈和压板等元件组成，采用螺旋直接夹紧或与其他元件组合实现夹紧工件的机构，统称为螺旋夹紧机构。螺旋夹紧机构不仅结构简单、容易制造，而且自锁性能好、夹紧可靠，夹紧力和夹紧行程都较大，是夹具中用得最多的一种夹紧机构。

（1）简单螺旋夹紧机构

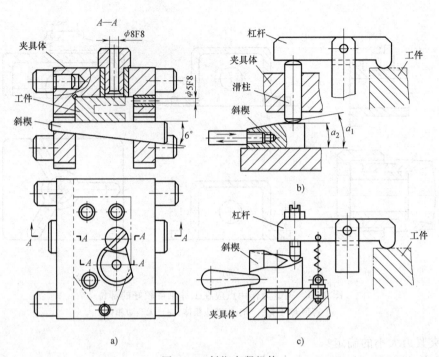

图 2-35 斜楔夹紧机构

a) 基本斜楔夹紧机构 b) 斜楔—滑柱组合夹紧机构 c) 端面斜楔—压板组合夹紧机构

如图 2-36a 所示的机构，螺杆直接与工件接触，容易使工件受到损伤或移动，一般只用于毛坯和粗加工零件的夹紧。如图 2-36b 所示的是常用的螺旋夹紧机构，其螺钉头部常装有摆动压块，可防止螺杆夹紧时带动工件转动和损伤工件表面，螺杆上部装有手柄，夹紧时不需要扳手，操作方便、迅速。

（2）螺旋压板夹紧机构

在夹紧机构中，结构形式变化最多的是螺旋压板夹紧机构，常用的螺旋压板夹紧机构如图 2-37 所示。选用时，可根据夹紧力大小的要求、工作高度尺

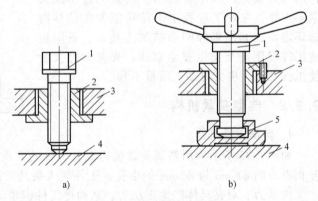

图 2-36 简单螺旋夹紧机构

a) 螺杆与工件直接接触 b) 螺杆不与工件直接接触

1—螺钉（螺杆） 2—螺母套 3—夹具体 4—工件 5—摆动压块

寸的变化范围以及夹具上夹紧机构允许占有的部位和面积进行选择。例如，当夹具中只允许夹紧机构占很小的面积，而夹紧力又要求不很大时，可选用如图 2-37d 所示的螺旋钩形压板夹紧机构；又如工件夹紧高度变化较大的小批、单件生产，可选用如图 2-37e、f 所示的通用压板夹紧机构。

**3. 偏心夹紧机构**

如图 2-38 所示为常见的各种偏心夹紧机构，其中如图 2-38a、b 所示为偏心轮和螺栓压板的组合夹紧机构；如图 2-38c 所示为利用偏心轴夹紧工件；如图 2-38d 所示为利用偏心叉将铰链压板锁紧在夹具体上，通过摆动压块将工件夹紧。

偏心夹紧机构结构简单、制造方便，与螺旋夹紧机构相比，还具有夹紧迅速、操作方便等优点；其缺点是夹紧力和夹紧行程均不大，自锁能力差，结构不抗振，故一般适用于夹紧

行程及切削负荷较小且平稳的场合。

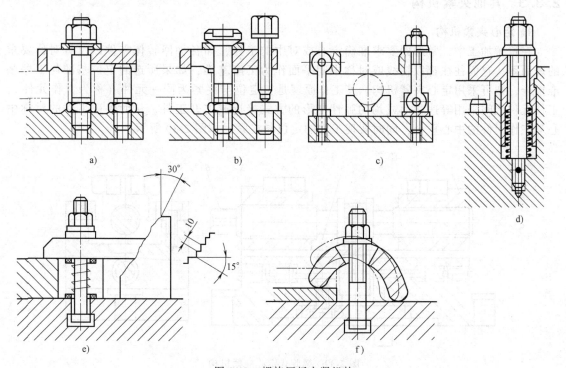

图 2-37 螺旋压板夹紧机构

a)、b) 移动压板式　c) 铰链压板式　d) 固定压板式　e)、f) 通用压板式

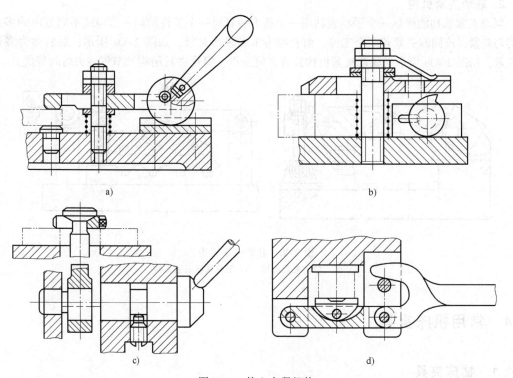

图 2-38 偏心夹紧机构

a)、b) 偏心轮—压板组合夹紧机构　c) 偏心轴夹紧机构　d) 偏心叉夹紧机构

### 2.3.3  其他夹紧机构

#### 1. 定心夹紧机构

在机械加工中，常遇到要求准确定心或对中的工件，如各种回转体零件以及有对称要求的表面等，它们往往都以轴线或对称中间平面作为工序基准，如果所选的定位基准与工序基准重合，则可采用定心夹紧机构。其工作原理是：定位与夹紧为同一元件（称为工作元件），工作元件之间采用等速移动或均匀弹性变形的方式接近或离开工件，从而保证工件的对称中心与工作元件的中心重合，同时实现工件的定位与夹紧，如图 2-39 所示。

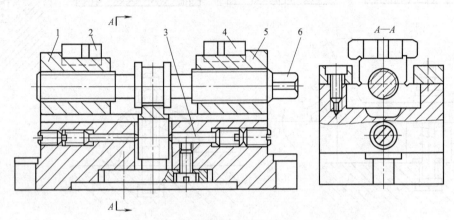

图 2-39　螺旋式定心夹紧机构

1、5—滑座　2、4—活动 V 形块　3—调整螺钉　6—双向螺杆

#### 2. 联动夹紧机构

联动夹紧机构能操纵一个手柄或利用一个动力装置对一个工件的同一方向或不同方向的多点进行均匀夹紧，或同时夹紧若干个工件。前者称为多点联动夹紧，如图 2-40a 所示；后者称为多件联动夹紧，如图 2-40b 所示。联动夹紧机构具有方便操作、简化夹具结构和节省装夹时间等优点。

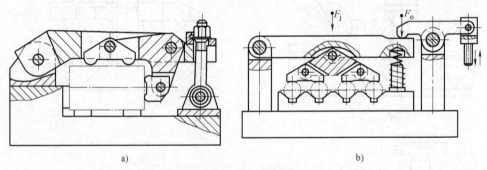

a)　　　　　　　　　　　　　　　b)

图 2-40　联动夹紧机构

a）多点联动夹紧机构　b）多件联动夹紧机构

## 2.4　常用机床夹具

### 2.4.1　钻床夹具

在钻床上进行孔的钻、扩、铰、锪和攻螺纹等加工时所用的夹具，称为钻床夹具。钻床

夹具是用钻套引导刀具进行加工的，所以简称为钻模。钻模有利于保证被加工孔对齐定位基准和各孔之间的尺寸精度和位置精度，并可显著提高劳动生产率。

### 1. 钻床夹具的分类

钻床夹具的种类繁多，根据被加工孔的分布情况和钻模板的特点，一般分为固定式、回转式、移动式、翻转式、盖板式和滑柱式等几种类型。

（1）固定式钻模

在加工一批工件的过程中，其位置固定不动的钻模称为固定式钻模。固定式钻模在使用过程中钻模板的位置固定不动，常用于在立式钻床上加工较大的单孔或在摇臂钻床上加工平行孔系。在立式钻床上安装钻模时，一般先将装在主轴上的定尺寸刀具（精度要求高时用心轴）伸入钻套中，以确定钻模的位置，然后将其紧固。这种加工方式的钻孔精度较高。如图2-1所示的钻模即属于固定式钻模。

（2）移动式钻模

这类钻模在机床工作台上不固定，用于钻削中、小型工件同一表面上的多个孔。

（3）回转式钻模

这类钻模上有分度装置，因此可以在工件上加工出若干个绕轴线分布的轴向或径向孔系。

（4）翻转式钻模

翻转式钻模主要用于加工小型工件不同表面上的孔，孔径小于$\phi 8mm \sim \phi 10mm$。这类钻模可以减少安装次数，提高被加工孔的位置精度。其结构较简单，加工时钻模一般手工进行翻转，所以夹具及工件应小于10kg。

（5）盖板式钻模

这种钻模无夹具体，其定位元件和夹紧装置直接装在钻模板上，钻模板在工件上装夹。其适合于体积大而笨重的工件上的小孔加工。夹具结构简单轻便，易清除切屑；但是每次夹具需从工件上装卸，较费时，故此钻模的质量一般不宜超过10kg。

（6）滑柱式钻模

滑柱式钻模是带有升降钻模板的通用可调夹具。这种钻模有结构简单、操作方便、动作迅速和制造周期短的优点，生产中应用较广。

### 2. 钻床夹具的设计要点

钻床夹具的主要特点是都有一个安装钻套的钻模板。钻套和钻模板是钻床夹具的特殊元件。钻套装配在钻模板或夹具体上，其作用是确定被加工孔的位置和引导刀具加工。

（1）钻套

1）钻套的类型。钻套按其结构和使用特点可分为以下四种类型。

① 固定钻套（图2-41）。钻套安装在钻模板或夹具体中，其配合为H7/n6或H7/r6。固定钻套的结构简单，钻孔精度高，适用于单一钻孔工序和小批生产。

② 可换钻套（图2-42）。当工件为单一钻孔工序的大批量生产时，为便于更换磨损的钻套，选用可换钻套。钻套与衬套之间采用F7/m6或F7/k6配合，衬套与钻模板之间采用H7/n6配合。当钻套磨损后，可卸下螺钉，更换新的钻套。螺钉能防止加工时钻套的转动，或退刀时随刀具自行拔出。

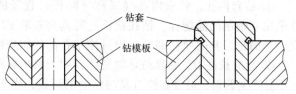

图2-41　固定钻套

③ 快换钻套（图2-43）。当工件需钻、扩、铰多工序加工时，为了能快速更换不同孔径的钻套，应选用快换钻套。快换钻套的有关配合同可换钻套。更换钻套时，将钻套削边转至

螺钉处，即可取了钻套。削边的方向应考虑刀具的旋向，以免钻套随刀具自行拔出。

以上三类钻套已标准化，其结构参数、材料、热处理方法等，可查阅有关手册。

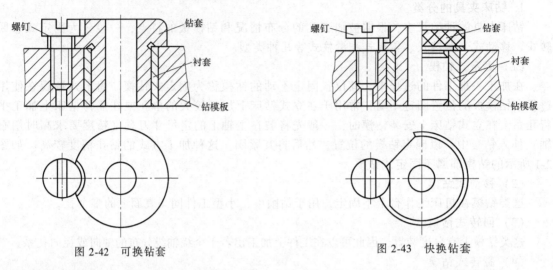

图 2-42　可换钻套　　　　　　　图 2-43　快换钻套

④ 特殊钻套。由于工件形状或被加工孔位置的特殊性，需要设计特殊结构的钻套。如图 2-44 所示是几种特殊钻套的结构。

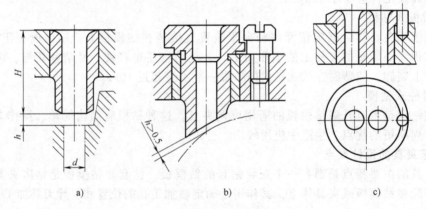

图 2-44　特殊钻套

a）加长钻套　b）斜面钻套　c）小孔距钻套

2）钻套尺寸的确定

① 钻套内孔。钻套内孔（又称导向孔）直径的基本尺寸应为所用刀具的最大极限尺寸，并采用基轴制间隙配合。钻孔或扩孔时其公差取 F7 或 F8，粗铰时取 G7，精铰时取 G6。若钻套引导的是刀具的导柱部分，则可按基孔制的相应配合选取，如 H7/f7、H7/g6 或 H6/g5 等。

② 导向长度 $H$。钻套的导向长度 $H$ 对刀具的导向作用影响很大，当 $H$ 较大时，刀具在钻套内不易产生偏斜，但会加快刀具与钻套的磨损；当 $H$ 过小时，则钻孔时导向性不好。通常取导向长度 $H$ 与其孔径之比为 $H/d = 1 \sim 2.5$。当加工精度要求较高或加工的孔径较小时，由于所用的钻头刚度较差，则 $H/d$ 值可取大些，如钻孔直径 $d < 5\mathrm{mm}$ 时，应取 $H/d \geqslant 2.5$。

③ 排屑间隙 $h$。排屑间隙 $h$ 是指钻套底部与工件表面之间的空间。如果 $h$ 太小，则切屑排出困难，会损伤加工表面，甚至还可能折断钻头；如果 $h$ 太大，则会使钻头的偏斜增大，影响被加工孔的位置精度。一般加工铸铁件时，取 $h = (0.3 \sim 0.7)d$；加工钢件时，取 $h =$

$(0.7\sim1.5)d$。对于位置精度要求很高的孔或在斜面上钻孔时，可以将$h$值取得尽量小些，甚至可以取为零。

钻套的结构尺寸在标准中已有规定，设计时，其余尺寸可以参照国标或有关手册。

（2）钻模板

钻模板用于装夹钻套，并和夹具体相连接。它决定着钻套在夹具上的正确位置，因而要求有一定的精度、强度和刚度。根据钻模板与夹具体连接方式的不同，可以将钻模板分为以下几种类型：

① 固定式钻模板。这种钻模板直接固定在夹具体上，既可以与夹具体铸造成或焊接成一个整体，又可以用销钉、螺钉与夹具体装配成一个整体。如图2-1所示为固定式钻模板。

② 铰链式钻模板。这种型式的钻模板是用铰链与夹具体相连接，因此钻模板可绕铰链轴旋转翻起，使工件装卸很方便。如图2-45所示为铰链式钻模板。

③ 可卸式钻模板。当装夹工件需要将钻模板卸掉时，则需采用可卸式钻模板。如图2-46所示为这种钻模板的结构。

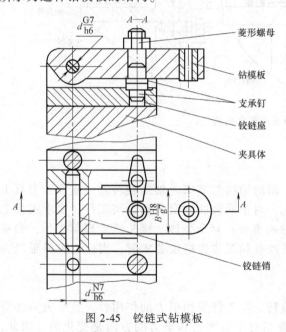

图 2-45 铰链式钻模板

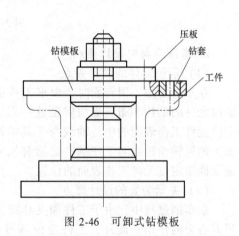

图 2-46 可卸式钻模板

## 2.4.2 车床夹具

### 1. 车床夹具的典型结构

（1）心轴式车床夹具

心轴式车床夹具的主要限位元件为心轴，常用于以孔作定位基准的工件。工件以圆柱孔定位常用圆柱心轴和小锥度心轴；对于带有锥孔、螺纹孔、花键孔的工件定位，常用相应的锥体心轴、螺纹心轴和花键心轴。如图2-47所示为台阶式弹性心轴，它的膨胀量为$1\sim2mm$，为了使弹簧外套松下方便，在旋松螺钉时，依靠螺钉小台阶带动弹簧外套一起向外松脱。

（2）角铁式车床夹具

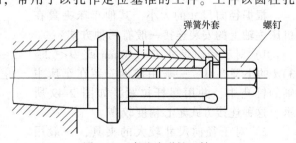

图 2-47 台阶式弹性心轴

角铁式车床夹具的结构特点是具有类似角铁的夹具体。它常用于加工壳体、支座和接头等类工件上的圆柱面及端面。

如图2-48所示的夹具,工件以一平面和两孔为基准在夹具倾斜支承板的定位面和两个销子上定位,用两只压板夹紧,被加工表面是孔。

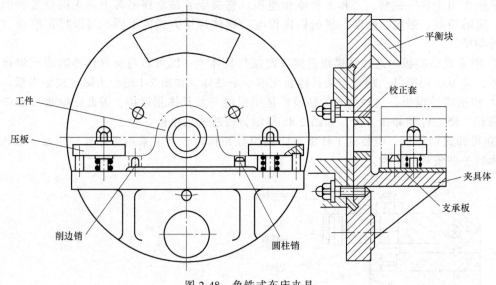

图 2-48　角铁式车床夹具

### 2. 车床夹具的设计要点

(1) 定位元件的设计要点

在车床上加工回转面时,要求工件被加工面的轴线与车床主轴的旋转轴线重合,夹具上定位元件的结构和布置必须保证这一点。因此,对于同轴的轴套类和盘类工件,要求夹具上定位元件工作表面的中心轴线与夹具的回转轴线重合;对于壳体、接头或支座等工件,当被加工的回转面轴线与工序基准之间有尺寸联系或有相互位置精度要求时,则应以夹具轴线为基准确定定位元件工作表面的位置。

(2) 夹紧装置的设计要点

在车削过程中,由于工件和夹具随主轴旋转,除工件受切削力的作用外,整个夹具还受到离心力的作用。此外,工件定位基准的位置相对于切削力和重力的方向是变化的。因此,夹紧装置必须产生足够的夹紧力,并且自锁性能要良好。对于角铁式夹具,还应注意施力方式,防止引起夹具变形。

(3) 夹具与机床主轴的连接

心轴类车床夹具以莫氏锥柄与机床主轴锥孔配合连接,用螺杆拉紧。有的心轴则以中心孔与车床前、后顶尖安装使用。

根据径向尺寸的大小,其他车床夹具在机床主轴上的安装连接一般有两种方式:

1) 对于径向尺寸 $D < 140$mm 或 $D < (2 \sim 3)d$ 的小型夹具,一般用锥柄安装在车床主轴的锥孔中,并用螺杆拉紧,如图2-49所示。这种连接方式定心精度较高。

2) 对于径向尺寸较大的夹具,一般用过渡盘与车床主轴轴颈连接。过渡盘与主轴

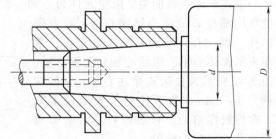

图 2-49　用锥柄安装在主轴锥孔中

配合处的形状取决于主轴前端的结构，如图 2-50 所示。

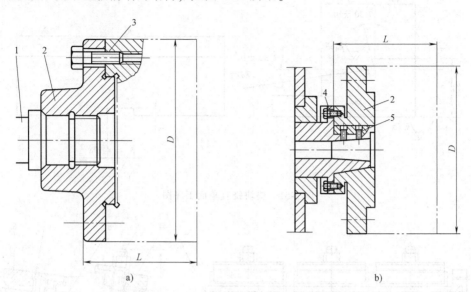

图 2-50 用过渡盘与车床主轴轴颈连接

a）在主轴定心轴颈定位，螺纹紧固 b）在主轴外锥面定位，螺母紧固

1—主轴 2—过渡盘 3—夹具体 4—锁紧螺母 5—键

### 3. 总体结构的设计要点

（1）夹具的悬伸长度 $L$

车床夹具一般是在悬臂状态下工作，为了保证加工的稳定性，夹具的结构应紧凑、轻便，悬伸长度要短，尽可能使重心靠近主轴。

夹具的悬伸长度 $L$ 与轮廓直径 $D$ 之比应参照以下数值选取：

直径小于 150mm 的夹具，$L/D \le 1.25$；

直径在 150~300mm 之间的夹具，$L/D \le 0.9$；

直径大于 300mm 的夹具，$L/D \le 0.6$。

（2）夹具的静平衡

车床夹具除了控制悬伸长度外，结构上还应基本平衡。角铁式车床夹具的定位元件及其他元件总是布置在主轴轴线的一侧，不平衡现象最严重，所以在确定其结构时，特别要注意对它进行平衡。平衡的方法有两种：设置平衡块或加工减重孔。

（3）夹具的外形轮廓

车床夹具的夹具体应设计成圆形，为保证安全，夹具上的各种元件一般不允许突出夹具体圆形轮廓之外。此外，还应注意切屑缠绕和切削液飞溅等问题，必要时应设置防护罩。

## 2.4.3 铣床夹具

### 1. 铣床夹具的典型结构

（1）直线进给式铣床夹具

如图 2-52 所示是铣削图 2-51 所示垫块上直角面的直线进给式铣床夹具。工件以底面、槽及端面在夹具体 3 和定位块 6 上定位。拧紧螺母 5，通过螺杆带动浮动杠杆 10，就能使两副压板均匀地同时夹紧工件。对刀块 2 用来确定刀具与夹具之间的位置。定位键 1 连接夹具与机床，确定了夹具与机床之间的位置。该夹具可同时加工三个工件，提高了生产效率。

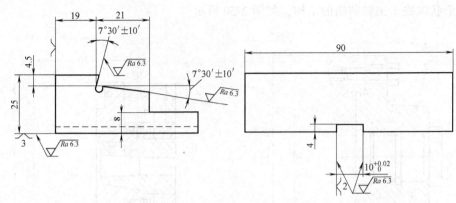

图 2-51　垫块铣直角面工序图

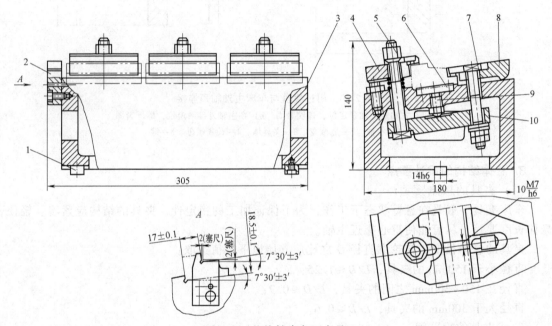

图 2-52　垫块铣直角面夹具

1—定位键　2—对刀块　3—夹具体　4、8—压板　5—螺母　6—定位块　7—螺栓　9—支承螺钉　10—浮动杠杆

（2）圆周进给式铣床夹具

圆周进给铣削方式是在不停车的情况下装卸工件，一般是多工位，在有回转工作台的铣床上使用。这种夹具结构紧凑，操作方便，机动时间与辅助时间重叠，是高效铣床夹具，适用于大批量生产。

（3）靠模铣床夹具

这种带有靠模的铣床夹具用在专用或通用铣床上加工各种非圆曲面。靠模的作用是使工件获得辅助动力，形成仿形运动。按主进给运动方式的不同，靠模铣床夹具可分为直线进给和圆周进给两种类型。

**2. 铣床夹具的设计要点**

（1）定位键

定位键也称定向键，安装在夹具底面的纵向槽中，一般用两个，安装在一条直线上，其距离越远，导向精度越高，用螺钉紧固在夹具体上。定位键通过与铣床工作台上的 T 形槽配合，确定夹具在机床上的正确位置；还能承受部分切削力，减轻夹紧螺栓的负荷，增加夹具的稳定性，因此平面夹具及有些专用钻镗床夹具也常使用。

如图 2-53 所示为常用定位键的结构。

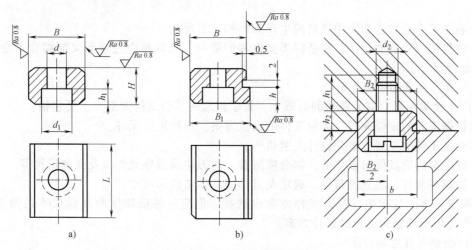

图 2-53 常用定位键的结构

a）A 型定位键 b）B 型定位键 c）相配件尺寸

（2）对刀装置

对刀装置由对刀块和塞尺组成，用来确定夹具和刀具的相对位置。对刀装置的结构形式取决于被加工表面的形状。

（3）夹具体设计

为提高铣床夹具在机床上安装的稳固性，减轻其断续切削可能引起的振动，夹具体不仅要有足够的刚度和强度，其高度和宽度比也应恰当，一般有 $H/B \leqslant 1 \sim 1.25$，以降低夹具重心，使工件被加工表面尽量靠近工作台面。此外，还要合理地设置加强肋和耳座。

## 2.4.4 专用夹具设计方法

### 1. 专用夹具的设计要求

① 保证工件的加工精度。保证加工精度的关键，首先在于正确地选定定位基准、定位方法和定位元件，必要时还需进行定位误差分析，还要注意夹具中其他零部件的结构对加工精度的影响，确保夹具能满足工件的加工精度要求。

② 提高生产效率。专用夹具的复杂程度应与生产纲领相适应，应尽量采用各种快速高效的装夹机构，保证操作方便，缩短辅助时间，提高生产效率。

③ 工艺性能好。专用夹具的结构应力求简单、合理，便于制造、装配、调整、检验和维修等。

④ 使用性能好。专用夹具的操作应简便、省力、安全可靠。在客观条件允许且又经济适用的前提下，应尽可能采用气动、液压等机械化夹紧装置，以减轻操作者的劳动强度。同时，专用夹具还应便于排屑。

⑤ 经济性好。专用夹具应尽可能采用标准元件和标准结构，力求结构简单、制造容易，以降低夹具的制造成本。

### 2. 专用夹具的设计步骤

（1）明确设计要求，认真调查研究，收集设计资料

① 仔细研究零件工作图、毛坯图及其技术条件。

② 了解零件的生产纲领、投产批量以及生产组织等有关信息。

③ 了解本工序加工用的机床、刀具和辅助工具的技术性能及其规格尺寸。

④ 准备好设计夹具用的各种标准、工艺规定、典型夹具图册和有关夹具的设计指导资料等。

⑤ 熟悉本企业制造和使用夹具的生产条件和技术现状。

⑥ 收集国内外有关设计、制造同类型夹具的资料，吸取其中先进而又能结合本企业实际情况的合理部分。

（2）确定夹具的结构方案

在广泛收集和研究有关资料的基础上，着手拟定夹具的结构方案，主要包括：

① 根据工艺的定位原理，确定工件的定位方案，选择定位元件。

② 确定工件的夹紧方案并设计夹紧机构。

③ 确定夹具的其他组成部分，如分度装置、对刀块或引导元件以及微调机构等。

④ 协调各元件、装置的布局，确定夹具体的总体结构和尺寸。

在确定方案的过程中，会有多种方案供选择，但应从保证精度和降低成本的角度出发，选择一个与生产纲领相适应的最佳方案。

（3）绘制夹具总装配图

遵循国家制图标准，绘图比例应尽可能选取 1：1，当夹具过大或过小时，应按照制图标准合理选取比例。总装配图上的主视图应尽量选取夹具工作时与操作者正对着的位置，以便使所绘制的夹具总装配图具有良好的直观性；视图应尽可能少，但必须能够清楚地表达夹具各部分的结构。

绘制夹具总装配图通常按照以下步骤进行：

1）用双点画线绘出工件轮廓外形、定位基准和加工表面。将工件轮廓线视为透明体，并用网格线或粗实线表示出加工余量。

2）按照工件的形状和位置，依次画出定位元件、夹紧装置（一般按夹紧状态处理）、导向元件和传动装置等各元件的具体结构。

3）最后绘制出夹具体及连接元件，把夹具的各组成元件和装置连成一体。

4）标注有关尺寸。

（4）确定应标注的有关尺寸、配合及技术条件

1）夹具总装配图上应标注的尺寸。夹具总装配图上应标注的尺寸有以下五类。

① 夹具的轮廓尺寸：即夹具的长、宽、高。若夹具上有可动部分，应包括可动部分极限位置所占的空间尺寸。

② 工件与定位元件的联系尺寸：通常指工件以孔在心轴或定位销上（或工件以外圆在内孔中）定位时，工件定位表面与夹具上定位元件间的配合尺寸。

③ 夹具与刀具的联系尺寸：用来确定夹具上对刀块、导引元件位置的尺寸。对于铣、刨床夹具来说，这个尺寸是指对刀元件与定位元件的位置尺寸；对于钻、镗床夹具来说，则是指钻（镗）套与定位元件间的位置尺寸、钻（镗）套之间的位置尺寸以及钻（镗）套与刀具导向部分的配合尺寸等。

④ 夹具内部的配合尺寸：它们与工件、机床和刀具无关，主要是为了保证夹具装配后能满足规定的使用要求。

⑤ 夹具与机床的联系尺寸：用于确定夹具在机床上正确位置的尺寸。对于车、磨床夹具来说，这个尺寸主要是指夹具与主轴端的配合尺寸；对于铣、刨床夹具来说，则是指夹具上的定位键与机床工作台上 T 形槽的配合尺寸。标注尺寸时，常以夹具上的定位元件作为相互位置尺寸的基准。

2）夹具的有关尺寸公差和几何公差标注。夹具的有关尺寸公差和几何公差通常取工件上相应公差的 1/5~1/2。当工序尺寸公差是未注公差时，夹具上的尺寸公差取为 ±0.1mm（或 ±10′），或根据具体情况确定；当加工表面未提出位置精度要求时，夹具上相应的公差可按经验取为 0.02~0.05mm（每 100mm）或在全长上取 0.03~0.05mm。

3）夹具总装配图上的技术条件。夹具总装配图上的技术条件主要有以下几个方面：

① 定位元件之间或定位元件与夹具体底面之间的位置要求，其作用是保证工件加工面与工件定位基准面之间的位置精度。

② 定位元件与连接元件（或找正基面）之间的位置要求。

③ 对刀元件与连接元件（或找正基面）之间的位置要求。

④ 定位元件与导引元件之间的位置要求。

⑤ 夹具在机床上安装时的位置精度要求。

夹具总装配图上无法用符号标注而又必须说明的问题，如夹具的装配、调整方法；夹具使用时的操作顺序；某些零件的重要表面需配作等，可以作为技术要求用文字写在总装配图上。

（5）绘制夹具零件图

绘制装配图中非标准零件的零件图，其视图应尽可能与装配图上的位置一致。

【例 2-6】 如图 2-54 所示为轴套类零件，现在需要在铣床上铣削两个槽 $5^{+0.3}_{0}$ mm，其余表面均在前面的工序中完成，试设计铣床夹具。

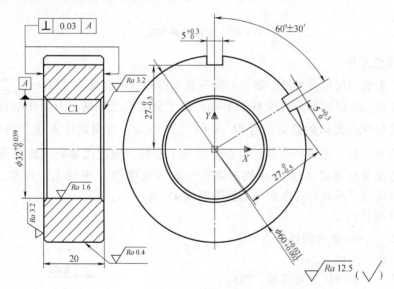

图 2-54 轴套零件

**解：**

**1. 明确设计要求**

在本工序前已将轴套的外圆 $\phi 60^{+0.021}_{+0.002}$ mm，内孔 $\phi 32^{+0.039}_{0}$ mm 及两端面加工好，本工序的加工内容是铣削两个通槽。通槽的技术要求是槽宽为 $5^{+0.3}_{0}$ mm，槽深为 $27^{0}_{-0.5}$ mm，两槽在圆周方向互成 $60° ± 30′$ 的角度，表面粗糙度为 $Ra12.5\mu m$。加工条件为在 X51 立式铣床上采用 $\phi 5$mm 标准键槽铣刀进行加工。为提高加工效率，要求一次装夹六件进行加工。

**2. 确定夹具类型**

本工序所加工的是两条在圆周上互成 $60°$ 角的纵向槽，因此宜采用直线进给带分度装置的铣床夹具。

### 3. 确定定位方案和选择定位元件

（1）确定定位方案

方案1：以 $\phi 32^{+0.039}_{0}$ mm 内孔与端面作为定位基准，限制工件5个自由度，如图2-55a 所示。

方案2：以 $\phi 60^{+0.021}_{+0.002}$ mm 外圆为定位基准（以长 V 形块为定位元件），限制4个自由度，如图2-55b 所示。

方案2由于 V 形块的对中性，较易保证槽的对称度要求，但对于实现多件夹紧和分度较困难。方案1的不足之处是由于心轴与孔之间有间隙，不易保证槽的对称度，且有过定位现象。但本工序的加工精度要求并不高，而工件孔和两端面垂直精度又较高，故过定位现象影响不大。经上述分析比较，确定采用方案1。

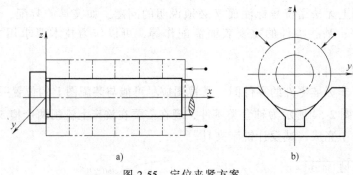

图 2-55　定位夹紧方案

（2）选择定位元件

根据定位方案选择用带台肩的心轴。心轴安装工件部分的直径为 $\phi 32\text{g}6\left(^{-0.009}_{-0.025}\right)$ mm，考虑同时安装6个工件，所以这部分长度取 112mm；由于分度精度不高，为简化结构，在心轴上做出六方头，其相对两面间的距离尺寸取 $28\text{g}6\left(^{-0.007}_{-0.020}\right)$ mm，与固定在支座上的卡块槽 28H7 $\left(^{+0.021}_{0}\right)$ mm 相配合；加工完毕一个槽后，松开并取下心轴，转过相邻的一面再嵌入卡块槽内即实现分度。心轴通过两端 $\phi 25\text{h}6$ mm 圆柱部分安装在支座的 V 形槽上，并通过 M16 螺栓、钩形压板及锥面压紧，压紧力的方向与心轴轴线成45°角。

（3）定位误差计算

工序尺寸 $27^{0}_{-0.5}$ mm 定位误差分析如下：

由于基准重合，所以 $\Delta_B = 0$。

由于定位孔与心轴为任意边接触，所以

$$\Delta_Y = \delta_D + \delta_d + X_{min} = 0.039 + 0.016 + 0.009 = 0.064\text{mm}$$

故　$\Delta_D = \Delta_B + \Delta_Y = 0 + 0.064 = 0.064 < \dfrac{1}{3}\delta_k$

因此，定位精度足够。

由于加工精度要求不高，故其他精度可不必计算。

### 4. 确定夹紧方案

根据如图 2-55a 所示心轴结构，用 M30 螺母把工件轴向夹紧在心轴上。

### 5. 确定对刀装置

1）根据加工精度要求，采用 GB/T 2242—1991 标

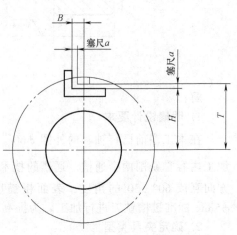

图 2-56　对刀块位置尺寸的计算

准的直角对刀块；塞尺根据 GB/T 2244—1991 标准规定，公称尺寸及偏差为 $2_{-0.014}^{0}$mm。

2）计算对刀尺寸 $H$ 和 $B$，如图 2-56 所示。

计算时应把尺寸化为双向对称偏差，即

$$27_{-0.5}^{0}mm = (26.75 \pm 0.25)mm$$

$$5_{0}^{+0.3}mm = (5.15 \pm 0.15)mm$$

$$H = 26.75 - 2 = 24.75mm$$

公差取工件相应公差的 1/3，即 $\frac{1}{3} \times 0.5 \approx 0.16$mm，故

$$H = (24.75 \pm 0.08)mm$$

$$B = 5.15 \times \frac{1}{2} + 2 = 4.575mm$$

其公差取为 $\frac{1}{3} \times 0.3 = 0.1$mm，故

$$B = (4.575 \pm 0.05)mm$$

### 6. 夹具精度的分析和计算

本夹具装配图上与工件加工精度直接有关的技术要求如下：

① 定位心轴表面尺寸 $\phi32g6$。

② 定位件与对刀件之间的位置尺寸 $(24.75 \pm 0.08)$mm，$(4.575 \pm 0.05)$mm。

③ 定位心轴安装表面尺寸 $\phi25h6$。

④ 对刀塞尺厚度尺寸 $2_{-0.014}^{0}$mm。

⑤ 分度角度 $60° \pm 30'$。

⑥ 定位心轴轴线与夹具安装面、定位键侧平面之间的平行度公差为 0.1mm。

⑦ 分度装置工作表面对定位表面的对称度公差为 0.07mm。

⑧ 分度装置工作表面对夹具安装面的垂直度公差为 0.07mm。

⑨ 对刀装置工作表面对夹具安装面的平行度和垂直度公差为 0.07mm。

（1）尺寸 $27_{-0.5}^{0}$mm 的精度分析

$\Delta D = 0.064$mm（定位误差前面已计算）。

$\Delta T = 0.16$mm（定位件至对刀块间的尺寸公差）。

由于 $\Delta A = \left( \frac{0.1}{233} \times 20 \right)$mm $= 0.0086$mm（定位心轴轴线与夹具底面平行度公差对工件尺寸的影响），则 $\sqrt{\Delta D^2 + \Delta T^2 + \Delta A^2} = \sqrt{0.064^2 + 0.16^2 + 0.0086^2}$mm $= 0.172$mm $< \frac{2}{3}\delta_k$ 故此夹具能保证尺寸 $27_{-0.5}^{0}$mm 的精度。

（2）对分度角度 $60° \pm 30'$的精度分析

分度装置的转角误差可按下式计算

$$\Delta_a = \left[ \Delta_{a1} + \frac{412.6 \times (X_1 + X_2 + X_3 + e)}{d} \right]''$$

式中　$\Delta_{a1}$——分度盘误差，本结构为 $\Delta_{a1} = 20' = 1200''$；

　　　$d$——分度盘直径，本例 $d = 28$mm；

　　　$X_1$——定位销与分度盘衬套孔最大配合间隙，本例为 $28\frac{H7}{g6}$，故 $X_1 = 41\mu m$；

$X_2$——定位销与导向孔最大配合间隙，本例为 $X_2 = 0$；

$X_3$——回转轴与分度盘配合间隙，本例为 $X_3 = 0$；

　$e$——分度盘衬套内外圆同轴度，本例为 $e = 7\mu m$。

把上述数据代入上式得：

$$\Delta_a = \left[ 1200 + \frac{412.6 \times (41+0+0+7)}{28} \right]'' = 1907.3'' = 31.8' < \frac{2}{3}\delta_k$$

故此分度装置能满足加工精度要求。

### 7. 绘制夹具装配图

如图 2-57 所示为铣床夹具装配图。

### 8. 绘制夹具零件图

从略。

### 9. 编写设计说明书

从略。

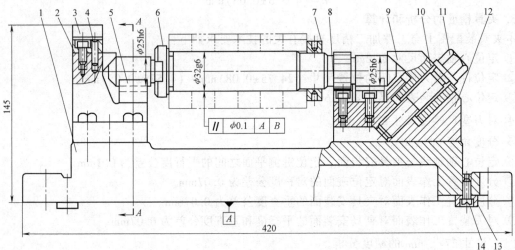

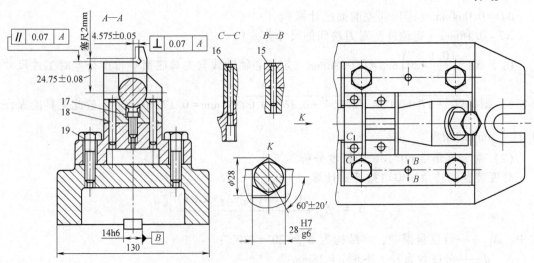

图 2-57　铣床夹具装配图

| 件号 | 名称 | 件数 | 材料 | 备注 |
|------|------|------|------|------|
| 19 | 螺栓 | 4 | 35 | M10×35 |
| 18 | 圆柱销 | 4 | 35 | 销 6×35 |
| 17 | 螺钉 | 3 | 35 | M6×16 |
| 16 | 圆柱销 | 2 | 35 | 销 5×45 |
| 15 | 圆柱销 | 4 | 35 | 销 6×35 |
| 14 | 螺钉 | 2 | Q235 | M5×12 |
| 13 | 定位键 | 2 | 45 | 定位键 A14h6 |
| 12 | 支座 | 1 | HT200 | |
| 11 | 夹紧螺栓 | 1 | 45 | |
| 10 | 圆柱销 | 1 | 35 | 销 2×35 |
| 9 | 钩形压板 | 1 | 45 | |
| 8 | 卡块 | 1 | 45 | |
| 7 | 螺母 | 2 | 45 | |
| 6 | 心轴 | 1 | 45 | |
| 5 | V 形块 | 2 | 20 | V 形块 |
| 4 | 圆柱销 | 2 | 35 | 销 5×22 |
| 3 | 对刀块 | 1 | 20 | |
| 2 | 支座 | 1 | 35 | |
| 1 | 夹具体 | 1 | HT200 | |
| 件号 | 名称 | 件数 | 材料 | 备注 |

图 2-57　铣床夹具装配图（续）

## 思考题与习题

1. 简述工件常用加工方法各自的特点。

2. 机床夹具通常由哪些部分组成？各组成部分的功能如何？

3. 何谓六点定位规则？试举例说明。

4. 试述设计基准、定位基准、工序基准的概念，并举例说明。

5. 试举例说明什么叫工件在夹具中的"完全定位""不完全定位""欠定位"和"过定位"。

6. 图 2-58 中定位元件限制了哪些自由度？是否合理？如何改进？

7. 何谓自位支承？何谓可调支承？何谓辅助支承？三者的特点和区别是什么？使用辅助支承和可调支承时应注意些什么问题？

8. 采用"一面两销"定位时，为什么其中一个应为削边销？削边销的安装方向如何确定？

9. 在设计夹具时，对夹紧力的三要素（力的作用点、方向、大小）有何要求？

10. 试比较斜楔、螺旋、偏心夹紧机构的优缺点及其应用范围。

11. 如图 2-59 所示为在圆柱体工件上钻孔 $\phi D$，分别采用图示两种定位方案，工序尺寸为 $H\pm TH$，试计算其定位误差。

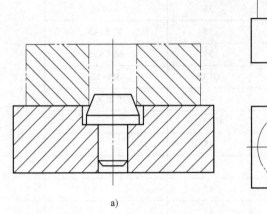

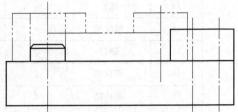

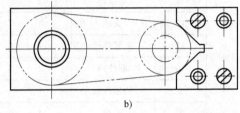

a)

b)

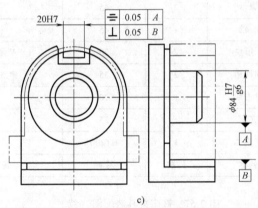

c)

图 2-58 习题 6 图

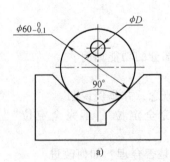

a)

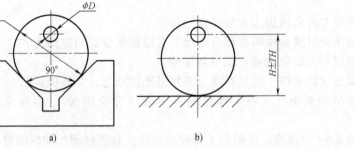

b)

图 2-59 习题 11 图

# 第3章

# 数控加工工艺基础

【**案例引入**】　如图 3-1 所示为某机床的变速箱壳体。试以小批生产条件制订其机械加工工艺规程。

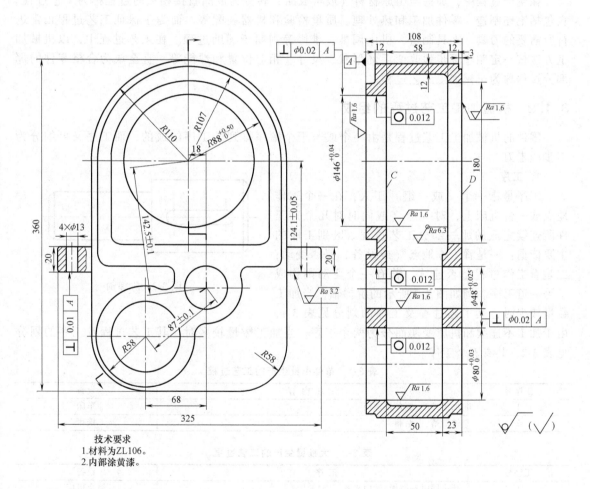

技术要求
1. 材料为ZL106。
2. 内部涂黄漆。

图 3-1　变速箱壳体

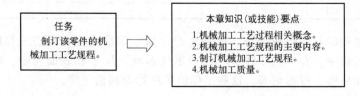

| 任务 | | 本章知识（或技能）要点 |
|---|---|---|
| 制订该零件的机械加工工艺规程。 | ⇨ | 1. 机械加工工艺过程相关概念。<br>2. 机械加工工艺规程的主要内容。<br>3. 制订机械加工工艺规程。<br>4. 机械加工质量。 |

## 3.1　基本概念

### 3.1.1　生产过程和工艺过程

#### 1. 生产过程

在机械产品制造时，由原材料（或半成品）转变成成品的各个相互关联的过程统称为生产过程。它包括原材料采购、运输和保管，生产技术准备，毛坯制造，零件加工和热处理，产品装配、调试、检验、油漆和包装等。

#### 2. 工艺过程

在生产过程中，那些与由原材料（或半成品）转变为成品直接相关的过程称为工艺过程。它包括毛坯制造、零件加工和热处理、质量检验和机器装配等。而为了保证工艺过程正常进行所需要的刀具、夹具制造，机床调整、维修等则属于辅助过程。在工艺过程中，以机械加工方法按一定顺序逐步地改变毛坯形状、尺寸、相对位置和性能等，直至成为合格零件的那部分过程称为机械加工工艺过程。

### 3.1.2　机械加工工艺过程的组成

零件的机械加工工艺过程是由一个或若干个顺序排列的工序组成的，而工序又可细分为工步或走刀。

#### 1. 工序

工序是指一个（或一组）工人，在一个工作地点或一台机床上，对一个（或同时对几个）工件所连续完成的那一部分工艺过程。区别工序的主要依据：一是看工作地点（或设备）是否变动；二是看工作过程是否连续，若有一个变动则构成了另一道工序。例如图 3-2 所示的阶梯轴，当加工数量较少时，其工艺过程及工序的划分见表 3-1，

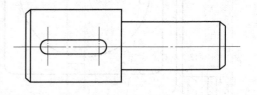

图 3-2　阶梯轴

由于加工不连续和机床变换而分为两个工序。当加工数量较多时，其工艺过程及工序的划分见表 3-2，共有五个工序。

表 3-1　单件小批生产的工艺过程

| 工序号 | 工 序 内 容 | 设备 |
|---|---|---|
| 1 | 加工外圆、倒角及端面 | 车床 |
| 2 | 铣键槽,去毛刺 | 铣床 |

表 3-2　大批量生产的工艺过程

| 工序号 | 工 序 内 容 | 设备 |
|---|---|---|
| 1 | 两边同时铣端面,钻中心孔 | 组合机床 |
| 2 | 车大外圆及倒角 | 车床 |
| 3 | 车小外圆及倒角 | 车床 |
| 4 | 铣键槽 | 铣床 |
| 5 | 去毛刺 | 钳工台 |

工序是工艺过程的基本组成部分，又是生产计划、质量检验和经济核算的基本单元。在零件的加工工艺过程中，有一些工作并不改变零件形状、尺寸和表面质量，但却直接影响工艺过程的完成，如检验、打标记等，这些工作的工序称为辅助工序。

**2. 安装**

在机械加工工序中，使工件在机床上或在夹具中占据某一正确位置并被夹紧的过程，称为装夹。而安装是指工件经过一次装夹后所完成的那部分工序内容，如表 3-1 中的工序 1 有两次安装，表 3-1 中的工序 2 只有一次安装。

**3. 工位**

工件装夹后，相对刀具或设备的固定部分，工件在机床上所占据的每一个位置称为工位。如图 3-3 所示是在一台三工位回转工作台机床上加工轴承盖螺钉孔的示意图。操作者在上下料工位 Ⅰ 处装上工件，当该工件依次通过钻孔工位 Ⅱ、扩孔工位 Ⅲ 后，即可实现在一次装夹后把四个阶梯孔在两个位置加工完毕。这样，既减少了装夹次数，又因为各工位的加工与装卸是同时进行的，从而节约了安装时间，使生产率大大提高。

**4. 工步与走刀**

1）工步。在加工表面不变、切削刀具和切削用量中的转速与进给量均保持不变时，所连续完成的那一部分工序内容称为工步。例如，表 3-2 中的工序 2 和 3 加工外圆、倒角等两个表面，各有两个工步；而表 3-2 中的工序 4 只加工键槽，所以只有一个工步。为了提高生产率，有时用几把刀具同时加工几个表面，这种工步称为复合工步，也可以看作一个工步。例如，用组合钻床加工多孔箱体的孔。

在数控加工中，常将一次安装下用一把刀具连续切削零件的多个表面划分为一个工步。

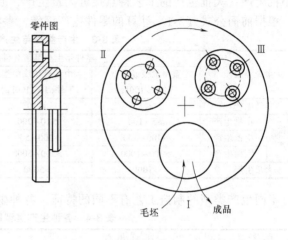

图 3-3 轴承盖螺钉孔的三工位加工

2）走刀。在一个工步内，加工余量需要多次逐步切削，则每一次切削即为一次走刀。

## 3.1.3 生产纲领和生产类型

**1. 生产纲领**

企业在计划期内应当生产的产品产量和进度计划，称为该产品的生产纲领。

企业的年生产纲领，可按下式计算

$$N = Qn(1+a\%)(1+b\%) \tag{3-1}$$

式中  $N$——零件的年生产纲领（件/年）；

$Q$——产品的年生产纲领（台/年）；

$n$——每台产品中该零件的数量（件/台）；

$a\%$——零件的备品率；

$b\%$——零件的废品率。

**2. 生产类型**

生产类型是指企业（或车间、工段、班组、工作地）生产专业化程度的分类。根据产品的大小和特征、生产纲领、批量及其投入生产的连续性，可分为单件生产、成批生产及大量生产三种生产类型，具体划分见表 3-3。

1）单件生产。单个生产不同结构和尺寸的产品，很少重复甚至不重复，这种生产称为单件生产。例如新产品试制、维修车间的配件制造和重型机械制造等都属于此种生产类型。其

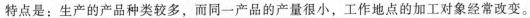

特点是：生产的产品种类较多，而同一产品的产量很小，工作地点的加工对象经常改变。

2）大量生产。大量生产是指生产的产品数量很大，大多数工作地点长期只进行某一工序的生产。例如汽车、摩托车、柴油机等的生产均属于大量生产。其特点是：同一产品的产量大，工作地点较少改变，加工过程重复。

3）成批生产。成批生产是指一年中分批轮流生产几种不同的产品，每种产品均有一定的数量，工作地点的生产对象周期性地重复。例如机床、电动机等的生产均属于成批生产。其特点是：产品的种类较少，有一定的生产数量，加工对象周期性地改变，加工过程周期性地重复。

同一产品（或零件）每批投入生产的数量称为批量。按照批量的大小，成批生产可分为小批、中批和大批生产三种类型。小批生产的工艺特点接近单件生产，通常将两者合称为单件小批生产；大批生产的工艺特点接近大量生产，通常合称为大批量生产。

根据前面公式（3-1）计算的零件生产纲领，参考表3-3即可确定生产类型。

表3-3　生产类型与生产纲领的关系

| 生产类型 | | 零件年生产纲领/（件/年） | | | 工作地点每月担负的工序数（工序数/月） |
|---|---|---|---|---|---|
| | | 重型机械或重型零件（>100kg） | 中型机械或中型零件（10~100kg） | 小型机械或轻型零件（<10kg） | |
| 单件生产 | | ≤5 | ≤10 | ≤100 | 不作规定 |
| 成批生产 | 小批生产 | >5~100 | >10~200 | >100~500 | >20~40 |
| | 中批生产 | >100~300 | >200~500 | >500~5000 | >10~20 |
| | 大批生产 | >300~1000 | >500~5000 | >5000~50000 | >1~10 |
| 大量生产 | | >1000 | >5000 | >50000 | 1 |

不同生产类型的制造工艺有不同的特征，各种生产类型的工艺特征见表3-4。

表3-4　各种生产类型的工艺特征

| 工艺特点 | 单件生产 | 成批生产 | 大量生产 |
|---|---|---|---|
| 毛坯的制造方法 | 铸件用木模手工造型，锻件用自由锻 | 铸件用金属模造型，部分锻件用模锻 | 铸件广泛用金属模机器造型，锻件用模锻 |
| 机床 | 通用机床、数控机床 | 通用机床、数控机床或专用机床 | 专用机床或自动机床 |
| 机床布局 | 机群式布置 | 流水线 | 流水线或自动线 |
| 夹具 | 通用夹具 | 广泛采用专用夹具 | 高效率的专用夹具 |
| 刀具 | 通用刀具 | 通用或专用刀具 | 高生产率的刀具 |
| 量具 | 通用量具 | 通用或专用量具 | 高生产率的量具 |
| 生产率 | 低 | 一般 | 高 |
| 成本 | 高 | 一般 | 低 |
| 工人技术水平 | 高 | 一般 | 低 |
| 工艺文件 | 只有简单的工艺过程卡 | 有详细的工艺过程卡或工艺卡，零件的关键工序有详细的工序卡 | 有工艺过程卡、工艺卡和工序卡等详细的工艺文件 |

## 3.1.4　机械加工工艺规程

### 1. 机械加工工艺规程的概念

机械加工工艺规程是将产品或零件的制造工艺过程和操作方法按一定格式固定下来的技术文件。它是在具体生产条件下，本着最合理、最经济的原则编制而成的，经审批后用来指导生产的法规性文件。

机械加工工艺规程包括零件的加工工艺流程、加工工序内容、切削用量、采用设备及工艺装备、工时定额等内容。

**2. 机械加工工艺规程的作用**

（1）工艺规程是生产准备工作的依据

在新产品投入生产以前，必须根据工艺规程进行有关的技术准备和生产准备工作。例如，原材料及毛坯的供给，工艺装备（刀具、夹具、量具）的设计、制造及采购，机床负荷的调整，作业计划的编排以及劳动力的配备等。

（2）工艺规程是组织生产的指导性文件

生产的计划和调度、工人的操作、质量的检验等都是以工艺规程为依据的。按照工艺规程进行生产，就有利于稳定生产秩序，保证产品质量，获得较高的生产率和较好的经济性。

（3）工艺规程是新建和扩建工厂（或车间）时的原始资料

根据生产纲领和工艺规程可以确定生产所需的机床和其他设备的种类、规格和数量，车间的面积，生产工人的工种、等级及数量，投资预算及辅助部门的安排等。

（4）便于积累、交流和推广行之有效的生产经验

已有的工艺规程可供以后制订类似零件的工艺规程时参考，以减少制订工艺规程的时间和工作量，也有利于提高工艺技术水平。

**3. 制订工艺规程的原则和依据**

（1）制订工艺规程的原则

制订工艺规程时，必须遵循以下原则：

① 必须充分利用本企业现有的生产条件。

② 必须能可靠地加工出符合图纸要求的零件，保证产品质量。

③ 保证良好的劳动条件，提高劳动生产率。

④ 在保证产品质量的前提下，尽可能地降低消耗、减少成本。

⑤ 应尽可能地采用国内外先进工艺技术。

由于工艺规程是直接指导生产和操作的技术文件，因此工艺规程还应做到清晰、正确、完整和统一，所用术语、符号、编码和计量单位等都必须符合相关标准。

（2）制订工艺规程的主要依据

制订工艺规程时，必须依据如下原始资料：

① 产品的装配图和零件的工作图。

② 产品的生产纲领。

③ 本企业现有的生产条件，包括毛坯的生产条件或协作关系、工艺装备和专用设备及其制造能力、工人的技术水平以及各种工艺资料和标准等。

④ 产品验收的质量标准。

⑤ 国内外同类产品的新技术、新工艺及其发展前景等的相关信息。

**4. 制订工艺规程的步骤**

制订工艺规程时，一般遵循如下步骤：

1）计算年生产纲领，确定生产类型。

2）进行零件的工艺分析。

3）确定毛坯，包括选择毛坯类型及其制造方法。

4）选择定位基准。

5）拟定工艺路线。

6）确定各个工序的加工余量和工序尺寸。

7）确定切削用量和工时定额。

8）确定各个工序所用的设备、刀夹量具和辅助工具。

9）确定各主要工序的技术要求及检验方法。

10）填写工艺文件。

**5. 常用工艺文件的格式**

（1）机械加工工艺路线单

机械加工工艺路线单主要列出零件加工所经过的整个工艺路线以及工装设备和工时等内容，多作为生产管理使用，见表3-5。

表3-5　机械加工工艺路线单

| 机械加工工艺路线单 | | | 产品名称 | 零件名称 | 材料 | 零件图号 |
|---|---|---|---|---|---|---|
| | | | | | 45钢 | |
| 工序号 | 工种 | 工序内容 | | 夹具 | 使用设备 | 工时 |
| 10 | 普车 | 下料:φ71mm×78mm 棒料 | | 自定心卡盘 | 普通车床 | |
| 20 | 数车 | 加工左端内沟槽、内螺纹 | | 自定心卡盘 | 数控车床 | |
| 30 | 数车 | 粗、精加工右端内表面 | | 自定心卡盘 | 数控车床 | |
| 40 | 数车 | 加工外表面 | | 心轴装置 | 数控车床 | |
| 50 | 检验 | 按图纸检查 | | | | |
| 编制 | | 审核 | 批准 | | 年 月 日 | 共 页　第 页 |

（2）机械加工工序卡片

机械加工工序卡片是用来具体指导工人操作的一种最详细的工艺文件，卡片上要画出工序简图，注明该工序的加工表面及应达到的尺寸精度和粗糙度要求、工件的装夹方式、切削用量以及工装设备等内容，见表3-6。

表3-6　机械加工工序卡片

| 机械加工工序卡片 | | | 产品名称 | 零件名称 | 材料 | 零件图号 |
|---|---|---|---|---|---|---|
| | | | | | 45钢 | |
| 工序号 | 程序编号 | 夹具名称 | 夹具编号 | 使用设备 | | 车间 |
| 20 | | 自定心卡盘 | | | | |

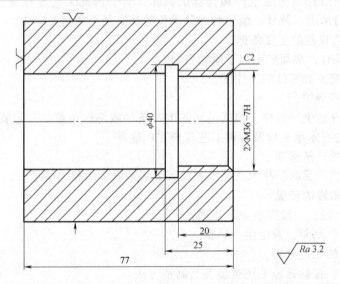

| 工步号 | 工步内容 | | 刀具号 | 主轴转速/(r/min) | 进给速度/(mm/r) | 背吃刀量/mm | 备注 |
|---|---|---|---|---|---|---|---|
| 装夹:夹住棒料一头,留出长度大约30mm,车端面(手动操作)保证总长77mm,对刀,调用程序 | | | | | | | |
| 1 | 镗孔 φ34×21mm | | T0202 | 600 | 0.15 | 1 | |
| 2 | 车内沟槽 | | T0303 | 250 | 0.08 | 4 | |
| 3 | 车内螺纹 | | T0404 | 600 | | | |
| 编制 | | 审核 | 批准 | | 年 月 日 | 共 页 | 第 页 |

在机械加工工序卡片中附有工序简图，可以清楚直观地表达本道工序的工序内容，其绘制要点如下：

① 工序简图可按比例缩小，用尽量少的视图表达。

② 工序简图主视图应是本工序工件在机床上装夹的位置。例如，在卧式车床上加工的轴类零件的工序简图，其中心线要水平，加工端在右，卡盘夹紧端在左。

③ 工序简图可以绘制到零件经本工序加工后所达到的形状，也可以只画出与加工部位有关的局部视图，除加工面、定位面、夹紧面和主要轮廓面外，其余线条均可省略，以必需、明了为度。

④ 工序简图中工件上本工序加工表面用粗实线表示，本工序不加工表面用细实线表示。

⑤ 工序简图中标注本工序的工序尺寸及其公差，加工表面的表面粗糙度以及其他本工序加工中应该达到的技术要求。

⑥ 工序简图中用规定的符号（JB/T 5564.1—2008）表示出工件的定位、夹紧情况。

（3）机械加工刀具卡

刀具卡主要反映刀具名称、编号、规格和长度等内容。它是组装和调整刀具的依据，见表3-7。

**表 3-7 机械加工刀具卡**

| 机械加工刀具卡片 | | 工序号 | 程序编号 | 产品名称 | 零件名称 | 材 料 | 零件图号 |
|---|---|---|---|---|---|---|---|
| | | | | | | 45 | |
| 序号 | 刀具号 | 刀具名称及规格 | | 刀尖半径/mm | | 加工表面 | 备注 |
| 1 | T0101 | 95°右偏外圆刀 | | 0.8 | | 端面 | 硬质合金 |
| 2 | T0202 | 镗刀 | | 0.8 | | 内表面 | 硬质合金 |
| 3 | T0303 | 内切槽刀($B=5$) | | 0.4 | | 内沟槽 | 高速钢 |
| 4 | T0404 | 内螺纹刀 | | | | 内螺纹 | 硬质合金 |
| 编制 | | 审核 | 批准 | | 年 月 日 | 共 页 | 第 页 |

（4）刀具调整图

数控车削的刀具调整图主要反映刀具的种类、形状、装夹位置、刀尖圆弧半径、刀位点和工件编程原点等内容，如图3-4所示。

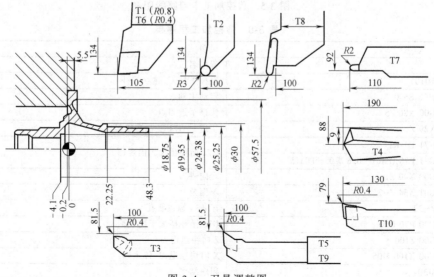

图 3-4 刀具调整图

（5）数控加工走刀路线图

数控加工走刀路线图主要反映刀具的进给路线。该图应准确描述刀具从起刀点开始，直到加工结束后返回终点的轨迹，如图3-5所示。它不仅是程序编制的依据，而且也便于机床操作者了解刀具运动路线（如下刀位置、抬刀位置等），计划好夹紧位置及控制夹紧元件的高度，以避免碰撞事故的发生。

（6）数控加工程序单

数控加工程序单见表3-8。

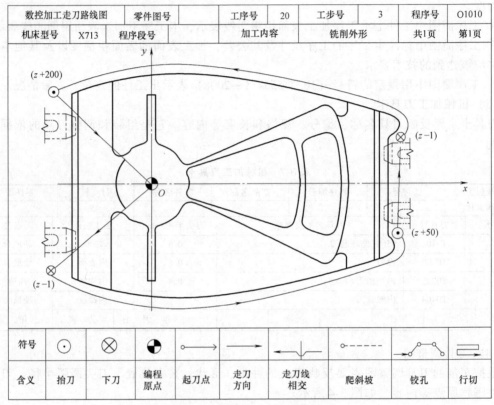

图 3-5　数控加工走刀路线图

表 3-8　数控加工程序单

| 程序 | | 说明 |
|---|---|---|
| O2301 | | 程序名 |
| N10 | T0101 | 选择 1 号刀, 建立刀补 |
| N20 | M03 S600 | 启动主轴 |
| N30 | G00 X80 Z5 | 快进至进刀点 |
| N40 | X29 Z1 | 快进至 G71 复合循环起点 |
| N50 | G71 U1 R1 | G71 循环粗加工内表面 |
| N60 | G71 P70 Q90 U−0.6 W0.1 F0.15 | |
| N70 | G00 X40 Z1 | 径向进刀 |
| N80 | G01 X34 Z−2 | 车倒角 |
| N90 | Z−22 | 车 $\phi$34 螺纹底孔 |
| N100 | G70 P70 Q90 | G70 循环精加工内表面 |
| N110 | G00 Z100 | Z 向快速退刀 |
| N120 | G00 X100 M05 | X 向快速退刀, 停主轴 |
| N130 | M30 | 程序结束 |

## 3.2 制订机械加工工艺规程要解决的主要问题

### 3.2.1 零件的工艺分析

#### 1. 零件图分析

（1）零件功能分析

在制订零件机械加工工艺规程时，首先要对照产品装配图分析零件图，熟悉产品的用途、性能及工作条件，明确零件在产品中的位置和功用，搞清各项技术条件制订的依据，找出主要技术要求与技术关键，以便在制订工艺规程时采取适当的工艺措施加以保证。

如图 3-6 所示的汽车弹簧板与吊耳的装配简图，两个零件的对应侧面并不接触，所以可将吊耳槽的表面粗糙度要求降低些，经与设计单位协商，由原设计的 $Ra3.2\mu m$ 改为 $Ra12.5\mu m$，从而可增大铣削加工时的进给量，提高生产效率。

（2）零件图的审查

零件图的审查包括三项内容：

① 检查零件图的完整性和正确性。主要检查零件图的视图是否表达直观、清晰、准确、充分；尺寸、公差、技术要求是否合理、齐全。如有错误或遗漏，应提出修改意见。

② 分析零件材料的选择是否恰当。零件材料的选择应立足于国内，尽量采用我国资源丰富的材料，避免采用贵重金属；同时，所选材料必须具有良好的加工性。

③ 分析零件的技术要求。包括零件加工表面的尺寸精度、形状精度、位置精度、表面粗糙度、表面微观质量以及热处理等要求。分析零件的这些技术要求在保证使用性能的前提下是否经济合理，在本企业现有生产条件下是否能够实现。

（3）材料切削加工性的评价

在一定的切削条件下，工件材料在进行切削加工时表现出的加工难易程度被称为材料的切削加工性。一般材料切削加工性的标准用以下几个方面来衡量：

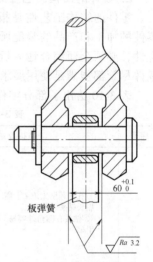

图 3-6 汽车弹簧板与吊耳的装配简图

① 加工表面质量。容易获得较小表面粗糙度值的材料，其材料的切削加工性高。一般零件的精加工用此标准来衡量。

② 刀具使用寿命。这是比较通用的材料切削加工性标准。

这种标准常用的衡量方法是：保证相同刀具使用寿命的前提下，考察切削材料所允许的切削速度的高低，以 $v_T$ 表示，含义为：当刀具使用寿命为 $T$（min）时，切削某种工件材料所允许的切削速度值 $v_T$ 越高，工件材料的切削加工性越好。一般情况下，取 $T=60min$，$v_T$ 可以用 $v_{60}$ 表示；难加工材料 $T=30min$ 或 $15min$。

③ 单位切削力。机床动力不足或机床系统刚度不足时，常采用这种标准。

④ 断屑性能。对工件材料断屑性能要求高的机床，如自动生产线、组合机床等，或对断屑性能要求较高的工序，常采用这种标准。

在生产实践中，通常采用相对加工性来衡量材料的切削加工性。即：以强度为 $\sigma_b = 0.637GPa$ 的 45 钢的 $v_{60}$ 作基准，记作 $v_{60j}$，其他切削材料的 $v_{60}$ 与之相比的数值，称为相对加工性，记作 $K_v$：

$$K_v = v_{60}/v_{60j} \tag{3-2}$$

常用材料的切削加工性按相对加工性可分为 8 级,见表 3-9。

表 3-9　常用工件材料的相对加工性及分级

| 切削加工性等级 | 名称及种类 | | 相对加工性系数 $K_v$ | 代表性材料 |
|---|---|---|---|---|
| 1 | 很容易切削材料 | 一般有色金属 | >3.0 | 铜合金、铝合金、锌合金 |
| 2 | 易切削材料 | 易切削钢 | 2.5~3.0 | 退火 15Cr 钢($\sigma_b = 380~450MPa$)<br>Y12 钢($\sigma_b = 400~500MPa$) |
| 3 | | 较易切削钢 | 1.6~2.5 | 正火 30 钢(450~560MPa) |
| 4 | 普通材料 | 一般钢及铸铁 | 1.0~1.6 | 45 钢、灰铸铁 |
| 5 | | 稍难切削材料 | 0.65~1.0 | 调质 2Cr13 钢($\sigma_b = 850MPa$)<br>85 热轧钢($\sigma_b = 900MPa$) |
| 6 | 难切削材料 | 较难切削材料 | 0.5~0.65 | 调质 45Cr |
| 7 | | 难切削材料 | 0.15~0.5 | 50CrV 调质;1Cr18Ni9Ti 未淬火;工业纯铁;某些钛合金 |
| 8 | | 很难切削材料 | <0.15 | 某些钛合金;铸造镍基高温合金;Mn13 高锰钢 |

### 2. 零件的结构工艺性分析

零件的结构工艺性是指所设计的零件在不同类型的具体生产条件下,零件毛坯的制造、零件的加工和产品的装配所具备的可行性和经济性。零件的结构工艺性涉及面很广,具有综合性,必须全面综合地分析。零件的结构对机械加工工艺过程的影响很大,不同结构的两个零件尽管都能满足使用要求,但它们的加工方法和制造成本却可能有很大的差别。

表 3-10 给出了部分零件切削加工结构工艺性改进前后的示例。

表 3-10　部分零件切削加工结构工艺性改进前后的示例

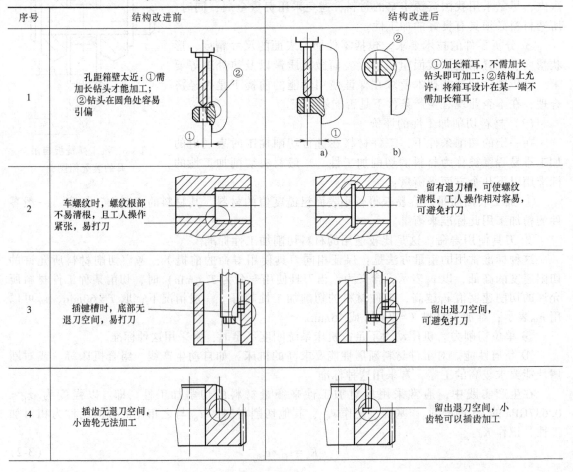

（续）

| 序号 | 结构改进前 | 结构改进后 |
|------|-----------|-----------|
| 5 | 两端轴颈需磨削加工，因砂轮圆角不能清根 | 留有退刀槽，磨削时可以清根 |
| 6 | 锥面磨削加工时易碰伤圆柱面，且不能清根 | 留出砂轮越程空间，可方便地对锥面进行磨削加工 |
| 7 | 斜面钻孔，钻头易引偏 | 只要结构允许，留出平台，钻头不易偏斜 |
| 8 | 孔壁出口处有台阶面，钻孔时钻头易引偏，易折断 | 只要结构允许，内壁出口处做成平面，钻孔位置容易保证 |
| 9 | 钻孔过深，加工量大，钻头损耗大，且钻头易偏斜 | 钻孔一端留空刀，减小钻孔工作量 |
| 10 | 加工面高度不同，需两次调整加工，影响加工效率 | 加工面在同一高度，一次调整可完成两个平面加工 |
| 11 | 三个空刀槽宽度不一致，需使用三把不同尺寸的刀具进行加工 | 空刀槽宽度尺寸相同，使用一把刀具即可完成加工 |
| 12 | 键槽方向不一致，需两次装夹才能完成加工 | 键槽方向一致，一次装夹即可完成加工 |
| 13 | 加工面大，加工时间长，平面度要求不易保证 | 加工面减小，加工时间短，平面度要求容易保证 |

### 3.2.2　毛坯的确定

在制订机械加工工艺规程时，正确选择合适的毛坯，对零件的加工质量、材料的消耗和加工工时都有很大的影响。显然毛坯的尺寸和形状越接近成品零件，机械加工的劳动量就越少，但是毛坯的制造成本就越高，所以应根据生产纲领，综合考虑毛坯制造和机械加工的费用来确定毛坯，以求得最好的经济效益。

#### 1. 毛坯的种类

① 铸件。铸件适用于形状较复杂的零件毛坯。其铸造方法有砂型铸造、精密铸造、金属型铸造和压力铸造等。较常用的是砂型铸造，当毛坯精度要求低且生产批量较小时，采用木模手工造型法；当毛坯精度要求高且生产批量很大时，采用金属型机器造型法。铸件材料有铸铁、铸钢以及铜、铝等有色金属。

② 锻件。锻件适用于强度要求高、形状比较简单的零件毛坯。其锻造方法有自由锻和模锻两种。自由锻毛坯精度低、加工余量大、生产率低，适用于单件小批生产以及大型零件毛坯；模锻毛坯精度高、加工余量小、生产率高，但成本也高，适用于中小型零件毛坯的大批大量生产。

③ 型材。型材有热轧和冷拉两种。热轧适用于尺寸较大、精度较低的毛坯；冷拉适用于尺寸较小、精度较高的毛坯。

④ 焊接件。焊接件是根据需要将型材或钢板等焊接而成的毛坯件，它简单方便，生产周期短，但需经时效处理后才能进行机械加工。

⑤ 冷冲压件。冷冲压件毛坯可以非常接近成品要求，在小型机械、仪表和轻工电子产品方面应用广泛。但因冲压模具昂贵故仅用于大批量生产。

#### 2. 确定毛坯时应考虑的因素

① 零件的材料及机械性能要求。当零件的材料选定以后，毛坯的种类也就大体确定了。例如，材料为铸铁的零件，自然应选择铸造毛坯；而对于重要的钢质零件，力学性能要求高时，可选择锻造毛坯。

② 零件的结构形状与外形尺寸。大型且结构较简单的零件毛坯多用砂型铸造或自由锻；结构复杂的毛坯多用铸造；小型零件可用模锻件或压力铸造毛坯；板状钢质零件多用锻件毛坯；轴类零件的毛坯，若台阶直径相差不大，可用棒料；若各台阶尺寸相差较大，则宜选择锻件。

③ 生产类型。在大批大量生产中，应采用精度和生产率都较高的毛坯制造方法：铸件采用金属模机器造型和精密铸造，锻件用模锻或精密锻造；在单件小批生产中用木模手工造型或自由锻来制造毛坯。

④ 现有生产条件。在选择毛坯类型时，要结合本企业的具体生产条件，如现场毛坯制造的实际水平和能力、外协的可能性等。

⑤ 充分利用新技术、新工艺和新材料。为了节约材料和能源，减少机械加工余量，提高经济效益，只要有可能，就必须尽量采用精密铸造、精密锻造、冷挤压、粉末冶金和工程塑料等新工艺、新技术和新材料。

#### 3. 确定毛坯时的几项工艺措施

实现少切屑加工或无切屑加工是现代机械制造技术的发展趋势。但是，由于毛坯制造技术的限制，加之现代机器对零件精度和表面质量的要求越来越高，为了保证机械加工能达到质量要求，毛坯的某些表面仍需留有加工余量。加工毛坯时，由于一些零件形状特殊，安装和加工不大方便，必须采取一定的工艺措施才能进行机械加工。以下列举几种常见的工艺措施。

① 工艺凸台的设置。为了便于安装，有些铸件毛坯需要铸出工艺搭子，如图3-7所示。

工艺搭子在零件加工完毕后一般应切除，如对使用和外观没有影响，也可保留在零件上。

　② 组合毛坯的采用。装配后需要形成同一工作表面的两个相关零件，为了保证这类零件的加工质量和加工方便，常做成整体毛坯，加工到一定阶段再切割分离。如图3-8所示为车床走刀系统中的开合螺母外壳简图，其毛坯是两件合制的。

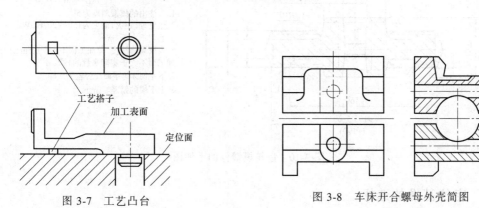

图 3-7　工艺凸台

图 3-8　车床开合螺母外壳简图

　③ 合件毛坯的采用。对于形状比较规则的小型零件，为了便于安装和提高机械加工的生产率，可将多件合成一个毛坯，加工到一定阶段后，再分离成单件。如图3-9所示的滑键，对毛坯的各个平面加工好后再切离成单件，然后对单件进行加工。

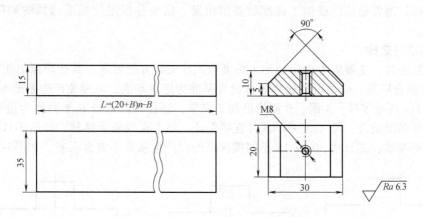

图 3-9　滑键的零件图与毛坯图

### 4. 毛坯图的绘制

在确定了毛坯的类型、总余量以后，便可绘制毛坯图，其步骤与方法如下：

　① 用双点画线画出经简化了次要细节的零件图的主要视图，将已确定的加工余量叠加在各相应的被加工表面上，即得到毛坯轮廓。

　② 用粗实线绘出毛坯轮廓，注意画出某些特殊余块，例如热处理工艺夹头、机械加工用的工艺塔子等。比例为1∶1。

　③ 和一般零件图一样，为表达清楚某些内部结构，可画出必要的剖视图、断面图。对于由实体上加工出来的槽和孔，不必专门剖切，因为毛坯图只要求表达清楚毛坯的结构。

　④ 标注毛坯的主要尺寸及其公差，次要尺寸可不标注公差。

　⑤ 标明毛坯的技术要求，如毛坯精度、热处理及硬度、圆角半径、分模面、起模斜度以及内部质量要求（气孔、缩孔、夹砂）等。

毛坯图的示例如图 3-10 所示。

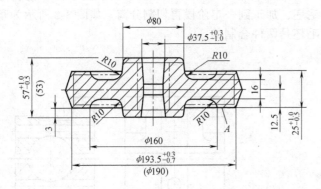

技术要求
1. 未注出的模锻斜度为5°。
2. 热处理:正火,硬度为156～207HBW。
3. 毛刺不大于1mm。
4. 表面缺陷深度:非加工面不大于0.5mm。
加工面不大于实际余量的1/2。
5. 下平面A的平面度公差为0.8μm。
6. 上下模的错差≤1mm。

图 3-10　齿轮模锻件的毛坯图

### 3.2.3　定位基准的选择

定位基准可分为粗基准和精基准两种。若选择未经加工的表面作为定位基准,这种基准被称为粗基准;若选择已加工的表面作为定位基准,则这种定位基准称为精基准。粗基准考虑的重点是如何保证各加工表面有足够的余量,而精基准考虑的重点是如何减少误差。在选择定位基准时,通常是从保证加工精度的要求出发,因而分析定位基准选择的顺序应从精基准到粗基准。

**1. 精基准的选择**

选择精基准时,主要应考虑保证加工精度和工件安装方便可靠。其选择原则如下:

① 基准重合原则。应尽可能选择零件设计基准为定位基准,以避免产生基准不重合误差。

如图 3-11a 所示零件,$A$ 面、$B$ 面均已加工完毕,钻孔时若选择 $B$ 平面作为精基准,则定位基准与设计基准重合,尺寸 30±0.15 可直接保证,加工误差易于控制,如图 3-11b 所示;若选 $A$ 面作为精基准,则尺寸 30±0.15 是间接保证的,产生基准不重合误差,如图3-11c 所示。

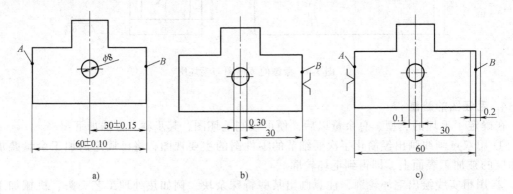

图 3-11　基准重合实例
a) 零件图　b) 以 $B$ 为基准　c) 以 $A$ 为基准

② 基准统一原则。应采用同一组基准定位加工零件上尽可能多的表面,这就是基准统一原则。采用基准统一原则,可以简化工艺规程的制订,减少夹具数量,节约夹具设计和制造费用;同时由于减少了基准的转换,更有利于保证各表面间的相互位置精度。例如,利用两中心孔加工轴类零件的各外圆表面,箱体零件采用一面两孔定位,齿轮的齿坯和齿形加工采

用齿轮的内孔及一端面为定位基准，均属于基准统一原则。

③ 自为基准原则。即某些加工表面加工余量小且均匀时，可选择加工表面本身作为定位基准。如图 3-12 所示，在导轨磨床上磨削床身导轨面时，就是以导轨面本身为基准，用百分表来找正定位的。

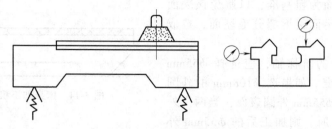

图 3-12　自为基准实例

④ 互为基准原则。当对工件上两个相互位置精度要求比较高的表面进行加工时，可以利用两个表面互相作为基准，反复进行加工，以保证位置精度要求。例如，车床主轴的前锥孔与主轴支承轴颈间有严格的同轴度要求，加工时就是先以轴颈外圆为定位基准加工锥孔，再以锥孔为定位基准加工外圆，如此反复多次，最终达到加工要求。这就是互为基准的典型实例。

⑤ 便于装夹原则。所选精基准应保证工件装夹可靠，夹具设计简单、操作方便。

**2. 粗基准的选择**

选择粗基准时，主要考虑两个问题：一是保证加工面与不加工面之间的相互位置精度要求；二是合理分配各个加工面的加工余量。具体选择时参考下列原则：

① 选择不加工表面为粗基准。为了保证加工表面与不加工表面之间的位置精度要求，一般应选择不加工表面为粗基准。如果工件上有多个不加工表面，则应选择其中与加工表面位置精度要求较高的那个不加工表面为粗基准，以便保证精度要求，使外形对称等。

如图 3-13 所示的工件，毛坯孔与外圆之间偏心较大，以外圆 1 为粗基准，孔的余量不均匀，但加工后壁厚均匀，如图 3-13a 所示；以内圆 3 为粗基准，孔的余量均匀，但加工后壁厚不均匀，如图 3-13b 所示。

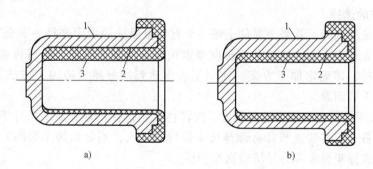

图 3-13　两种粗基准选择对比
a) 以外圆 1 为粗基准　b) 以内圆 3 为粗基准
1—外圆面　2—加工面　3—孔

② 选择重要表面为粗基准。对于工件上的某些重要表面，为了尽可能地使其表面加工余量均匀，应选择重要表面作为粗基准。如图 3-14 所示的床身导轨表面是重要表面，车床床身粗加工时，应选择导轨表面作为粗基准先加工床脚面，再以床脚面为精基准加

工导轨表面。

③ 选择加工余量最小的表面为粗基准。在没有要求保证重要表面加工余量均匀的情况下，如果工件上每个表面都要加工，则应选择其中加工余量最小的表面为粗基准，以避免该表面在加工时因余量不足而留下部分毛坯面，造成工件报废。

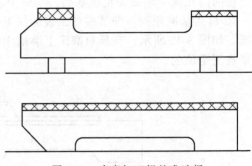

图 3-14  床身加工粗基准选择

如图 3-15 所示的阶梯轴，应选择 $\phi55mm$ 外圆表面作为粗基准。如果选 $\phi108mm$ 的外圆表面为粗基准加工 $\phi55mm$ 外圆表面，当两个外圆表面偏心为 3mm 时，则加工后的 $\phi55mm$ 外圆表面会因一侧加工余量不足而出现毛面会使工件报废。

④ 粗基准应避免重复使用。在同一尺寸方向上，粗基准通常只能使用一次。因为毛坯面不仅粗糙而且精度低，重复使用将产生较大误差。

⑤ 选择平整光洁、加工面积较大的表面为粗基准，以便定位可靠，夹紧方便。

无论是粗基准还是精基准的选择，上述原则都不可能同时满足，有时甚至互相矛盾，因此选择基准时，必须具体情况具体分析，权衡利弊，保证零件的主要设计要求。

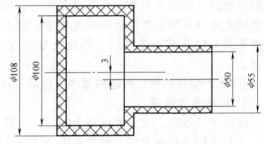

图 3-15  阶梯轴粗基准选择

### 3.2.4  工艺路线的拟定

零件的加工工艺路线是指在零件生产过程中，由毛坯到成品所经过工序的先后顺序。拟定工艺路线是制订机械加工工艺过程中的关键环节，其主要工作是选择各个表面的加工方法、确定工序数目和内容、选择定位和夹紧方法等。具体拟定时，要结合零件的技术要求、生产批量、经济效益及生产实际装备等情况，确定较为合理的工艺路线。

#### 1. 加工方法的选择

表面加工方法的选择，就是为零件上每一个有质量要求的表面选择一套合理的加工方法。在选择时，一般先根据表面的精度和粗糙度要求选定最终加工方法，然后再确定精加工前准备工序的加工方法，即确定加工方案。使加工表面达到同等质量的加工方法是多种多样的，在选择时应考虑下列因素：

① 加工方法所能达到的加工经济精度。经济精度是指在正常的加工条件下（采用符合质量要求的标准设备、工艺装备和具有标准技术等级的工人，不延长加工时间）所能保证的加工精度。相应的表面粗糙度称为经济表面粗糙度。

表 3-11～表 3-13 分别列出了外圆、内孔和平面的加工方案及经济精度，供选择加工方法时参考。

② 工件材料的性质。例如，淬硬钢零件的精加工要用磨削的方法；有色金属零件的精加工应采用精细车或精细镗等加工方法，而不宜采用磨削。

③ 工件的结构和尺寸。例如，对于 IT7 精度的孔采用拉削、铰削、镗削和磨削等加工方法都可以，但是箱体上的孔一般不用拉削或磨削，而常常选择镗孔（大孔时）或铰孔（小孔时）。

表 3-11 外圆表面加工方案

| 序号 | 加工方案 | 经济精度 | 表面粗糙度 Ra 值/μm | 适用范围 |
|---|---|---|---|---|
| 1 | 粗车 | IT11 以下 | 50~12.5 | 适用于淬火钢以外的各种金属 |
| 2 | 粗车—半精车 | IT10~IT8 | 6.3~3.2 | |
| 3 | 粗车—半精车—精车 | IT8~IT7 | 1.6~0.8 | |
| 4 | 粗车—半精车—精车—滚压(或抛光) | IT8~IT7 | 0.2~0.025 | |
| 5 | 粗车—半精车—磨削 | IT8~IT7 | 0.8~0.4 | 主要用于淬火钢,也可用于未淬火钢,但不宜加工有色金属 |
| 6 | 粗车—半精车—粗磨—精磨 | IT7~IT6 | 0.4~0.1 | |
| 7 | 粗车—半精车—粗磨—精磨—超精加工(或轮式超精磨) | IT5 | 0.1~Rz0.1 | |
| 8 | 粗车—半精车—精车—金刚石车 | IT7~IT6 | 0.4~0.025 | 主要用于要求较高的有色金属加工 |
| 9 | 粗车—半精车—粗磨—精磨—超精磨或镜面磨 | IT5 以上 | 0.025~Rz0.05 | 极高精度的外圆加工 |
| 10 | 粗车—半精车—粗磨—精磨—研磨 | IT5 以上 | 0.1~Rz0.05 | |

表 3-12 孔加工方案

| 序号 | 加工方案 | 经济精度 | 表面粗糙度 Ra 值/μm | 适用范围 |
|---|---|---|---|---|
| 1 | 钻 | IT12~IT11 | 12.5 | 加工未淬火钢及铸铁的实心毛坯,也可用于加工有色金属(表面粗糙度稍大,孔径小于15~20mm) |
| 2 | 钻—铰 | IT9 | 3.2~1.6 | |
| 3 | 钻—铰—精铰 | IT8~IT7 | 1.6~0.8 | |
| 4 | 钻—扩 | IT11~IT10 | 12.5~6.3 | 同上,但孔径大于 15~20mm |
| 5 | 钻—扩—铰 | IT9~IT8 | 3.2~1.6 | |
| 6 | 钻—扩—粗铰—精铰 | IT7 | 1.6~0.8 | |
| 7 | 钻—扩—机铰—手铰 | IT7~IT6 | 0.4~0.1 | |
| 8 | 钻—扩—拉 | IT9~IT7 | 1.6~0.8 | 大批量生产(精度由拉刀的精度而定) |
| 9 | 粗镗(或扩孔) | IT12~IT11 | 12.5~6.3 | 除淬火钢以外的各种材料,毛坯有铸出孔或锻出孔 |
| 10 | 粗镗(粗扩)—半精镗(精扩) | IT9~IT8 | 3.2~1.6 | |
| 11 | 粗镗(扩)—半精镗(精扩)—精镗(铰) | IT8~IT7 | 1.6~0.8 | |
| 12 | 粗镗(扩)—半精镗(精扩)—精镗—浮动镗刀精镗 | IT7~IT6 | 0.8~0.4 | |
| 13 | 粗镗(扩)—半精镗—磨孔 | IT8~IT7 | 0.8~0.2 | 主要用于淬火钢,也可用于未淬火钢,但不宜用于有色金属 |
| 14 | 粗镗(扩)—半精镗—粗磨—精磨 | IT7~IT6 | 0.2~0.1 | |
| 15 | 粗镗—半精镗—精镗—金刚镗 | IT7~IT6 | 0.4~0.05 | 主要用于精度要求高的有色金属加工 |
| 16 | 钻—(扩)—粗铰—精铰—珩磨;钻—(扩)—拉—珩磨;粗镗—半精镗—精镗—珩磨 | IT7~IT6 | 0.2~0.025 | 精度要求很高的孔 |
| 17 | 以研磨代替上述方案中的珩磨 | IT6 以上 | | |

表 3-13 平面加工方案

| 序号 | 加工方案 | 经济精度 | 表面粗糙度 Ra 值/μm | 适用范围 |
|---|---|---|---|---|
| 1 | 粗车—半精车 | IT9 | 6.3~3.2 | |
| 2 | 粗车—半精车—精车 | IT8~IT7 | 1.6~0.8 | 端面 |
| 3 | 粗车—半精车—磨削 | IT9~IT8 | 0.8~0.2 | |
| 4 | 粗刨（或粗铣）—精刨（或精铣） | IT9~IT8 | 6.3~1.6 | 一般不淬硬平面（端铣表面粗糙度较细） |
| 5 | 粗刨（或粗铣）—精刨（或精铣）—刮研 | IT7~IT6 | 0.8~0.1 | 精度要求较高的不淬硬平面；批量较大时宜采用宽刃精刨方案 |
| 6 | 以宽刃刨削代替上述方案的刮研 | IT7 | 0.8~0.2 | |
| 7 | 粗刨（或粗铣）—精刨（或精铣）—磨削 | IT7 | 0.8~0.2 | 精度要求高的淬硬平面或不淬硬平面 |
| 8 | 粗刨（或粗铣）—精刨（或精铣）—粗磨—精磨 | IT7~IT6 | 0.4~0.02 | |
| 9 | 粗铣—拉 | IT9~IT7 | 0.8~0.2 | 大量生产，较小的平面（精度视拉刀精度而定） |
| 10 | 粗铣—精铣—磨削—研磨 | IT6 以上 | 0.1~Rz0.05 | 高精度平面 |

④ 生产类型。选择加工方法要与生产类型相适应。大批量生产应选用生产率高且质量稳定的加工方法。例如，平面和孔采用拉削加工；单件小批生产则采用刨削、铣削平面和钻、扩、铰孔。又如为保证质量可靠、稳定和较高的成品率，在大批量生产中采用珩磨和超精加工工艺加工较精密零件。

⑤ 具体生产条件。应充分利用现有的设备和工艺手段，并不断引进新技术，对老设备进行技术改造，挖掘企业潜力，提高工艺水平。

**2. 加工阶段的划分**

（1）加工阶段的分类

对于那些加工质量要求较高或较复杂的零件，通常将整个工艺路线划分为以下几个阶段：

① 粗加工阶段——主要任务是切除各个表面上的大部分余量，其关键是提高生产率。

② 半精加工阶段——完成次要表面的加工，并为主要表面的精加工做准备。

③ 精加工阶段——主要任务是保证零件各主要表面达到图纸规定的技术要求。

④ 光整加工阶段——对精度要求很高（IT6 以上）、表面粗糙度很小（小于 $Ra0.2\mu m$）的零件，需安排光整加工阶段。其主要任务是减小表面粗糙度或进一步提高尺寸精度和形状精度。常用的加工方法有金刚车（镗）、研磨、珩磨、超精加工、镜面磨、抛光及无屑加工等。

（2）划分加工阶段的原因

划分加工阶段的原因主要有以下几个方面：

① 保证加工质量。粗加工时，由于加工余量大，所受的切削力、夹紧力也大，所以会引起较大的变形，如果不划分阶段连续进行粗精加工，上述变形来不及恢复，将影响加工精度。因此，需要划分加工阶段，使粗加工产生的误差和变形，通过半精加工和精加工予以纠正，并逐步提高零件的精度和表面质量。

② 合理使用设备。粗加工要求采用刚度好、效率高而精度较低的机床，精加工则要求机床精度高。划分加工阶段后，可避免以精干粗，可以充分发挥机床的性能，延长使用寿命。

③ 便于安排热处理工序，使冷热加工工序配合得更好。粗加工后，一般要安排去应力的时效处理，以消除内应力。精加工前要安排淬火等最终热处理，其变形可以通过精加工予以消除。

④ 及时发现废品，避免浪费。划分加工阶段，便于在粗加工后及早发现毛坯的缺陷，并及时决定报废或修补，以免继续加工而造成浪费。精加工安排在最后，有利于防止或减少表面的损伤。

应当指出：加工阶段的划分不是绝对的，必须根据工件的加工精度要求和工件的刚度来决定。一般来说，工件精度要求越高、刚度越差，划分阶段应越细；当工件批量小、精度要求不太高、工件刚度较好时也可以不分或少分阶段；对于重型零件由于输送及装夹困难，一般在一次装夹下完成粗精加工，为了弥补不分阶段带来的弊端，常常在粗加工后松开工件，然后以较小的夹紧力重新夹紧，再继续进行精加工。

### 3. 加工顺序的安排

（1）切削加工顺序的安排

① 先粗后精。先安排粗加工，中间安排半精加工，最后安排精加工和光整加工。

② 先主后次。先安排零件的装配基面和工作表面等主要表面的加工，后安排如键槽、紧固用的光孔和螺纹孔等次要表面的加工。由于次要表面加工工作量小，又常与主要表面有位置精度要求，所以一般放在主要表面的半精加工之后精加工之前进行。

③ 先面后孔。对于箱体、支架、连杆和底座等零件，先加工用作定位的平面和孔的端面，然后再加工孔。这样可使工件定位夹紧稳定可靠，有利于保证孔与平面的位置精度，减小刀具的磨损，同时也给孔的加工带来方便。

④ 基面先行。用作精基准的表面，要首先加工出来。所以，第一道工序一般是进行定位面的粗加工和半精加工（有时包括精加工），然后再以精基面定位加工其他表面。例如，轴类零件顶尖孔的加工。

（2）热处理工序的安排

热处理可以提高材料的力学性能、改善金属的切削性能以及消除残余应力。在制订工艺路线时，应根据零件的技术要求和材料的性质，合理地安排热处理工序。按照热处理的目的，可分为预备热处理和最终热处理。

1）预备热处理。

① 正火、退火。正火、退火的目的是消除内应力、改善加工性能，为最终热处理作准备。一般安排在粗加工之前，有时也安排在粗加工之后。

② 时效处理。时效处理以消除内应力、减少工件变形为目的。一般安排在粗加工之后，对于精密零件，要进行多次时效处理。

③ 调质。对零件淬火后再高温回火，能消除内应力、改善加工性能并获得较好的综合力学性能。一般安排在粗加工之后进行。对一些性能要求不高的零件，调质也常作为最终热处理。

2）最终热处理。

常用的最终热处理方法有：淬火、渗碳淬火、渗氮等。它们的主要目的是提高零件的硬度和耐磨性，常安排在精加工（磨削）之前进行，其中渗氮由于热处理温度较低，零件变形很小，也可以安排在精加工之后进行。

（3）辅助工序的安排

检验工序是主要的辅助工序，除每道工序由操作者自行检验外，在粗加工之后、精加工之前、零件转换车间时以及重要工序之后和全部加工完毕进库之前，一般都要安排检验工序。

除检验工序外，其他辅助工序有：表面强化和去毛刺、倒棱、清洗、防锈等。正确地安

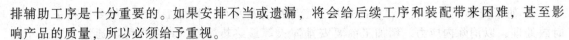

排辅助工序是十分重要的。如果安排不当或遗漏，将会给后续工序和装配带来困难，甚至影响产品的质量，所以必须给予重视。

#### 4. 工序的集中与分散

拟定工艺路线时，在选定了各表面的加工方案和划分加工阶段之后，就可以将同一阶段中的各加工表面组合成若干工序。确定工序数目或工序内容的多少有两种不同的原则，它和设备类型的选择密切相关。

（1）工序集中

工序集中就是将零件的加工集中在少数几道工序中完成，每道工序加工内容多，工艺路线短。其主要特点是：

① 可以采用高效机床和工艺装备，生产率高。

② 减少了设备数量以及操作工人人数和占地面积，节省了人力、物力。

③ 减少了工件装夹次数，有利于保证表面间的位置精度。

④ 采用的工装设备结构复杂，调整维修较困难，生产准备工作量大。

（2）工序分散

工序分散就是将零件的加工分散到很多道工序内完成，每道工序加工的内容少，工艺路线很长。其主要特点是：

① 设备和工艺装备比较简单，便于调整，容易适应产品的变换。

② 对工人的技术水平要求较低。

③ 可以采用最合理的切削用量，减少机动时间。

④ 所需设备和工艺装备的数目多，操作工人多，占地面积大。

工序集中与工序分散各有利弊，选用时应考虑生产类型、现有生产条件、工件结构特点和技术要求等因素，使制订的工艺路线适当地集中，合理地分散。一般情况下，单件小批生产时多将工序集中；大批量生产时即可采用多刀、多轴等高效率机床将工序集中，也可将工序分散后组织流水线生产；成批生产多采用效率较高的机床，使工序适当集中。随着数控技术的普及，多品种中小批量生产中，越来越多地使用数控机床，从发展趋势来看，倾向于采用工序集中的方法来组织生产。

### 3.2.5 工序内容设计

#### 1. 设备的选择

确定了工序集中或工序分散的原则后，基本上也就确定了设备的类型。如采用工序集中原则，则宜选用高效自动的加工设备；如采用工序分散原则，则加工设备可较简单。

#### 2. 工艺装备的选择

工艺装备选择的合理与否，将直接影响工件的加工精度、生产效率和经济效益。因此，应根据生产类型、具体加工条件、工件结构特点和技术要求等选择工艺装备。

① 夹具的选择。单件小批生产应首先采用各种通用夹具和机床附件，如卡盘、台虎钳、分度头等；对于大批量生产，为提高生产率应采用专用高效夹具；多品种中、小批生产可采用可调夹具或成组夹具。

② 刀具的选择。一般优先采用标准刀具。若采用工序集中原则，则可采用各种高效的专用刀具、复合刀具和多刃刀具等。刀具的类型、规格和精度等级应符合加工要求。

③ 量具的选择。单件小批生产应广泛采用通用量具，如游标卡尺、百分尺和千分表等；大批量生产应采用极限量块和高效的专用检验夹具和量仪等。量具的精度必须与加工精度相适应。

### 3. 加工余量的确定

（1）加工余量的概念

加工余量是指在加工中被切去的金属层厚度。加工余量有工序余量和总余量之分。

① 工序余量。工序余量是指为完成某一道工序所必须切除的金属层厚度，即相邻两工序的工序尺寸之差。

工序余量有单边余量和双边余量之分，平面加工余量是单边余量，它等于实际切削的金属层厚度；对于外圆和孔等回转表面，工序余量是指双边余量，即以直径方向计算，实际切削的金属层厚度为工序余量数值的一半，如图 3-16 所示。

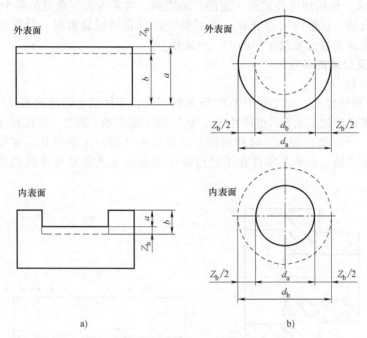

图 3-16 工序余量

a）单边余量 b）双边余量

② 总余量。总余量是指工件由毛坯到成品的整个加工过程中某一表面被切除金属层的总厚度。即

$$Z_总 = Z_1 + Z_2 + \cdots + Z_n \tag{3-3}$$

式中　　$Z_总$——加工总余量；

$Z_1$、$Z_2 \cdots Z_n$——各道工序余量。

（2）加工余量的确定

1）影响加工余量的因素。影响加工余量的因素是多方面的，主要有：

① 前道工序的表面粗糙度 $Ra$ 和表面缺陷层厚度 $D_a$。

② 前道工序的尺寸公差 $T_a$。

③ 前道工序的几何误差 $\rho_a$，如工件表面的弯曲、工件的空间位置误差等。

④ 本工序的安装误差 $\varepsilon_b$。

因此，本工序的加工余量必须满足：

双边余量

$$Z \geqslant 2(Ra + D_a) + T_a + 2|\rho_a + \varepsilon_b| \tag{3-4}$$

单边余量

$$Z \geqslant Ra + D_a + \mathrm{T}_a + |\rho_a + \varepsilon_b| \qquad (3-5)$$

2）加工余量的确定原则及方法。确定加工余量的基本原则是：在保证加工质量的前提下，加工余量越小越好。

在实际工作中，确定加工余量的方法有以下三种：

① 查表法。根据有关手册提供的加工余量数据，再结合本厂生产实际情况加以修正后确定加工余量。这是各工厂广泛采用的方法。

② 经验估计法。根据工艺人员本身积累的经验确定加工余量。一般为了防止余量过小而产生废品，所估计的余量总是偏大。常用于单件、小批量生产。

③ 分析计算法。根据理论公式和一定的试验资料，对影响加工余量的各个因素进行分析、计算来确定加工余量。这种方法较合理，但需要全面可靠的试验资料，计算也较复杂。一般只在材料十分贵重或少数大批量生产的工厂中采用。

**4. 工序尺寸及公差的确定**

（1）工艺尺寸链

1）工艺尺寸链的定义。加工如图 3-17 所示的零件，零件图上标注的设计尺寸为 $A_1$ 和 $A_0$。当用零件的面 1 来定位加工面 3，得尺寸 $A_1$；仍以面 1 定位加工面 2，保证尺寸 $A_2$，于是 $A_1$、$A_2$ 和 $A_0$ 就形成了一个封闭的图形。这种由相互联系的尺寸按一定顺序首尾相接排列成的尺寸封闭图形就称为尺寸链。由单个零件在工艺过程中的有关工艺尺寸所组成的尺寸链，称为工艺尺寸链。

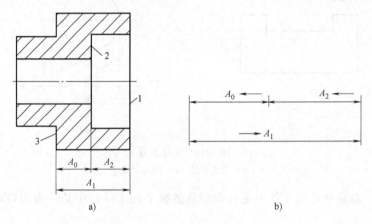

图 3-17　定位套的尺寸联系
a）零件图　b）尺寸链图

通过以上分析可以知道，工艺尺寸链的主要特征是：封闭性和关联性。

封闭性——尺寸链中各个尺寸的排列呈封闭形式，不封闭就不称为尺寸链。

关联性——任何一个直接保证的尺寸及其精度的变化，必将影响间接保证的尺寸和其精度。如上述尺寸链中，$A_1$、$A_2$ 的变化，都将引起 $A_0$ 的变化。

2）工艺尺寸链的组成。组成工艺尺寸链的各个尺寸都称为工艺尺寸链的环。图 3-17 中的尺寸 $A_1$、$A_2$ 和 $A_0$ 都是工艺尺寸链的环。环又可分为封闭环和组成环。

① 封闭环——在加工过程中，间接获得、最后保证的尺寸。如图 3-17 中的 $A_0$ 是间接获得的，为封闭环。每个尺寸链只能有一个封闭环。

② 组成环——除封闭环以外的其他环称为组成环。组成环的尺寸是直接保证的，它又影响到封闭环的尺寸。按其对封闭环的影响又可分为增环和减环。

增环——当其余组成环不变，而该环增大（或减小）使封闭环随之增大（或减小）的环，称为增环。如图 3-17 中的 $A_1$ 即为增环，可标记成 $\overrightarrow{A_1}$。

减环——当其余组成环不变，该环增大（或减小）反而使封闭环减小（或增大）的环，称为减环。如图 3-17 中的尺寸 $A_2$ 即为减环，可标记成 $\overleftarrow{A_2}$。

工艺尺寸链一般都用工艺尺寸链图表示，如图 3-17b 所示。建立工艺尺寸链时，应首先对工艺过程和工艺尺寸进行分析，确定间接保证精度的尺寸，并将其定为封闭环，然后再从封闭环出发，按照零件表面尺寸间的联系，用首尾相接的单向箭头顺序表示各组成环，这种尺寸图就是尺寸链图。根据上述定义，利用尺寸链图即可迅速判断组成环的性质，凡与封闭环箭头方向相同的环即为减环，而凡与封闭环箭头方向相反的环即为增环。

3）工艺尺寸链的计算。工艺尺寸链的计算方法有两种，即极值法和概率法，这里仅介绍生产中常用的极值法。

① 封闭环的基本尺寸：封闭环的基本尺寸等于组成环尺寸的代数和，即

$$A_0 = \sum_{i=1}^{m} \overrightarrow{A_i} - \sum_{j=m+1}^{n} \overleftarrow{A_j} \qquad (3\text{-}6)$$

式中　$A_0$——封闭环的尺寸；

　　　$\overrightarrow{A_i}$——增环的基本尺寸；

　　　$\overleftarrow{A_j}$——减环的基本尺寸；

　　　$m$——增环的环数；

　　　$n$——组成环数。

② 封闭环的极限尺寸：封闭环的最大极限尺寸等于所有增环的最大极限尺寸之和减去所有减环的最小极限尺寸之和；封闭环的最小极限尺寸等于所有增环的最小极限尺寸之和减去所有减环的最大极限尺寸之和。故极值法也称为极大极小法。即

$$A_{0\max} = \sum_{i=1}^{m} \overrightarrow{A_{i\max}} - \sum_{j=m+1}^{n} \overleftarrow{A_{j\min}} \qquad (3\text{-}7)$$

$$A_{0\min} = \sum_{i=1}^{m} \overrightarrow{A_{i\min}} - \sum_{j=m+1}^{n} \overleftarrow{A_{j\max}} \qquad (3\text{-}8)$$

③ 封闭环的上极限偏差 $\mathrm{ES}(A_0)$ 与下极限偏差 $\mathrm{EI}(A_0)$。

封闭环的上极限偏差等于所有增环的上极限偏差之和减去所有减环的下极限偏差之和，即

$$\mathrm{ES}(A_0) = \sum_{i=1}^{m} \mathrm{ES}(\overrightarrow{A_i}) - \sum_{j=m+1}^{n} \mathrm{EI}(\overleftarrow{A_j}) \qquad (3\text{-}9)$$

封闭环的下极限偏差等于所有增环的下极限偏差之和减去所有减环的上极限偏差之和，即

$$\mathrm{EI}(A_0) = \sum_{i=1}^{m} \mathrm{EI}(\overrightarrow{A_i}) - \sum_{j=m+1}^{n} \mathrm{ES}(\overleftarrow{A_j}) \qquad (3\text{-}10)$$

④ 封闭环的公差 $\mathrm{T}(A_0)$：封闭环的公差等于所有组成环公差之和，即

$$\mathrm{T}(A_0) = \sum_{i=1}^{n} \mathrm{T}(A_i) \qquad (3\text{-}11)$$

⑤ 计算封闭环的竖式：封闭环还可列竖式进行解算。解算时应用口诀：增环上下偏差照抄；减环上下偏差对调、反号，如表 3-14 所示。

表 3-14　封闭环的竖式

| 环的类型 | 基本尺寸 | 上偏差　ES | 下偏差　EI |
|---|---|---|---|
| 增环 $\overrightarrow{A_1}$ | $+A_1$ | $ES_{A1}$ | $EI_{A1}$ |
| 增环 $\overrightarrow{A_2}$ | $+A_2$ | $ES_{A2}$ | $EI_{A2}$ |
| 减环 $\overleftarrow{A_3}$ | $-A_3$ | $-EI_{A3}$ | $-ES_{A3}$ |
| 减环 $\overleftarrow{A_4}$ | $-A_4$ | $-EI_{A4}$ | $-ES_{A4}$ |
| 封闭环 $A_0$ | $A_0$ | $ES_{A0}$ | $EI_{A0}$ |

（2）基准重合时工序尺寸及其公差的计算

零件上外圆和内孔的加工多属于这种情况。当表面需经多次加工时，各工序的加工尺寸及公差取决于各工序的加工余量及所采用加工方法的经济加工精度，计算的顺序是由最后一道工序向前推算。计算步骤为：

① 确定毛坯总余量和工序余量。

② 确定工序尺寸及公差。最终工序尺寸公差等于设计尺寸公差，其余工序公差按经济精度确定。求工序基本尺寸，从零件图上的设计尺寸开始，一直往前推算到毛坯尺寸，某工序基本尺寸等于后道工序基本尺寸加上或减去后道工序余量。

③ 标注工序尺寸公差。最后一道工序的公差按设计尺寸标注，其余工序尺寸公差按入体原则标注。

【例 3-1】 某主轴箱体主轴孔的设计要求为 $\phi100H7$，$Ra = 0.8\mu m$。其加工工艺路线为：毛坯—粗镗—半精镗—精镗—浮动镗。试确定各工序尺寸及其公差。

解：从机械工艺手册查得各工序的加工余量和所能达到的精度，具体数值见表 3-15 中的第二、三列，计算结果见表 3-15 中的第四、五列。

表 3-15　主轴孔工序尺寸及公差的计算

| 工序名称 | 工序余量 | 工序的经济精度 | 工序基本尺寸 | 工序尺寸及公差 |
|---|---|---|---|---|
| 浮动镗 | 0.1 | H7($^{+0.035}_{0}$) | 100 | $\phi100^{+0.035}_{0}$，$Ra = 0.8\mu m$ |
| 精镗 | 0.5 | H9($^{+0.087}_{0}$) | 100 - 0.1 = 99.9 | $\phi99^{+0.087}_{0}$，$Ra = 1.6\mu m$ |
| 半精镗 | 2.4 | H11($^{+0.22}_{0}$) | 99.9 - 0.5 = 99.4 | $\phi99.4^{+0.22}_{0}$，$Ra = 6.3\mu m$ |
| 粗镗 | 5 | H13($^{+0.054}_{0}$) | 99.4 - 2.4 = 97 | $\phi97^{+0.054}_{0}$，$Ra = 12.5\mu m$ |
| 毛坯孔 | 8 | (±1.2) | 97 - 5 = 92 | $\phi92\pm1.2$ |

（3）基准不重合时工序尺寸及其公差的计算

1）测量基准与设计基准不重合时工序尺寸及其公差的计算。在加工中，有时会遇到某些加工表面的设计尺寸不便测量，甚至无法测量的情况，为此需要在工件上另选一个容易测量的测量基准，通过对该测量尺寸的控制来间接保证原设计尺寸的精度。这就产生了测量基准与设计基准不重合时，测量尺寸及公差的计算问题。

【例 3-2】 如图 3-18a 所示零件，两个端面已加工完毕，加工孔底面 $C$ 时，要保证尺寸 $16^{0}_{-0.35}mm$，因该尺寸不便于测量，只好测量图 3-18b 中 $A_1$ 来间接保证，试确定测量尺寸 $A_1$。

解：① 列出尺寸链图。根据题意画出尺寸链图，如图 3-17b 所示。尺寸 $16^{0}_{-0.35}mm$ 是在加工中间接保证的尺寸，为封闭环，即 $A_0 = 16^{0}_{-0.35}mm$；判断各组成环的增、减性，各组成环中 $A_1$ 为减环，$A_2 = 60^{0}_{-0.17}mm$ 为增环。

② 计算。

$A_1$ 基本尺寸

$$A_0 = A_2 - A_1$$

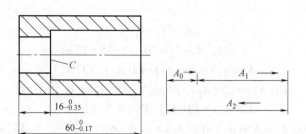

图 3-18　测量基准与设计基准不重合时工序尺寸计算
a）零件图　b）尺寸链图

则
$$A_1 = A_2 - A_0 = 60 - 16 = 44 \text{mm}$$

$A_1$ 的偏差
$$\text{ES}(A_0) = \text{ES}(A_2) - \text{EI}(A_1)$$

则
$$\text{EI}(A_1) = \text{ES}(A_2) - \text{ES}(A_0) = 0 - 0 = 0$$

$$\text{EI}(A_0) = \text{EI}(A_2) - \text{ES}(A_1)$$

则
$$\text{ES}(A_1) = \text{EI}(A_2) - \text{EI}(A_0) = (-0.17) - (-0.35) = +0.18 \text{mm}$$

$A_1$ 的公差
$$\text{T}(A_0) = \text{T}(A_2) + \text{T}(A_1)$$

则
$$\text{T}(A_1) = \text{T}(A_0) - \text{T}(A_2) = 0.35 - 0.17 = 0.18 \text{mm}$$

③ 结论。$A_1$ 的尺寸为 $44^{+0.18}_{0}$ mm。

2）定位基准与设计基准不重合时工序尺寸及其公差的计算。零件采用调整法加工时，如果加工表面的定位基准与设计基准不重合，就要进行尺寸换算，重新标注工序尺寸。

【例 3-3】　如图 3-19a 所示零件，除 $B$ 面及 $\phi$40H7 孔未加工外，其余各表面均已加工完成。现以 $A$ 面为定位基准，欲采用调整法加工 $B$ 面及 $\phi$40H7 孔，加工时需保证 $25^{0}_{-0.15}$ mm 的尺寸精度，试确定尺寸 $L_3$。

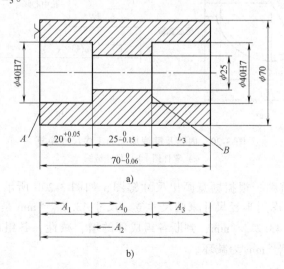

图 3-19　定位基准与设计基准不重合时工序尺寸计算
a）零件图　b）尺寸链图

　　**解：**① 列出尺寸链图。根据题意画出尺寸链图，如图 3-19b 所示。尺寸 $25^{0}_{-0.15}$ mm 是在加工中间接保证的尺寸，为封闭环，即 $A_0 = 25^{0}_{-0.15}$ mm；判断各组成环的增、减性，各组成环中 $A_1 = 20^{+0.05}_{0}$ mm、$A_3 = L_3$ 为减环，$A_2 = 70^{0}_{-0.06}$ mm 为增环。

② 计算。

$L_3$ 基本尺寸
$$A_0 = A_2 - A_1 - A_3$$

则
$$A_3 = A_2 - A_1 - A_0 = 70 - 20 - 25 = 25\text{mm}$$

$L_3$ 的偏差
$$\text{ES}(A_0) = \text{ES}(A_2) - \text{EI}(A_1) - \text{EI}(A_3)$$

则
$$\text{EI}(A_3) = \text{ES}(A_2) - \text{EI}(A_1) - \text{ES}(A_0) = 0 - 0 - 0 = 0$$

$$\text{EI}(A_0) = \text{EI}(A_2) - \text{ES}(A_1) - \text{ES}(A_3)$$

则
$$\text{ES}(A_3) = \text{EI}(A_2) - \text{ES}(A_1) - \text{EI}(A_0) = (-0.06) - 0.05 - (-0.15) = +0.04\text{mm}$$

$L_3$ 的公差
$$\text{T}(A_0) = \text{T}(A_2) + \text{T}(A_1) + \text{T}(A_3)$$

则
$$\text{T}(A_3) = \text{T}(A_0) - \text{T}(A_2) - \text{T}(A_1) = 0.15 - 0.06 - 0.05 = 0.04\text{mm}$$

③ 结论。$L_3$ 的尺寸为 $25^{+0.04}_{0}\text{mm}$。

（4）从尚需继续加工的表面上标注的工序尺寸计算

**【例3-4】** 如图3-20所示为齿轮内孔的局部简图，设计要求为：孔径 $\phi 40^{+0.06}_{0}\text{mm}$，键槽深度尺寸为 $43.2^{+0.36}_{0}\text{mm}$，其加工顺序为：

1）镗内孔至 $\phi 39.6^{+0.10}_{0}\text{mm}$。

2）插键槽至尺寸 $L_1$。

3）淬火处理。

4）磨内孔，同时保证内孔直径 $\phi 40^{+0.06}_{0}\text{mm}$ 和键槽深度 $43.2^{+0.36}_{0}\text{mm}$。

试确定插键槽的工序尺寸 $L_1$。

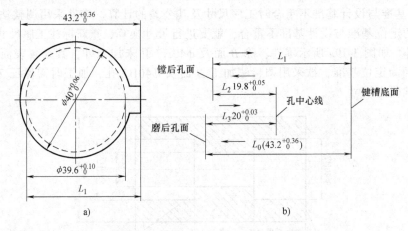

图 3-20　内孔及键槽加工的工序尺寸换算

a）零件图　b）尺寸链图

**解：** ① 列出尺寸链图。根据题意画出尺寸链图，如图3-20b所示。需要注意的是，当有直径尺寸时，一般应考虑用半径尺寸来画尺寸链。尺寸 $43.2^{+0.36}_{0}\text{mm}$ 是在加工中间接保证的尺寸，为封闭环，即 $L_0 = 43.2^{+0.36}_{0}\text{mm}$；判断各组成环的增、减性，各组成环中 $L_1$、$L_3 = 20^{+0.03}_{0}$ mm 为增环，$L_2 = 19.8^{+0.05}_{0}\text{mm}$ 为减环。

② 计算。

$L_1$ 基本尺寸
$$L_0 = L_1 + L_3 - L_2$$

则
$$L_1 = L_2 + L_0 - L_3 = 19.8 + 43.2 - 20 = 43\text{mm}$$

$L_1$ 的偏差
$$\text{ES}(L_0) = \text{ES}(L_1) + \text{ES}(L_3) - \text{EI}(L_2)$$

则
$$\text{ES}(L_1) = \text{EI}(L_2) + \text{ES}(L_0) - \text{ES}(L_3) = 0 + 0.36 - 0.03 = +0.33\text{mm}$$

$$\text{EI}(L_0) = \text{EI}(L_1) + \text{EI}(L_3) - \text{ES}(L_2)$$

则 $\qquad$ $\mathrm{EI}(L_1) = \mathrm{ES}(L_2) + \mathrm{EI}(L_0) - \mathrm{EI}(L_3) = 0.05 + 0 - 0 = +0.05\mathrm{mm}$

$L_1$ 的公差 $\qquad$ $\mathrm{T}(L_0) = \mathrm{T}(L_1) + \mathrm{T}(L_2) + \mathrm{T}(L_3)$

则 $\qquad$ $\mathrm{T}(L_1) = \mathrm{T}(L_0) - \mathrm{T}(L_2) - \mathrm{T}(L_3) = 0.36 - 0.05 - 0.03 = 0.28\mathrm{mm}$

③ 结论。$L_1$ 的尺寸为 $43^{+0.33}_{+0.05}\mathrm{mm}$。

④ 利用封闭环的竖式计算 $L_1$，结果见表 3-16。

表 3-16 封闭环的竖式

| 环的类型 | 基本尺寸 | 上偏差 ES | 下偏差 EI |
|---|---|---|---|
| 增环 $L_1$ | 43 | +0.33 | +0.05 |
| 增环 $L_3$ | 20 | +0.03 | 0 |
| 减环 $L_2$ | −19.8 | 0 | −0.05 |
| 封闭环 $L_0$ | 43.2 | +0.36 | 0 |

（5）保证渗氮、渗碳层深度的工艺计算

【例 3-5】 一批圆轴如图 3-21 所示，其加工过程为：车外圆至 $\phi 20.6^{\ 0}_{-0.04}\mathrm{mm}$；渗碳淬火；磨外圆至 $\phi 20^{\ 0}_{-0.02}\mathrm{mm}$。试计算保证磨后渗碳层深度为 $0.7 \sim 1.0\mathrm{mm}$ 时，渗碳工序的渗入深度及其公差。

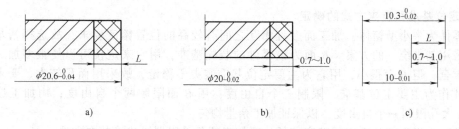

图 3-21 保证渗碳层深度的工艺计算
a）渗碳 b）磨外圆 c）尺寸链图

解：① 列出尺寸链图。根据题意画出尺寸链图，如图 3-21c 所示。磨后保证的渗碳层深度 $0.7 \sim 1.0\mathrm{mm}$，即 $0.7^{+0.3}_{\ 0}\mathrm{mm}$ 是间接获得的尺寸，为封闭环；判断各组成环的增、减性，各组成环中渗碳工序的渗入深度 $L$、$10^{\ 0}_{-0.01}\mathrm{mm}$ 为增环，$10.3^{\ 0}_{-0.02}\mathrm{mm}$ 为减环。

② 计算。

由 $0.7 = L + 10 - 10.3$，得 $L = 1\mathrm{mm}$。

由 $0.3 = \mathrm{ES}(L) + 0 - (-0.02)$，得 ES $(L) = 0.28\mathrm{mm}$。

由 $0 = \mathrm{EI}(L) + (-0.01) - 0$，得 EI $(L) = 0.01\mathrm{mm}$。

③ 结论。$L$ 的尺寸为 $1^{+0.28}_{+0.01}\mathrm{mm}$。

## 3.3 案例的决策与执行

### 1. 零件图的工艺分析

如图 3-1 所示，该零件为某机床的变速箱壳体，其外形尺寸为 $360\mathrm{mm} \times 325\mathrm{mm} \times 108\mathrm{mm}$，属于小型箱体零件，内腔无加强肋，结构较简单，孔多壁薄，刚度较差。其主要加工面和加工要求如下：

（1）三组平行孔系

三组平行孔用来安装轴承，因此都有较高的尺寸精度（IT7）和几何精度（圆度 $0.012\mathrm{mm}$）要求，表面粗糙度为 $Ra1.6\mu\mathrm{m}$，彼此之间的孔距精度为 $\pm 0.1\mathrm{mm}$。

（2）端面 $A$

端面 $A$ 是与其他相关部件联结的结合面，表面粗糙度为 $Ra1.6\mu m$，三组孔均要求与 $A$ 面垂直，公差为 $0.02mm$。

（3）基准面 $B$

在变速箱壳体两侧中段分别有两块面积不大的安装面 $B$，它是该零件的装配基准。为了保证齿轮传动精度的准确性，$B$ 面要求与 $A$ 面垂直，其垂直度允许误差为 $0.01mm$，与 $\phi146mm$ 大孔中心距离为 $124\pm0.05mm$，表面粗糙度为 $Ra3.2\mu m$。

（4）其他表面

除上述主要表面外，还有与 $A$ 面相对的 $D$ 面、$R88mm$ 扇形缺圆孔及 $B$ 面上的安装小孔等。

该零件结构简单，工艺性好。

**2. 毛坯选择**

该零件材料为 ZL106（铸造铝合金），毛坯为铸件。在小批生产类型下，考虑到零件结构比较简单，所以采用木模手工造型的方法生产毛坯。铸件精度较低，铸孔留的余量较多而且不均匀。ZL106 材料硬度较低，可加工性较好，但在切削过程中易产生积屑瘤，影响加工表面质量。

**3. 定位基准和装夹方式的确定**

该零件为一小型箱体，加工面多且相互之间有较高的位置精度要求，故选择精基准时首先考虑采用基准统一的方案。$B$ 面为该零件的装配基准，用它来定位可以使很多加工要求实现基准重合，但 $B$ 面很小，用它为主要定位基准装夹不稳定，故采用面积较大、要求也较高的端面 $A$ 作为主要定位基准，限制三个自由度；用 $B$ 面限制两个自由度；用加工过程中的 $\phi146mm$ 大孔限制一个自由度，以保证加工余量均匀。

考虑到小批生产和毛坯的精度较低，粗加工部分采用划线找正装夹方法。

为了保证加工面和不加工面有一正确的位置及孔加工余量均匀，根据粗基准选择原则，选不加工的 $C$ 面和两个相距较远的毛坯孔为粗基准，并通过划线找正的方法来兼顾到其他各加工面的余量分布。

**4. 工艺路线的拟定**

（1）选择表面加工方法

该工件材料为有色金属，而且孔的尺寸精度要求较高，故孔加工采用粗镗→半精镗→精镗的加工方案；平面加工采用粗铣→精铣的加工方案。

（2）加工阶段的划分和工序集中的程度

该工件要求较高，刚度较差，加工应划分为粗加工、半精加工和精加工三个阶段。在粗加工和半精加工阶段，平面和孔交替反复加工，逐步提高精度。孔系位置精度要求高，三孔宜集中在一道工序一次装夹下加工出来，其他平面的加工也应适当集中。

（3）工序顺序的安排

根据"先基面，后其他"的原则，开始先将上述定位基准加工出来。根据"先面后孔"的原则，在每个加工阶段均应先加工平面，再加工孔。因为平面加工时系统刚度较好，精加工阶段可以不再加工平面。最后适当安排次要表面（如小孔、扇形窗口等）的加工和热处理、检验等工序。

表 3-17 所示为该零件的机械加工工艺路线单。

**5. 工序内容的设计**

工序内容的设计包括选择机床和工装、加工余量以及工序尺寸的确定、切削用量和工时定额的确定、刀具的确定等。

表 3-17　机械加工工艺路线单

| 机械加工工艺路线单 | | 产品名称 | 零件名称 | 材料 | | 零件图号 |
|---|---|---|---|---|---|---|
| | | | | ZL106 | | |
| 工序号 | 工种 | 工序内容 | | 夹具 | 使用设备 | 工时 |
| 10 | 铸 | 铸造 | | | | |
| 20 | 热处理 | | | | | |
| 30 | 钳工 | 划线。以 $\phi146mm$、$\phi80mm$ 两孔为基准,适当兼顾轮廓,画出各平面和孔的位置 | | | | |
| 40 | 铣 | 按线找正,粗铣 $A$ 面及 $D$ 面 | | | | |
| 50 | 铣 | $A$ 面定位,按线找正,粗铣安装面 $B$ | | | | |
| 60 | 钳工 | 划三孔及 $R88mm$ 扇形缺圆窗口线 | | | | |
| 70 | 镗 | 按线找正,粗镗三孔及 $R88mm$ 扇形缺圆孔 | | | | |
| 80 | 铣 | 铣 $D$ 面上缺圆窗口 | | | | |
| 90 | 铣 | 精铣 $A$ 面及 $D$ 面 | | | | |
| 100 | 铣 | 精铣 $B$ 面 | | | | |
| 110 | 钻 | 钻壳体端盖螺钉孔及 $B$ 面安装孔 | | | | |
| 120 | 镗 | 半精镗三孔 | | | | |
| 130 | 漆工 | 内腔涂黄色漆 | | | | |
| 140 | 镗 | 精镗三孔达图样要求 | | | | |
| 150 | 检验 | 按图样要求检验入库 | | | | |
| 编制 | | 审核 | 批准 | 年　月　日 | 共　页 | 第　页 |

# 3.4　机械加工质量分析

## 3.4.1　机械加工精度

机械产品的工作性能和使用寿命,总是与组成产品的零件的加工质量和产品的装配精度直接相关。因此,零件的加工质量对产品工作性能和使用寿命的影响很大。零件的加工质量一般用加工精度和加工表面质量两个指标表示。

### 1.加工精度的概念

机械加工精度是指零件加工后的实际几何参数(尺寸、形状和表面间的相互位置)与理想几何参数的符合程度。工件的加工精度包括尺寸精度、几何形状精度和相互位置精度三个方面。实际几何参数与理想几何参数的偏离程度称为加工误差,加工误差越小,加工精度就越高。

### 2.获得加工精度的方法

(1)工件获得尺寸精度的方法

机械加工中获得工件尺寸精度的方法,主要有以下几种:

①试切法。试切法通过"试切—测量—调整—再试切"方法,反复进行直到达到要求的尺寸精度为止。试切法达到的精度可能很高,它不需要复杂的装置,但这种方法费时(需作多次调整、试切、测量和计算),效率低,依赖工人的技术水平和计量器具的精度,质量不稳定,所以只用于单件小批生产。

②调整法。根据样件或试切工件的尺寸,预先调整好机床、夹具、刀具和工件的准确相对位置,用以保证工件的尺寸精度。因为尺寸事先调整到位,所以加工时,不用再试切,尺寸自动获得,并在一批零件加工过程中保持不变,这就是调整法。调整法比试切法的加工精度稳定性好,有较高的生产率,对机床操作工的技术水平要求不高,但对机床调整工的技术水平要求高,常用于成批生产和大量生产。

③定尺寸法。用刀具的相应尺寸来保证工件被加工部位尺寸的方法称为定尺寸法。定尺

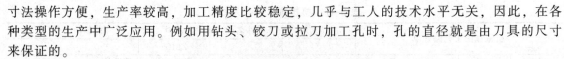

寸法操作方便，生产率较高，加工精度比较稳定，几乎与工人的技术水平无关，因此，在各种类型的生产中广泛应用。例如用钻头、铰刀或拉刀加工孔时，孔的直径就是由刀具的尺寸来保证的。

④ 自动控制法。通过由测量装置、进给装置和切削机构以及控制系统等组成的自动加工系统，把加工过程中的尺寸测量、刀具调整和切削加工等工作自动完成，从而获得所需的尺寸精度。例如，在数控机床上加工时，通过测量装置、数控装置和伺服驱动机构，控制刀具相对工件的位置，从而保证工件的尺寸精度。

（2）获得形状精度的方法

① 轨迹法。依靠刀尖的运动轨迹获得形状精度的方法称为轨迹法，也称刀尖轨迹法。即让刀具相对于工件做有规律的运动，以其刀尖轨迹获得所要求的表面几何形状。刀尖的运动轨迹取决于刀具和工件的相对成形运动，因而所获得的形状精度取决于成形运动的精度。如图3-22所示为车圆锥面。

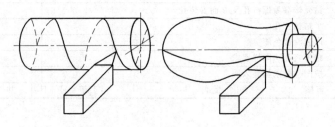

图 3-22　轨迹法

② 成形法。利用成形刀具对工件进行加工的方法称为成形法。即用成形刀具取代普通刀具，成形刀具的切削刃就是工件外形。成形刀具替代一个成形运动。成形法可以简化机床或切削运动，提高生产率。成形法所获得的形状精度取决于成形刀具的形状精度和其他成形运动的精度。如图3-23所示为用成形法车球面。

③ 展成法（范成法）。利用工件和刀具做展成切削运动进行加工的方法称为展成法。利用展成法加工所得的被加工表面是切削刃和工件做展成运动过程中所形成的包络面，切削刃形状必须是被加工表面的共轭曲线。展成法所获得的形状精度取决于切削刃的形状和展成运动的精度。例如，滚齿加工、插齿加工均属于展成法加工。

（3）获得位置精度的方法

① 一次安装法。一次安装法是指有位置精度要求的零件各有关表面在同一次装夹中完成并保证

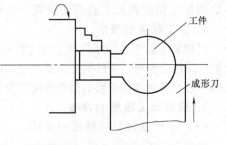

图 3-23　成形法

精度要求。如轴类零件外圆与端面的垂直度；箱体孔系中各孔之间的平行度、垂直度；同一轴线上各孔的同轴度等。

② 多次安装法。这种安装方法的零件各有关表面的位置精度是由加工表面与工件定位基准面之间的位置精度决定的。如轴类零件键槽对外圆的对称度；箱体平面与平面之间的平行度、垂直度等。多次安装法根据工件装夹方式的不同又分为直接找正法、划线找正法和夹具安装法三种。

**3. 影响加工精度的主要因素**

机械加工误差是指零件加工后的实际几何参数（几何尺寸、几何形状和相互位置）与理

想几何参数之间偏差的程度。

在机械加工中，由机床、夹具、刀具和工件组成的工艺系统在完成任何一个加工过程时，将有许多原始误差影响零件的加工精度。例如，机床的几何误差、夹具和刀具的制造及磨损误差、工件的装夹误差、测量误差、加工中的各种力和切削热所引起的误差等。这些误差可分为两部分：一部分与工艺系统本身的结构和状态有关；另一部分与切削过程有关。按照这些误差的性质将其归纳为四个方面。

（1）工艺系统的几何误差

工艺系统的几何误差主要包括加工原理误差、机床的几何误差及工艺系统的其他误差（刀具误差、夹具误差、装夹误差、测量误差及调整误差等）。

1）加工原理误差。加工原理误差是指采用了近似的刀刃轮廓或近似的传动关系进行加工而产生的误差。如车削模数蜗杆时，由于蜗杆的螺距等于蜗轮的周节（即 $m\pi$），其中 $m$ 是模数，而 $\pi$ 是一个无理数，但是车床的配换齿轮的齿数是有限的，选择配换齿轮时只能将 $\pi$ 化为近似的小数值（$\pi = 3.1415$）计算，这就将引起刀具运动对于工件成形运动（螺旋运动）的不准确，造成螺距误差。

2）机床的几何误差。机床的几何误差是通过各种成形运动反映到加工表面的。机床的成形运动主要包括两大类，即主轴的回转运动和移动件的直线运动。因而分析机床的几何误差主要包括主轴的回转运动误差、导轨导向误差和传动链误差三种。

① 主轴的回转运动误差。主轴的回转运动误差是指主轴实际回转轴线相对于理论回转轴线的偏移误差。由于主轴部件在制造、装配和使用中受各种因素的影响，会使主轴产生回转运动误差，其误差形式可以分解为：轴向窜动、径向跳动和角度摆动三种，如图 3-24 所示。

如图 3-25a 所示为主轴回转误差切向分量对加工精度的影响，如图 3-25b 所示为主轴回转

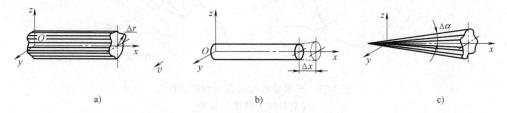

图 3-24　主轴回转运动误差的基本形式
a）轴向窜动　b）径向跳动　c）角度摆动

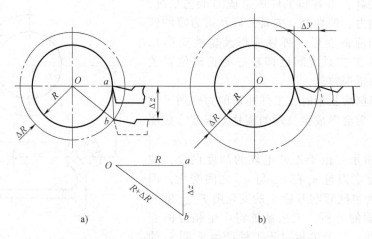

图 3-25　主轴回转误差对加工精度的影响
a）切向分量的影响　b）法向分量的影响

误差法向分量对加工精度的影响。可见法向分量对加工精度的影响更大，该方向为误差敏感方向。

② 机床导轨误差。导轨在机床中起导向和承载作用。它既是确定机床某些主要部件相对位置的基准，也是运动的基准。导轨的各项误差直接影响零件的加工精度。

如图 3-26、图 3-27 所示分别为车床导轨在水平面内、垂直面内直线度误差对加工精度的影响；如图 3-28 所示为车床导轨平行度误差对加工精度的影响。

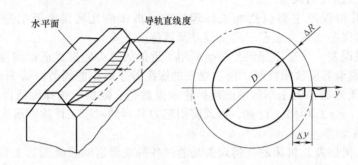

图 3-26　车床导轨在水平面内直线度误差对加工精度的影响

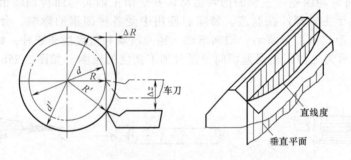

图 3-27　车床导轨在垂直平面内直线度
误差对加工精度的影响

（2）工艺系统受力变形引起的误差

由机床、夹具、刀具和工件所组成的工艺系统，在切削力、传动力、惯性力、夹紧力以及重力等的作用下，会产生相应的变形（弹性变形及塑性变形）。这种变形将破坏工艺系统间已调整好的正确位置关系，从而产生加工误差。

例如，在车削细长轴时，工件在切削力作用下的弯曲变形，加工后会形成腰鼓形的圆柱度误差，如图3-29 所示。

如图 3-30 所示，由于工件毛坯的圆度误差，使车削时刀具的背吃刀量 $a_p$ 在 $a_{p1}$ 与 $a_{p2}$ 之间变化，因此，切削分力 $F_p$ 也随背吃刀量 $a_p$ 的变化由 $F_{p\,max}$ 变到 $F_{p\,min}$。根据前面的分析，工艺系统将产生相应的变形，即由 $y_1$ 变到 $y_2$（刀尖相对于工件产生 $y_1$ 到 $y_2$ 的位移），这样就形成了被加工表面的圆度误差。这种

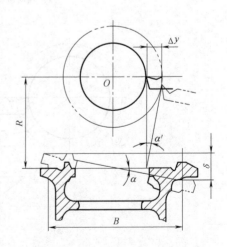

图 3-28　车床导轨面间平行度误差
对加工精度的影响

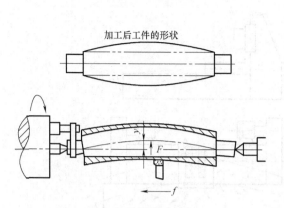

图 3-29 细长轴车削时的受力变形

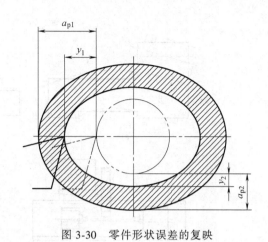

图 3-30 零件形状误差的复映

现象称为误差复映。

如图 3-31 所示为夹紧力引起的加工误差。用自定心卡盘夹紧薄壁套筒（见图 3-31a），夹紧后工件呈三棱形（见图 3-31b），车出的孔为圆形（见图 3-31c），当松开后套筒弹性变形恢复，孔就形成了三棱形（见图 3-31d）。所以在加工时应在套筒外面加上一个厚壁的开口过渡套（见图 3-31e）或采用专用夹头，使夹紧力均匀地分布在套筒上（见图 3-31f）。

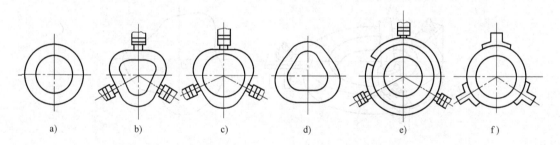

图 3-31 夹紧力引起的加工误差

a）零件 b）三爪夹紧 c）车孔 d）工件变形 e）过渡套装夹 f）专用夹头装夹

（3）工艺系统热变形所引起的误差

在机械加工过程中，工艺系统在各种热源的影响下，常产生复杂的变形，破坏工艺系统间的相对位置精度，造成了加工误差。据统计，在某些精密加工中，由于热变形引起的加工误差约占总加工误差的 40%~70%。热变形不仅降低了系统的加工精度，而且还影响加工效率的提高。

如图 3-32 所示，列举了几种常用机床的热变形趋势。

如图 3-33 所示为薄圆环磨削，虽然近似均匀受热，但是磨削时磨削热量大，而且工件质量小，温升高，在夹压处散热条件较好，该处温度较其他部分低，因此加工完毕工件冷却后，会出现棱圆形的圆度误差。

（4）工件内应力所引起的误差

工件内应力所引起的误差包括零件的毛坯制造和切削加工中的内应力所引起的误差。具有内应力的工件，处于一种不稳定的状态中，其内部组织不断地进行变化，直到内应力消失为止。在内应力变化的过程中，零件的形状也逐渐地变化，原有的加工精度会逐渐地丧失。

如图 3-34 所示为车床床身内应力引起的变形情况。铸造时，床身导轨表面及床腿面冷却

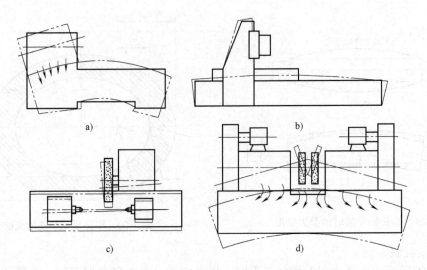

图 3-32　几种机床的热变形趋势
a）车床　b）平面磨床　c）外圆磨床　d）双端面磨床

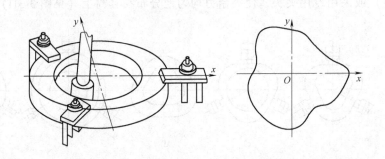

图 3-33　薄圆环磨削时热变形的影响

速度较快，中间部分冷却速度较慢，因此形成了上下表层受压应力、中间部分受拉应力的状态。当将导轨表面铣或刨去一层金属时，内应力将重新分布和平衡，整个床身将产生弯曲变形。

**4. 加工误差综合分析**

（1）加工误差的性质

各种单因素的加工误差，按其统计规律的不同，可分为系统性误差和随机性误差两大类。系统性误差又分为常值系统误差和变值系统误差两种。

1）系统性误差

① 常值系统误差。顺次加工一批工件后，其大小和方向保持不变的误差称为常值系统误差。例如，加工原理误差和机床、夹具、刀具的制造误差等，都是常值系统误差。此外，机床、夹具和量具的磨损速度较慢，在一定时间内也可看作是常值系统误差。

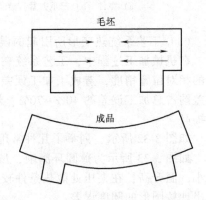

图 3-34　床身因内应力
引起的变形

② 变值系统误差。在顺次加工一批工件中，其大小和方向按一定的规律变化的误差称为变值系统误差。例如，机床、夹具和刀具等在热平衡前的热变形误差和刀具的磨损等，都是变值系统误差。

2）随机性误差。当顺次加工一批工件时，出现的大小和方向不同且无规律变化的加工误差称为随机性误差。例如，毛坯误差（余量大小不一、硬度不均匀等）的复映、定位误差（基准面精度不一、间隙影响）、夹紧误差（夹紧力大小不一）、多次调整的误差、残余应力引起的变形误差等，都是随机性误差。

随机性误差从表面看来似乎没有什么规律，但是应用数理统计的方法可以找出一批工件加工误差的总体规律，然后在工艺上采取措施来加以控制。

（2）加工误差的分析方法

① 分析计算法。这种方法是先把许多误差因素分解开来使其成为单个因素的影响，我们称为单元误差，然后计算这些单元误差，最后把许多单元误差按照叠加原理计算出总误差。

分析计算法主要用于确定单项规律性原始误差所造成的加工误差。

② 统计分析法。统计分析法是以生产现场内对许多工件进行检查的数据为基础，运用数理统计的方法从中找出规律性的东西，进而获得解决问题的途径。

机械加工中采用的统计分析法有两种，即分布曲线法和点图法。

统计分析法不但可以用来研究规律性误差，也可以用来研究随机性误差，并能在加工过程中提出改进工艺过程的有效措施。

③ 综合法。这种方法是用分析计算法和统计分析法结合起来研究加工误差的方法。

## 3.4.2 机械加工表面质量

### 1. 机械加工表面质量的含义

机械加工表面质量是指零件经过机械加工后的表面层状态，主要包含两方面内容：

（1）表面层的几何形状特征

表面层的几何形状特征如图3-35所示，主要由以下几部分组成：

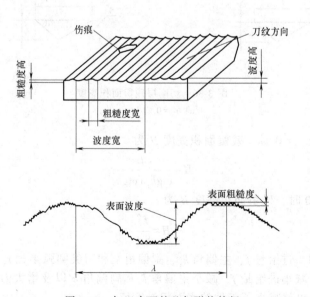

图 3-35 加工表面的几何形状特征

① 表面粗糙度。它是指加工表面上较小间距和峰谷所组成的微观几何形状特征，即加工

表面的微观几何形状误差。

② 表面波度。它是介于宏观形状误差与微观表面粗糙度之间的周期性形状误差，主要是由机械加工过程中低频振动引起的，应作为工艺缺陷设法消除。

③ 表面加工纹理。它是指表面切削加工时刀纹的形状和方向，取决于表面形成过程中所采用的机械加工方法及其切削运动的规律。

④ 伤痕。它是指在加工表面个别位置上出现的缺陷，如砂眼、气孔、裂痕、划痕等，它们大多随机分布。

（2）表面层的物理力学性能

表面层的物理力学性能主要指以下三个方面的内容：

① 表面层的加工冷作硬化。

② 表面层金相组织的变化。

③ 表面层的残余应力。

**2. 影响机械加工表面质量的工艺因素**

（1）影响工件表面粗糙度的工艺因素

在切削加工过程中，影响已加工表面表面粗糙度的因素主要包括几何因素、物理因素和加工中工艺系统的振动。下面以车削为例来说明。

1）几何因素。切削加工时表面粗糙度的值主要取决于切削层的残留面积高度，如图3-36所示为车削加工时切削层的残留面积高度。

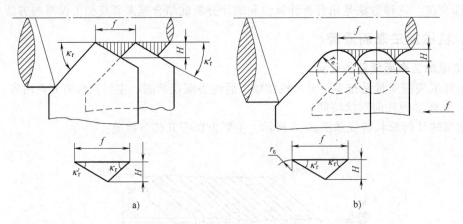

a)　　　b)

图 3-36　切削层残留面积高度

a）$r_\varepsilon = 0$　b）$r_\varepsilon > 0$

当刀尖圆弧半径 $r_\varepsilon = 0$ 时，残留面积高度 $H$ 为

$$H = \frac{f}{\mathrm{ctg}k_r + \mathrm{ctg}k_r'} \tag{3-12}$$

当刀尖圆弧 $r_\varepsilon > 0$ 时，残留面积高度 $H$ 为

$$H = \frac{f^2}{8r_\varepsilon} \tag{3-13}$$

从上面两式可知，进给量 $f$、主偏角 $k_r$、副偏角 $k_r'$ 和刀尖圆弧半径 $r_\varepsilon$ 对切削加工时表面粗糙度的值影响较大。减小进给量 $f$、减小主偏角 $k_r$ 和副偏角 $k_r'$ 以及增大刀尖圆弧半径 $r_\varepsilon$ 都能减小残留面积高度 $H$，也就减小了工件的表面粗糙度值。

2）物理因素。在切削加工过程中，刀具对工件的挤压和摩擦使金属材料发生塑性变形，引起原有的残留面积扭曲或沟纹加深，增大表面粗糙度值。当采用中等或中等偏低的切削速度切削塑性材料时，在前刀面上容易形成硬度很高的积屑瘤，它可以代替刀具进行切削，但状态极不稳定，积屑瘤的生成、长大和脱落都将严重影响加工表面的表面粗糙度值。另外，当采用较低的切削速度切削塑性材料时，由于切屑和前刀面的强烈摩擦作用以及撕裂现象，有可能在加工表面上产生鳞刺，使加工表面的表面粗糙度值增加。

3）动态因素——振动的影响。在切削加工过程中，工艺系统有时会发生振动，即在刀具与工件间出现的除切削运动之外的另一种周期性的相对运动。振动的出现会使加工表面出现波纹，增大加工表面的表面粗糙度值，强烈的振动还会使切削无法继续下去。

除上述因素外，造成已加工表面粗糙不平的原因还有被切屑拉毛和划伤等。

4）降低工件表面粗糙度值的一般措施：

① 刀具方面。为了减少残留面积，刀具应采用较大的刀尖圆弧半径、较小的主偏角 $k_r$ 和副偏角 $k_r'$ 或合适（$k_r' = 0$）的修光刃或宽刃的精刨刀、精车刀等。选用与工件材料适应性好的刀具材料，避免使用磨损严重的刀具，这些均有利于减小表面粗糙度值。

② 工件材料方面。在工件材料性质中，对加工表面粗糙度影响较大的是材料的塑性和金相组织。对于塑性大的低碳钢、低合金钢材料，应预先进行正火处理以降低塑性，切削加工后能得到较小的表面粗糙度值。工件材料应有适宜的金相组织（包括状态、晶粒度大小及分布）。

③ 切削条件方面。以较高的切削速度切削塑性材料可以抑制鳞刺和积屑瘤的产生；减小进给量、采用高效切削液、增强工艺系统刚度以及提高机床的动态稳定性等都可获得好的表面质量。

④ 加工方法方面。主要是采用精密、超精密和光整加工方法。

（2）影响工件表面层物理力学性能的工艺因素

1）表面层残余应力。在机械加工中，当工件表面层组织发生变化时，在表面层及其与基体材料的交界处就会产生互相平衡的弹性应力，这种应力就是表面层的残余应力。产生表面残余应力的原因主要有：

① 冷态塑性变形引起的残余应力。在切削加工时，加工表面在切削力的作用下产生强烈的塑性变形，表层金属的比容增大，体积膨胀，但受到与它相连的里层金属的阻止，从而在表层产生了残余压应力，在里层产生了残余拉应力。当刀具在被加工表面上切除金属时，由于受后刀面的挤压和摩擦作用，表层金属纤维被严重拉长，但仍会受到里层金属的阻止，从而在表层产生残余压应力，在里层产生残余拉应力。

② 热态塑性变形引起的残余应力。在切削加工时，大量的切削热会使加工表面产生热膨胀，由于基体金属的温度较低，会对表层金属的膨胀产生阻碍作用，因此表层产生热态压应力。当加工结束后，表层金属温度下降要进行冷却收缩，但受到基体金属的阻止，从而在表层产生残余拉应力，里层产生残余压应力。

③ 金相组织变化引起的残余应力。在切削或磨削加工过程中，加工时产生的高温会引起表面层金属的相变。由于不同的金相组织有不同的比重，表面层金相变化的结果造成了体积的变化。当表面层金属体积膨胀时，因为受到里层金属的限制而产生了压应力；反之，表面层金属体积缩小时则产生拉应力。

2）表面层加工硬化

① 加工硬化的产生及衡量指标。在机械加工过程中，工件表层金属在切削力的作用下产生强烈的塑性变形，金属的晶格扭曲，晶粒被拉长、纤维化甚至破碎而引起表层金属的强度和硬度增加，塑性降低，这种现象称为加工硬化（或冷作硬化）。另外，加工过程中产生的切削热会使工件表层金属的温度升高，当升高到一定程度时，会使已强化的金属恢复到正常状态，失去其在加工硬化中得到的物理力学性能，这种现象称为软化。因此，金属的加工硬化

实际上取决于硬化速度和软化速度的比率。

② 影响加工硬化的主要因素：

a) 刀具几何角度。切削力越大，塑性变形越大，硬化程度和冷硬层深度也随之增大。因此，刀具前角 $\gamma_o$ 减小、切削刃半径增大、刀具后刀面磨损等都会引起切削力的增大，使加工硬化程度严重。

b) 切削用量。切削速度 $v_c$ 增大和切削温度增高都有助于冷硬的恢复，同时刀具与工件接触时间短，塑性变形程度减少，所以硬化层深度和硬度都有所减少。进给量 $f$ 增大时，切削力增大，塑性变形程度也增大，因此硬化程度增大；进给量 $f$ 较小时，由于刀具的刃口圆角在加工表面单位长度上的挤压次数增多，硬化程度也会增大。

c) 工件材料。硬度越小、塑性越大的材料，硬化现象明显，硬化程度也大。

3) 表面层金相组织变化。当切削热使被加工表面温度超过相变温度后，表层金属组织将会发生变化。在磨削加工过程中，由于磨粒的切削、划刻和润滑作用，以及大多数磨粒的负前角切削和很高的磨削速度，使得被加工表面层产生很高的温度，当温度升高到相界点时，表层金属就会发生金相组织变化，强度和硬度降低，产生残余应力，甚至出现裂纹，这种现象称为磨削烧伤。

4) 提高和改善工件表面层物理力学性能的措施。工件表面层的物理力学性能对零件的使用性能及寿命影响很大，可以在工艺过程中增设表面强化工序来保证零件的表面质量。表面强化工艺包括化学处理、电镀和表面机械强化等几种。这里仅讨论机械强化工艺问题。机械强化是指通过对工件表面进行冷挤压加工，使工件表面层金属发生冷态塑性变形，从而提高其表面硬度并在表面层产生残余压应力的无屑光整加工方法。采用表面强化工艺还可以降低零件的表面粗糙度。

① 喷丸强化。喷丸强化是指利用压缩空气或离心力使大量直径为 $0.4 \sim 4mm$ 的珠丸高速击打零件表面，使其产生冷硬层和残余压应力，显著提高零件疲劳强度的一种工艺方法。喷丸强化工艺可用来加工各种形状的零件，加工后零件表面的硬化层深度可达 $0.7mm$，表面粗糙度值可由 $Ra3.2\mu m$ 减小到 $Ra0.4\mu m$，使用寿命可提高几倍甚至几十倍。

② 滚压加工。滚压加工是指在常温下通过淬硬的滚压工具（滚轮或滚珠）对工件表面施加压力，使其产生塑性变形，将工件表面上原有的波峰填充到相邻的波谷中，从而减小了表面粗糙度值，并在其表面产生了冷硬层和残余压应力，提高零件的承载能力、耐磨性和疲劳强度的一种工艺方法。滚压加工可使表面粗糙度值从 $Ra1.25 \sim 5\mu m$ 减小到 $Ra0.8 \sim 0.63\mu m$，表面层硬度一般可提高 $20\% \sim 40\%$，表面层金属的耐疲劳强度可提高 $30\% \sim 50\%$。

③ 液体磨料强化。液体磨料强化是指利用液体和磨料的混合物高速喷射到已加工表面，以强化工件表面，提高工件的耐磨性、抗蚀性和疲劳强度的一种工艺方法。如图3-37 所示，液体和磨料在 $0.4 \sim 0.8MPa$ 压力下，经过喷嘴高速喷出，射向工件表面，借助磨粒的冲击作用，碾压加工表面，使工件表面产生塑性变形，变形层仅为几十微米。加工后的工件表面具有残余压应力，提高了工件的耐磨性、抗蚀性和疲劳强度。

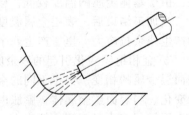

图 3-37 液体磨料强化工艺示例

## 思考题与习题

1. 什么是生产过程和工艺过程？

2. 什么是工序？划分工序的主要依据是什么？

3. 什么是生产纲领、生产类型？

4. 什么是机械加工工艺规程？一般包括哪些内容？作用有哪些？

5. 什么是零件的结构工艺性？举例说明零件的结构工艺性对零件的制造有何影响。

6. 合理选择毛坯应考虑哪几方面的因素？

7. 什么叫粗基准和精基准？试述它们的选择原则。

8. 如何划分加工阶段？划分加工阶段的原因是什么？

9. 机械加工工序安排的原则是什么？试举例说明。

10. 什么是工序集中与工序分散？各有何特点？

11. 什么是加工余量？如何确定？

12. 什么是工艺尺寸链？工艺尺寸链如何建立？

13. 如图 3-38 所示工件成批生产时用端面 $B$ 定位加工表面 $A$（调整法），以保证尺寸 $10_{-0.20}^{0}$ mm，试计算铣削表面 $A$ 时的工序尺寸及公差。

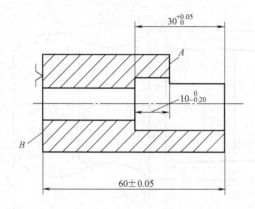

图 3-38 习题 13 图

14. 如图 3-39 所示，工件成批生产时用 $A$ 面定位镗孔（$A$、$B$、$C$ 面均已加工）。试计算采用调整法加工孔时的工序尺寸及公差。

15. 机械零件的加工表面质量包括哪些主要内容？它们对零件的使用性能有何影响？

16. 获得零件加工精度有哪些方法？

17. 试述影响加工精度和表面质量的主要因素。

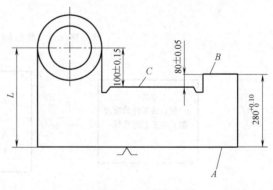

图 3-39 习题 14 图

# 第4章

# 数控车削加工工艺

【案例引入】 典型轴类零件如图 4-1 所示，毛坯为 $\phi 44mm \times 124mm$ 棒料，材料为 45 钢。试按单件生产对该零件进行数控车削工艺分析。

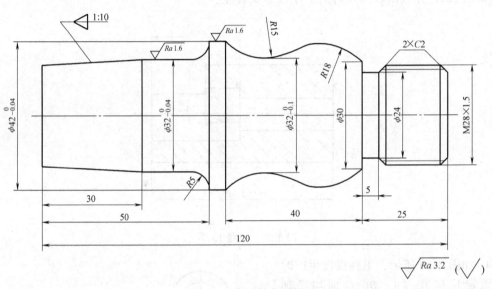

图 4-1 典型轴类零件

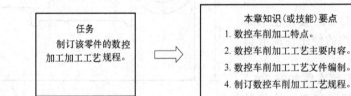

| 任务<br>制订该零件的数控加工加工工艺规程。 | ⇒ | 本章知识(或技能)要点<br>1. 数控车削加工特点。<br>2. 数控车削加工工艺主要内容。<br>3. 数控车削加工工艺文件编制。<br>4. 制订数控车削加工工艺规程。 |
|---|---|---|

## 4.1 数控车削简介

### 4.1.1 数控车床的组成及布局

#### 1. 数控车床的组成

数控车床与卧式车床相比较，其结构上仍然是由床身、主轴箱、刀架、进给传动系统、液压、冷却和润滑系统等部分组成。在数控车床上由于实现了计算机数字控制，伺服电动机驱动刀具做连续纵向和横向进给运动，所以数控车床的进给系统与卧式车床的进给系统在结构上存在着本质的差别。卧式车床主轴的运动经过挂轮架、进给箱、溜板箱传到刀架，实现纵向和横向进给运动；而数控车床是采用伺服电动机经滚珠丝杠传到滑板和刀架，实现纵向（z向）和横向（x向）进给运动。可见数控车床进给传动系统的结构大为简化。

**2. 数控车床的布局**

数控车床的主轴、尾座等部件相对床身的布局形式与卧式车床基本一致。因为刀架和导轨的布局形式直接影响数控车床的使用性能、结构和外观，所以刀架和导轨的布局形式发生了根本的变化。另外，数控车床上一般都设有封闭的防护装置，有些还安装了自动排屑装置。

（1）床身和导轨的布局

数控车床床身、导轨与水平面的相对位置如图 4-2 所示，有 5 种布局形式。一般来说，中、小规格的数控车床采用斜床身和卧式床身斜滑板的居多，只有大型数控车床或小型精密数控车床才采用平床身，立床身采用的较少。

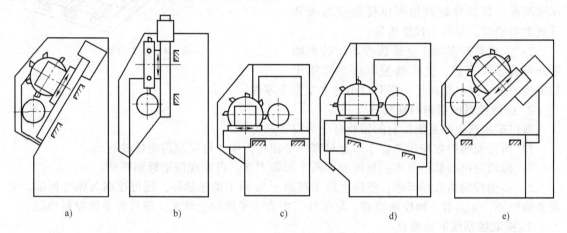

图 4-2 床身和导轨的布局

a）后斜床身—斜滑板　b）立床身—立滑板　c）卧式床身—平滑板　d）前斜床身—平滑板　e）卧式床身—斜滑板

（2）刀架的布局

刀架作为数控车床的重要部件之一，它对车床整体布局及工作性能影响很大。按换刀方式的不同，数控车床的刀架主要有回转刀架和排式刀架两种。

① 回转刀架。回转刀架是数控车床最常用的一种典型刀架系统。回转刀架在车床上的布局有两种形式：一种是适用于加工轴类和盘类零件的回转刀架，其回转轴与主轴平行；另一种是适用于加工盘类零件的回转刀架，其回转轴与主轴垂直，如图 4-3 所示。

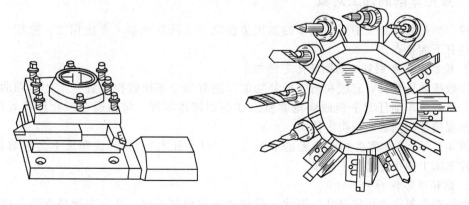

图 4-3 回转刀架

② 排式刀架。排式刀架一般用于小规格
数控车床，以加工棒料或盘类零件为主。刀
架的典型布局形式如图 4-4 所示。

## 4.1.2　数控车床的分类

### 1. 按主轴的配置形式分

数控车床按主轴的配置形式可分为以下
两种：

1）卧式数控车床。卧式数控车床的主轴
轴线处于水平方向。卧式数控车床又可分为
数控水平导轨卧式车床和数控倾斜导轨卧式
车床两种。倾斜导轨结构可以使数控车床具
有更大的刚度，并易于排除切屑。

2）立式数控车床。立式数控车床的主轴
轴线垂直于水平面。立式数控车床主要用于
加工径向尺寸大、轴向尺寸相对较小的大型复杂零件。

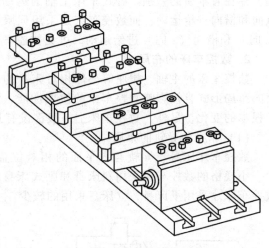

图 4-4　排式刀架

### 2. 按数控系统控制的轴数分

数控车床按数控系统控制的轴数可分为以下三种：

1）两轴控制的数控车床：车床上只有一个回转刀架，可实现两坐标轴联动。

2）四轴控制的数控车床：车床上有两个回转刀架，可实现四坐标轴联动。

3）多轴控制的数控车床：车床上除了控制 $x$、$z$ 两个坐标轴外，还可控制其他坐标轴，实现多轴控制，如具有 $c$ 轴控制功能。车削加工中心或柔性制造单元，都具有多轴控制功能。

### 3. 按数控系统的功能分

数控车床按数控系统的功能可分为以下三种：

1）经济型数控车床。一般采用步进电动机驱动的开环伺服系统，具有 CRT 显示、程序存储、程序编辑等功能，加工精度较低，功能较简单。

2）全功能型数控车床。较高档次的数控车床，具有刀尖圆弧半径自动补偿功能、恒线速、倒角、固定循环、螺纹切削、图形显示、用户宏程序等功能。加工能力强，适于加工精度高、形状复杂、循环周期长、品种多变的单件或中小批量的零件。

3）精密型数控车床。采用闭环控制，不但具有全功能型数控车床的全部功能，而且机械系统的动态响应较快，在数控车床基础上增加了其他附加坐标轴。适于精密和超精密加工。

## 4.1.3　数控车削的加工对象

数控车削是数控加工中用的最多的加工方法之一。同常规加工方法相比，数控车削的加工对象具有下面特点：

（1）轮廓形状特别复杂的回转体零件加工

车床数控装置都具有直线和圆弧插补功能，还有部分车床数控装置有某些非圆曲线的插补功能，所以能车削任意平面曲线轮廓所组成的回转体零件，包括通过拟合计算处理后的、不能用方程描述的列表曲线类零件。

如图 4-5 所示壳体零件封闭内腔的成形面，"口小肚大"，在卧式车床上是较难加工的，而在数控车床上则很容易加工出来。

（2）高精度零件的加工

零件的精度要求主要指尺寸、形状、位置和表面精度要求，其中表面精度主要指表面粗糙度。例如，尺寸精度高（达0.001mm 或更小）的零件；圆柱度要求高的圆柱体零件；素线直线度、圆度和倾斜度均要求高的圆锥体零件；线轮廓要求高的零件（其轮廓形状精度可超过用数控线切割加工的样板精度）。在特种精密数控车床上，还可以加工出几何轮廓精度要求极高（达 0.0001mm）、表面粗糙度值极小（达 $Ra0.02\mu m$）的超精零件，以及通过恒线速切削功能，加工表面质量要求高的各种变径表面类零件等。

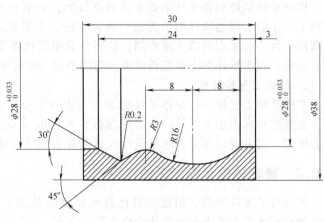

图 4-5　壳体零件内腔成形面示例

（3）特殊的螺旋零件的加工

这些螺旋零件是指特大螺距（或导程）、变（增/减）螺距、等螺距与变螺距或圆柱与圆锥螺旋面之间做平滑过渡的螺旋零件，以及高精度的模数螺旋零件（如圆柱、圆弧蜗杆）和端面（盘形）螺旋零件等。

（4）淬硬工件的加工

在大型模具加工中，有不少尺寸大且形状复杂的零件。这些零件热处理后的变形量较大，磨削加工有困难，而在数控车床上可以用陶瓷车刀对淬硬后的零件进行车削加工，以车代磨，提高加工效率。

（5）高效率加工

为了进一步提高车削加工效率，通过增加车床的控制坐标轴，就能在一台数控车床上同时加工出两个多工序的相同或不同的零件。

## 4.2　数控车削加工工艺的主要内容

数控车削加工工艺制订的合理与否对数控加工程序编制、数控车床加工效率以及工件的加工质量都有重要的影响。因此，根据车削加工的一般工艺原则并结合数控车床的特点，制订零件的数控车削加工工艺显得非常重要。数控车削加工工艺的主要内容包含下面几个方面。

### 4.2.1　零件的工艺性分析

#### 1. 零件图分析

零件图分析是制订数控车削加工工艺的首要工作，主要应考虑以下几个方面：

（1）尺寸标注方法分析

在数控车床的编程中，点、线、面的位置一般都是以工件坐标原点为基准的。因此，零件图中的尺寸标注应根据数控车床编程特点尽量直接给出坐标尺寸，或采用同一基准标注尺寸，以便减少编程辅助时间，这样容易满足加工要求。

（2）零件轮廓的几何要素分析

在手工编程时需要知道几何要素各基点和节点的坐标，在 CAD/CAM 编程时，要对轮廓所有的几何要素进行定义。因此，在分析零件图样时，要分析几何要素的给定条件是否充分。尽量避免由于参数不全或不清，增加编程计算难度，甚至无法编程。

（3）精度和技术要求分析

保证零件精度和各项技术要求是最终目的，只有在分析零件有关精度要求和技术要求的基础上，才能合理地选择加工方法、装夹方法、刀具及切削用量等。例如，对于表面质量要求高的工件，应采用恒线速度切削；若还要采用其他措施（如磨削）弥补，则应给后续工序留有余量。对于零件图上位置精度要求高的表面，应尽量把这些表面在同一次装夹中完成。

**2. 结构工艺性分析**

零件结构工艺性分析是指零件对加工方法的适应性，即所设计的零件结构应便于加工成形。在数控车床上加工零件时，应根据数控车床的特点，认真分析零件结构的合理性。在结构分析时，若发现问题应及时与设计人员或有关部门沟通并提出相应修改意见和建议。

## 4.2.2 确定数控车削加工的内容

在分析了零件形状、精度和其他技术要求的基础上，再选择在数控车床上加工的内容。选择数控车床加工的内容，应注意以下几个方面：

① 优先考虑普通车床无法加工的内容作为数控车床的加工内容。

② 重点选择普通车床难加工、质量也很难保证的内容作为数控车床加工的内容。

③ 在普通车床上加工效率低、工人操作劳动强度大的加工内容可以考虑在数控车床上加工。

## 4.2.3 数控车削加工工艺方案的拟订

数控车削加工工艺方案的拟订是制定数控车削加工工艺的重要内容之一，其主要内容包括选择各加工表面的加工方法、安排工序的先后顺序、确定刀具的走刀路线等。技术人员应根据从生产实践中总结出来的一些综合性工艺原则，结合现场的实际生产条件，提出几种方案，通过对比分析，从中选择最佳方案。

**1. 拟订工艺路线**

（1）加工方法的选择

回转体零件的结构形状虽然是多种多样的，但它们都是由平面、内外圆柱面、圆锥面、曲面和螺纹等组成。每一种表面都有多种加工方法，实际选择时应结合零件的加工精度、表面粗糙度、材料、结构形状、尺寸及生产类型等因素全面考虑。

（2）加工顺序的安排

在选定加工方法后，就是划分工序和合理安排工序的顺序。零件的加工工序通常包括切削加工工序、热处理工序和辅助工序。工序安排一般有两种原则，即工序分散和工序集中。在数控车床上加工零件时，应按工序集中的原则来划分工序。

安排零件车削加工顺序一般遵循下列原则：

① 先粗后精。按照粗车—半精车—精车的顺序进行。

② 先近后远。通常在粗加工时，离换刀点近的部位先加工，离换刀点远的部位后加工，以便缩短刀具移动距离，减少空行程时间，并且有利于保持坯件或半成品件的刚度，改善其切削条件。如图 4-6 所示的零件，对于这类直径相差不大的台阶轴，当第一刀的切削深度未超限时，刀具宜按 $\phi 40\text{mm}$—$\phi 42\text{mm}$—$\phi 44\text{mm}$ 的顺序加工；如果按 $\phi 44\text{mm}$—$\phi 42\text{mm}$—$\phi 40\text{mm}$ 的顺序安排车削，不仅会增加刀具返回换刀点所需的空行程时间，而且还可能使台阶的外直角处产生毛刺。

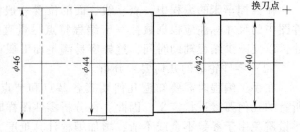

图 4-6 先近后远

③ 内外交叉。对于既有内表面（内型、腔）又有外表面的零件，安排加工顺序时，应先粗加工内外表面，然后精加工内外表面。在加工内外表面时，通常先加工内型和内腔，然后加工外表面。

④ 刀具集中。尽量用同一把刀加工完相应各部位后，再换另一把刀加工相应的其他部位，以减少空行程和换刀时间。

⑤ 基面先行。用作精基准的表面应优先加工出来。

**2. 确定走刀路线**

走刀路线一般是指刀具从起刀点开始运动起，直至返回该点并结束加工程序为止所经过的路径，包括切削加工的路径及刀具引入、切出等非切削空行程。确定走刀路线的主要工作在于确定粗加工及空行程的进给路线等，因为精加工的进给路线基本上是沿着零件轮廓顺序进行的。

（1）刀具引入、切出

在数控车床上进行切削加工时，尤其是精车，要妥当考虑刀具的引入、切出路线，尽量使刀具沿工件轮廓的切线方向引入、切出，以免因切削力突然变化而造成弹性变形，致使光滑连接轮廓上产生表面划伤、形状突变或滞留刀痕等疵病。

尤其是在车螺纹时，必须设置升速进刀段（空刀导入量）$\delta_1$ 和减速退刀段（空刀导出量）$\delta_2$（如图 4-7 所示），这样可避免因车刀升降而影响螺距的稳定性。$\delta_1$、$\delta_2$ 一般按下式选取：$\delta_1 \geq 1 \times$ 导程；$\delta_2 \geq 0.75 \times$ 导程。

（2）确定最短的走刀路线

确定最短的走刀路线，除了依靠大量的实践经验外，还要善于分析，必要时可辅以一些简单计算。

① 灵活设置程序循环起点。在车削加工编程时，许多情况下采用固定循环指令编程，如图 4-8 所示，是采用矩形循环方式进行外轮廓粗车的一种情况示例。考虑到加工中换刀的安全性，常将起刀点设在离坯件较远的 A 点位置处，同时，将起刀点和循环起点重合，其走刀路线如图 4-8a 所示。若将起刀点和循环起点

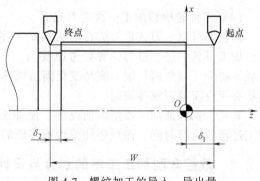

图 4-7 螺纹加工的导入、导出量

分开设置，分别在 A 点和 B 点处，其走刀路线如图 4-8b 所示。显然，图 4-8b 所示走刀路线短。

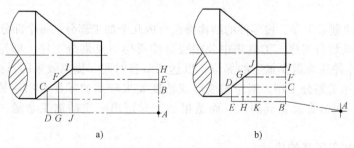

图 4-8 起刀点和循环起点

a）起刀点和循环起点重合 b）起刀点和循环起点分离

② 合理安排返回换刀点。在手工编制较复杂轮廓的加工程序时，编程者有时将每一刀加工完后的刀具通过执行"返回换刀点"命令，使其返回到换刀点位置，然后再执行后续程序。

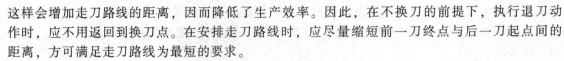

这样会增加走刀路线的距离，因而降低了生产效率。因此，在不换刀的前提下，执行退刀动作时，应不用返回到换刀点。在安排走刀路线时，应尽量缩短前一刀终点与后一刀起点间的距离，方可满足走刀路线为最短的要求。

（3）确定最短的切削进给路线

切削进给路线短可有效地提高生产效率、降低刀具的损耗。在安排粗加工或半精加工的切削进给路线时，应同时兼顾到被加工零件的刚度及加工的工艺要求。

如图4-9所示是几种不同切削进给路线的安排示意图，其中，图4-9a表示封闭轮廓复合车削循环的进给路线，图14-9b表示三角形进给路线，图4-9c表示矩形进给路线。

对以上三种切削进给路线进行分析和判断可知：矩形循环进给路线的走刀长度总和为最短，即在同等条件下，其切削所需的时间（不含空行程）为最短，刀具的损耗小。另外，矩形循环加工的程序段格式较简单，所以，在制订加工方案时，建议采用矩形走刀路线。

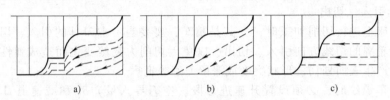

图 4-9　走刀路线

a）沿工件轮廓走刀　b）三角形走刀　c）矩形走刀

（4）零件轮廓精加工一次走刀完成

在安排可以一刀或多刀进行的精加工工序时，零件轮廓应由最后一刀连续加工而成，此时，加工刀具的进、退刀位置要考虑妥当，尽量不要在连续轮廓中安排切入、切出、换刀及停顿等指令，以免因切削力突然变化而造成弹性变形，致使光滑连续的轮廓上产生表面划伤、形状突变或滞留刀痕等缺陷。

总之，在保证加工质量的前提下，使加工程序具有最短的进给路线，不仅可以节省整个加工过程的执行时间，而且还能减少不必要的刀具损耗及机床进给滑动部件的磨损等。

### 4.2.4 数控车削加工工序的划分与设计

**1. 数控车削加工工序的划分方法**

数控车削加工工序划分常有以下几种方法：

① 按装夹次数划分工序。以每一次装夹作为一道工序，这种划分方法主要适用于加工内容不多的零件。

② 按加工部位划分工序。按零件的结构特点分成几个加工部分，每个部分作为一道工序。

③ 按所用刀具划分工序。刀具集中分序法是按所用刀具划分工序，即用同一把刀或同一类刀具加工完成零件所有需要加工的部位，以达到节省时间、提高效率的目的。

④ 按粗、精加工划分工序。对于易变形或精度要求较高的零件常用这种方法。这种划分工序一般不允许一次装夹就完成加工，而是粗加工时留出一定的加工余量，重新装夹后再完成精加工。

**2. 数控车削加工工序的设计**

数控车削加工工序划分后，对每个加工工序都要进行设计。

（1）确定装夹方案

在数控车床上根据工件的结构特点和加工要求，确定合理的装夹方式，选用相应的夹具。如轴类零件的装夹方式通常是一端外圆固定，即用自定心卡盘、四爪单动卡盘或弹簧套固定工件的外圆表面，但这种装夹方式对工件的悬伸长度有一定的限制。工件的悬伸长度过长在切削过程中会产生较大的变形，严重时将无法切削。对于切削长度过长的工件可以采用一夹一顶或两顶尖装夹的方式。

数控车床常用的装夹方法有以下几种：

1）自定心卡盘（三爪卡盘）装夹。自定心卡盘（如图 4-10 所示）是数控车床上最常用的卡具。它的特点是可以自定心，夹持工件时一般不需要找正，装夹速度较快，但夹紧力较小，定心精度不高。适用于装夹中小型圆柱体、正三边或正六边体工件，不适合同轴度要求高的工件的二次装夹。

自定心卡盘常见的有机械式和液压式两种。数控车床上经常采用液压卡盘，液压卡盘特别适合于批量生产。

2）四爪单动卡盘装夹。用四爪单动卡盘装夹时，夹紧力较大，装夹精度较高，不受卡爪磨损的影响，但夹持工件时需要找正（如图 4-11 所示）。适合于装夹偏心距较小、形状不规则或大型的工件等。

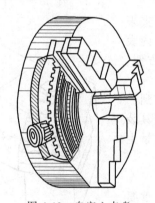

图 4-10　自定心卡盘

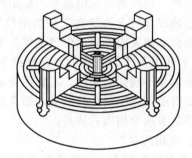

图 4-11　四爪卡盘

3）软爪装夹。由于自定心卡盘定心精度不高，当加工同轴度要求高的工件需要二次装夹时，常常使用软爪（如图 4-12 所示）装夹。软爪是一种可以加工的卡盘，在使用前配合被加工工件特别制造。

4）中心孔定位装夹。

① 两顶尖拔盘。对于轴向尺寸较大或加工工序较多的轴类工件，为了保证每次装夹时的装夹精度，可用两顶尖装夹。如图 4-13 所示，其前顶尖为普通顶尖，装在主轴孔内，并随主轴一起转动，后顶尖为活顶尖，装在尾架套筒内。工件利用中心孔被顶在前后顶尖之间，并通过鸡心夹头带动旋转。这种方式，不需找正，装夹精度高，适用于多工序加工或精加工。

② 拨动顶尖。拨动顶尖有内、外拨动顶尖和端面拨动顶尖两种。内、外拨动顶尖是通过带齿的锥面嵌入工件拨动工件旋转；端面拨动顶尖是利用端面的拨爪带动工件旋转，适合装夹直径在 $\phi50mm \sim \phi150mm$ 之间的工件。

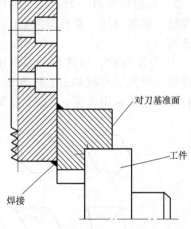

图 4-12　软爪装夹

③ 一夹一顶。在车削较重、较长的轴类零件时，可采用一端夹持，另一端用后顶尖顶住的方式装夹工件，这样会使工件更为稳固，从而能选用较大的切削用量进行加工。

为了防止工件因切削力作用而产生轴向
窜动，必须在卡盘内装一限位支承，或
用工件的台阶作限位，如图 4-14 所示。
此装夹方法比较安全，能承受较大的轴
向切削力，故应用很广泛。

图 4-13　两顶尖装夹

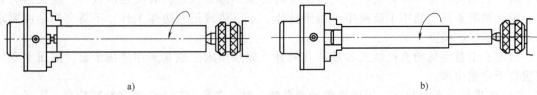

a)　　　　　　　　　　　　　　b)

图 4-14　一夹一顶装夹工件

a）用限位支承　b）用工件台阶限位

5）心轴与弹簧卡头装夹。以孔为定位基准，用心轴装夹来
加工外表面；以外圆为定位基准，采用弹簧卡头装夹来加工内表
面。用心轴或弹簧卡头装夹工件的定位精度高，装夹工件方便、
快捷，适合于装夹内外表面位置精度要求较高的套类零件。

6）利用其他工装夹具装夹。数控车削加工中有时会遇到一
些形状复杂和不规则的零件，不能用自定心或四爪卡盘等夹具装
夹，需要借助其他工装夹具装夹，如花盘、角铁等，对于批量生
产时，还要采用专用夹具装夹。

（2）选用刀具

1）常用数控车刀。刀具选择是数控加工工序设计中的重要
内容之一。常用数控车刀的种类、形状和用途如图 1-33 所示。

2）可转位车刀。为了充分利用数控设备、提高加工精度及
减少辅助准备时间，数控车床上广泛使用机夹可转位车刀，如图
4-15 所示。

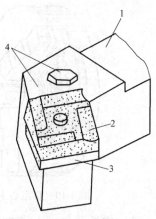

图 4-15　机夹可转位车刀

1—刀杆　2—刀片
3—刀垫　4—夹紧元件

① 刀片形状。可转位车刀常用的刀片形状如图 4-16 所示。
刀片的形状主要与被加工工件表面的形状、切削方法、刀具寿命和有效刃数等有关。一般外
圆和端面车削常用 T 型、S 型、C 型和 W 型刀片；成形加工常用 D 型、V 型和 R 型刀片。

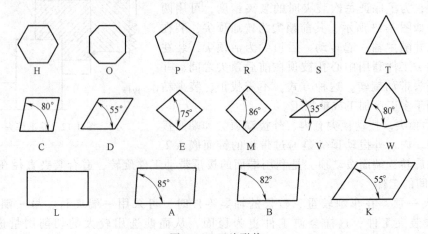

图 4-16　刀片形状

② 刀杆头部形式。可转位车刀常见的刀杆头部形式和主偏角如图 4-17 所示。有直角台阶的工件，可选主偏角大于或等于 90° 的刀杆；外圆粗车可选主偏角为 45°~90° 的刀杆，精车可选主偏角为 45°~75° 的刀杆；中间切入、成形加工可选主偏角大于或等于 45°~107.5° 的刀杆。

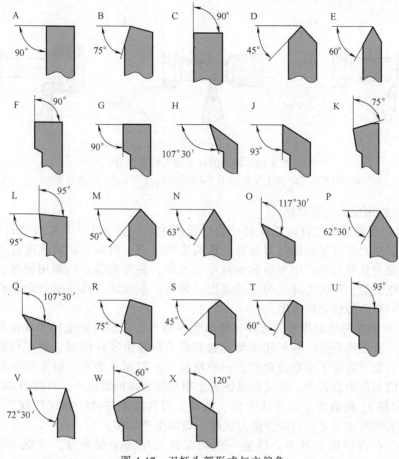

图 4-17　刀杆头部形式与主偏角

③ 成形加工刀具的选择。在加工成形面时要选择副偏角合适的刀具，以免刀具的副切削刃与工件产生干涉，如图 4-18 所示。

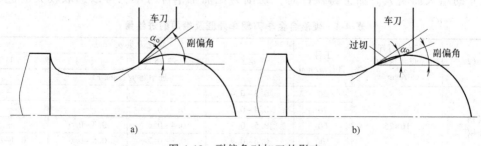

图 4-18　副偏角对加工的影响
a）副偏角大，不干涉　b）副偏角小，产生干涉

采用机夹车刀时，常通过选择合适的刀片形状和刀杆头部形式来组合形成所需的刀具。如图 4-19 所示为一些常用的成形加工机夹车刀。

（3）确定切削用量

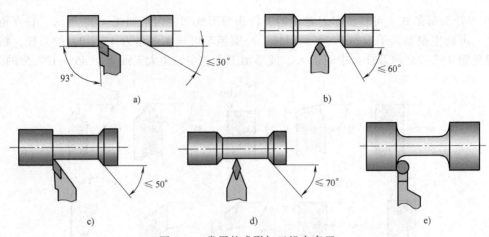

图 4-19   常用的成形加工机夹车刀
a) D-J形式   b) D-V形式   c) V-J形式   d) V-V形式   e) R-A形式

1) 选择切削用量的一般原则。

① 粗车时切削用量的选择。粗车时一般以提高生产效率为主，兼顾经济性和加工成本。提高切削速度、加大进给量和背吃刀量都能提高生产效率，但由于切削速度对刀具使用寿命影响最大，背吃刀量对刀具使用寿命影响最小，所以，在考虑粗车切削用量时，首先应尽可能选择大的背吃刀量，其次选择大的进给速度，最后，在保证刀具使用寿命和机床功率允许的条件下选择一个合理的切削速度。

② 精车、半精车时切削用量的选择。精车和半精车的切削用量选择要保证加工质量，兼顾生产效率和刀具使用寿命。精车和半精车的背吃刀量是由零件的加工精度和表面粗糙度要求，以及粗车后留下的加工余量决定的，一般情况下一刀切去余量。精车和半精车的背吃刀量较小，产生的切削力也较小，所以在保证表面粗糙度要求的情况下，可适当加大进给量。

2) 背吃刀量 $a_p$ 的确定。在车床主体、夹具、刀具和零件这一系统刚度允许的条件下，尽可能选取较大的背吃刀量，以减少走刀次数，提高生产效率。

粗加工时，在允许的条件下，尽量一次切除该工序的全部余量，背吃刀量一般为 2~5mm；半精加工时，背吃刀量一般为 0.5~1mm；精加工时，背吃刀量一般 为 0.1~0.4mm。

3) 进给量 $f$ 的确定。粗加工时，进给量根据工件材料、车刀刀杆直径、工件直径和背吃刀量按表 4-1 进行选取。从表中可以看出，在背吃刀量一定时，进给量随着刀杆尺寸和工件尺寸的增大而增大。加工铸铁件时，切削力比加工钢件时小，可以选取较大的进给量。

表 4-1   硬质合金车刀粗车外圆及端面的进给量

| 工件材料 | 车刀刀杆尺寸 $B×H$ /mm | 工件直径 $d$/mm | 背吃刀量 $a_p$/mm | | | |
|---|---|---|---|---|---|---|
| | | | ≤3 | >3~5 | >5~8 | >8~12 |
| | | | 进给量 $f$/(mm/r) | | | |
| 碳素钢合金钢 | 16×25 | 20 | 0.3~0.4 | — | — | — |
| | | 40 | 0.4~0.5 | 0.3~0.4 | — | — |
| | | 60 | 0.5~0.7 | 0.4~0.6 | 0.3~0.5 | — |
| | | 100 | 0.6~0.9 | 0.5~0.7 | 0.5~0.6 | 0.4~0.5 |
| | | 400 | 0.8~1.2 | 0.7~1.0 | 0.6~0.8 | 0.5~0.6 |
| 碳素钢合金钢 | 20×30 25×25 | 20 | 0.3~0.4 | — | — | — |
| | | 40 | 0.4~0.5 | 0.3~0.4 | — | — |
| | | 60 | 0.5~0.7 | 0.5~0.7 | 0.4~0.6 | — |
| | | 100 | 0.8~1.0 | 0.7~0.9 | 0.5~0.7 | 0.4~0.7 |
| | | 400 | 1.2~1.4 | 1.0~1.2 | 0.8~1.0 | 0.6~0.9 |

（续）

| 工件材料 | 车刀刀杆尺寸 *B×H* /mm | 工件直径 *d*/mm | 背吃刀量 *a*$_p$/mm | | | |
|---|---|---|---|---|---|---|
| | | | ≤3 | >3~5 | >5~8 | >8~12 |
| | | | 进给量 *f*/(mm/r) | | | |
| 铸铁及铜合金 | 16×25 | 40 | 0.4~0.5 | — | — | — |
| | | 60 | 0.5~0.8 | 0.5~0.8 | 0.4~0.6 | — |
| | | 100 | 0.8~1.2 | 0.7~1.0 | 0.6~0.8 | 0.5~0.7 |
| | | 400 | 1.0~1.4 | 1.0~1.2 | 0.8~1.0 | 0.6~0.8 |
| | 20×30 25×25 | 40 | 0.4~0.5 | — | — | — |
| | | 60 | 0.5~0.9 | 0.5~0.8 | 0.4~0.7 | — |
| | | 100 | 0.9~1.3 | 0.8~1.2 | 0.7~1.0 | 0.5~0.8 |
| | | 400 | 1.2~1.8 | 1.2~1.6 | 1.0~1.3 | 0.9~1.1 |

精加工与半精加工时，进给量可根据加工表面粗糙度要求按表选取，同时考虑切削速度和刀尖圆弧半径因素，如表4-2所示。

表4-2 按表面粗糙度选择进给量的参考值

| 工件材料 | 表面粗糙度 *Ra*/μm | 切削速度范围 *v*$_c$/(m/min) | 刀尖圆弧半径 *r*$_ε$/mm | | |
|---|---|---|---|---|---|
| | | | 0.5 | 1.0 | 2.0 |
| | | | 进给量 *f*/(mm/r) | | |
| 碳钢及合金钢 | >1.25~2.5 | <50 | 0.10 | 0.11~0.15 | 0.15~0.22 |
| | | 50~100 | 0.11~0.16 | 0.16~0.25 | 0.25~0.35 |
| | | >100 | 0.16~0.20 | 0.20~0.25 | 0.25~0.35 |
| 碳钢及合金钢 | >2.5~5 | <50 | 0.18~0.25 | 0.25~0.30 | 0.30~0.40 |
| | | >50 | 0.25~0.30 | 0.30~0.35 | 0.30~0.50 |
| | >5~10 | <50 | 0.30~0.50 | 0.45~0.60 | 0.55~0.70 |
| | | >50 | 0.40~0.55 | 0.55~0.65 | 0.65~0.70 |
| 铸铁青铜铝合金 | >5~10 | 不限 | 0.25~0.40 | 0.40~0.50 | 0.50~0.60 |
| | >2.5~5 | | 0.15~0.25 | 0.25~0.40 | 0.40~0.60 |
| | >1.25~2.5 | | 0.10~0.15 | 0.15~0.20 | 0.20~0.35 |

实际加工时，也可以根据经验确定进给量 *f*。粗车时一般取 0.3~0.8mm/r，精车时常取 0.1~0.3mm/r，切断时宜取 0.05~0.2mm/r。

4）主轴转速的确定

① 光车时的主轴转速。光车时，主轴转速的确定应根据零件上被加工部位的直径，并按工件和刀具的材料及加工性质等条件所允许的切削速度来确定。在实际生产中，主轴转速计算公式为

$$n = 1000v_c / \pi d \tag{4-1}$$

式中　*n*——主轴转速（r/min）；

　　　*v*$_c$——切削速度（m/min）；

　　　*d*——工件加工表面或刀具的最大直径（mm）。

在确定主轴转速时，首先需要确定其切削速度，而切削速度又与背吃刀量和进给量有关。切削速度的确定方法有计算、查表和根据经验确定三种。切削速度参考值见表4-3。

② 车螺纹时的主轴转速。车削螺纹时，车床的主轴转速将受到螺纹的螺距（或导程）大小、驱动电动机的升降频特性及螺纹插补运算速度等多种因素影响，故对于不同的数控系统，推荐有不同的主轴转速选择范围。如大多数经济型车床数控系统推荐车螺纹的主轴转速计算公式为

$$n \leqslant \frac{1200}{P} - k \tag{4-2}$$

式中　$n$——主轴转速（r/min）；

　　　$P$——工件螺纹的导程（mm），寸制螺纹为相应换算后的毫米值；

　　　$k$——保险系数，一般取值为80。

表 4-3　切削速度参考值

| 工件材料 | 刀具材料 | 背吃刀量 $a_p$/mm | | | |
|---|---|---|---|---|---|
| | | 0.38~0.13 | 2.40~0.38 | 4.70~2.40 | 9.50~4.70 |
| | | 进给量 $f$/（mm/r） | | | |
| | | 0.13~0.05 | 0.38~0.13 | 0.76~0.38 | 1.30~0.76 |
| | | 切削速度 $v_c$/（m/min） | | | |
| 低碳钢 | 高速钢 | 90~120 | 70~90 | 45~60 | 20~40 |
| | 硬质合金 | 215~365 | 165~215 | 120~165 | 90~120 |
| 中碳钢 | 高速钢 | 70~90 | 45~60 | 30~40 | 15~20 |
| | 硬质合金 | 130~165 | 100~130 | 75~100 | 55~75 |
| 灰铸铁 | 高速钢 | 50~70 | 35~45 | 25~35 | 20~25 |
| | 硬质合金 | 135~185 | 105~135 | 75~105 | 60~75 |
| 黄铜青铜 | 高速钢 | 105~120 | 85~105 | 70~85 | 45~70 |
| | 硬质合金 | 215~245 | 185~215 | 150~185 | 120~150 |
| 铝合金 | 高速钢 | 105~150 | 70~105 | 45~70 | 30~45 |
| | 硬质合金 | 215~300 | 135~215 | 90~135 | 60~90 |

## 4.3　案例的决策与执行

### 4.3.1　轴类零件的数控车削加工工艺分析

#### 1. 零件图的工艺分析

如图 4-1 所示，该零件表面由圆柱、圆锥、顺圆弧、逆圆弧及螺纹等表面组成。零件重要的径向加工部位有 $\phi 32_{-0.04}^{\ 0}$ 和 $\phi 42_{-0.04}^{\ 0}$ 的圆柱，其表面粗糙度值为 $Ra1.6\mu m$；$R15$ 与 $R18$ 相切。尺寸标注完整，轮廓描述清楚。零件材料为 45 钢，无热处理和硬度要求。

#### 2. 选择设备

根据被加工零件的外形和材料等条件，选用 CK6153i 数控车床。

#### 3. 工艺设计

（1）加工方案的确定

根据零件的加工要求，各表面的加工方案确定为粗车→精车。

（2）装夹方案的确定

此零件需经二次装夹才能完成加工。第一次采用自定心卡盘装夹棒料右端，完成 $\phi 42$、$\phi 32$ 外圆及圆锥面的加工；第二次采用一夹一顶的装夹方式，用自定心卡盘夹 $\phi 32$ 外圆（包铜皮或用软爪，避免夹伤），完成右端各个部分的加工，注意找正。

（3）确定加工顺序

加工顺序按由粗到精、由近到远的原则确定。即加工右端时，先从右到左进行粗车（留出 0.3mm 的精车余量），然后从右到左进行精车，最后车削螺纹；加工左端时，类似处理。

（4）确定进给路线和编程尺寸设定值

① 确定进给路线。CK6153i 数控车床具有粗车循环和车螺纹循环功能，只要正确使用编程指令，机床数控系统就会自动确定其进给路线，因此，该零件的粗车循环和车螺纹循环不需要人为确定其进给路线（但精车的进给路线需要人为确定）。如图 4-20 所示为左端精加工走刀路线，如图 4-21 所示为右端精加工走刀路线。

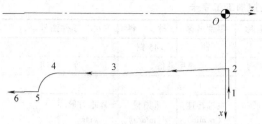

图 4-20 左端精加工走刀路线

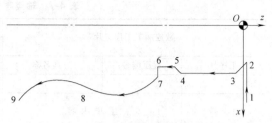

图 4-21 右端精加工走刀路线

② 确定编程尺寸设定值。径向尺寸 $\phi32_{-0.04}^{0}$、$\phi42_{-0.04}^{0}$ 和 $\phi32_{-0.1}^{0}$ 的精度要求较高，取其平均值作为编程尺寸；保持 $R15$ 与 $R18$ 相切关系不变；螺纹部分，外圆尺寸取 27.8；计算各相关点尺寸，分别填入表 4-4、表4-5中。

表 4-4 左端精加工基点坐标

| 1 | (45,1) | 2 | (28.9,1) | 3 | (31.98,-29.8) |
|---|---|---|---|---|---|
| 4 | (31.98,-45) | 5 | (41.98,-50) | 6 | (41.98,-57) |

表 4-5 右端精加工基点坐标

| 1 | (45,1) | 2 | (22,1) | 3 | (27.8,-1.9) |
|---|---|---|---|---|---|
| 4 | (27.8,-18.1) | 5 | (24,-20) | 6 | (24,-25) |
| 7 | (30,-25) | 8 | (35.79,-46.464) | 9 | (44.478,-66) |

（5）刀具的确定

① 车外圆及平端面选用93°硬质合金右偏刀，为防止副后刀面与工件轮廓干涉（可用作图法检验），副偏角不宜太小，选 $\kappa_r' \geqslant 50°$。

② 车螺纹选用硬质合金60°外螺纹车刀。

将所选定的刀具参数填入数控加工刀具卡片中（见表 4-6），以便编程和操作管理。

表 4-6 数控加工刀具卡

| 数控加工刀具卡片 | 工序号 | 程序编号 | 产品名称 | 零件名称 | 材 料 | 零件图号 |
|---|---|---|---|---|---|---|
| | | | | 轴 | 45 钢 | |
| 序号 | 刀具号 | 刀具名称及规格 | | 刀尖半径/mm | 加工表面 | 备注 |
| 1 | T0101 | 93°右偏外圆刀（35°菱形刀片） | | 0.8 | 外轮廓 | 硬质合金 |
| 2 | T0202 | 93°右偏外圆刀（35°菱形刀片） | | 0.4 | 外轮廓 | 硬质合金 |
| 3 | T0303 | 螺纹刀 | | | 车螺纹 | 硬质合金 |
| 编制 | | 审核 | | 批准 | 年 月 日 | 共 页 第 页 |

（6）切削用量的选择

① 背吃刀量的选择。轮廓粗车循环时选 $a_p = 1.5$mm，精车 $a_p = 0.3$mm。

② 主轴转速的选择。车直线和圆弧时，查表 4-3 选粗车切削速度 $v_c = 100$m/min、精车切削速度 $v_c = 130$m/min，然后利用公式 $v_c = \pi dn/1000$ 计算主轴转速 $n$（粗车工件直径取 $\phi45$mm，精车工件直径取 $\phi40$mm）：粗车 700r/min、精车 1000r/min。车螺纹时，参照式（4-2）计算主轴转速 $n = 320$r/min。

③ 进给量的选择。查表 4-1、表 4-2 选择粗车、精车时每转进给量，再根据加工的实际情况确定粗车时每转进给量为 0.3mm/r，精车时每转进给量为 0.15mm/r。

**4. 填写工艺文件**

数控加工刀具卡如表 4-6 所示，该零件的数控加工工序卡如表 4-7 所示，数控加工走刀路线图如图 4-20、4-21 所示，刀具调整图和数控加工程序单略。

表 4-7 轴类零件的数控加工工序卡

| 数控加工工序卡片 | | | 产品名称 | 零件名称 | 材 料 | 零件图号 |
|---|---|---|---|---|---|---|
| | | | | 轴 | 45 钢 | |
| 工序号 | 程序编号 | 夹具名称 | 夹具编号 | 使用设备 | | 车 间 |
| | | | | | | |
| 工步号 | 工 步 内 容 | | 刀具号 | 主轴转速 /(r/min) | 进给量 /(mm/r) | 背吃刀量 /mm | 备注 |

| 工步号 | 工 步 内 容 | 刀具号 | 主轴转速 /(r/min) | 进给量 /(mm/r) | 背吃刀量 /mm | 备注 |
|---|---|---|---|---|---|---|
| 装夹 1:夹住棒料一头,留出长度大约 65mm,车端面(手动操作)保证总长 122mm,对刀,调用程序 | | | | | | |
| 1 | 粗车左端外轮廓,留出加工余量 0.3mm | T0101 | 700 | 0.3 | 1.5 | |
| 2 | 精车左端外轮廓至尺寸,保证各表面的粗糙度值 | T0202 | 1000 | 0.15 | 0.3 | |
| 装夹 2:掉头,平端面(保证总长 120mm)、钻中心孔,对刀,调用程序,注意找正 | | | | | | |
| 1 | 粗车右端外轮廓,留出加工余量 0.3mm | T0101 | 700 | 0.3 | 1.5 | |
| 2 | 精车右端外轮廓,保证表面粗糙度 $Ra3.2\mu m$ | T0202 | 1000 | 0.15 | 0.3 | |
| 3 | 车 M28×1.5 螺纹至尺寸,保证各表面粗糙度值 | T0303 | 320 | | | |
| 编制 | | 审核 | | 批准 | 年 月 日 | 共 页 第 页 |

注:1. 螺纹退刀槽采用 93°右偏外圆刀(35°菱形刀片)切出。
2. 加工右端时,采用了顶尖,注意进刀和换刀时刀具不要与顶尖发生干涉。

## 4.3.2 套类零件的数控车削加工工艺分析

锥孔螺母套零件如图 4-22 所示,毛坯为 φ72mm 棒料,材料为 45 钢。试按中批生产安排其加工工艺。

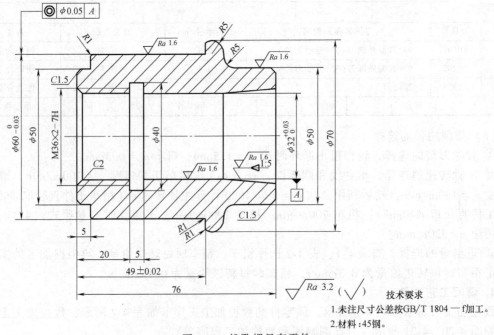

图 4-22 锥孔螺母套零件

### 1. 零件图工艺分析

如图 4-22 所示，该零件表面由内外圆柱面、内圆锥面、顺圆弧、逆圆弧及内螺纹等表面组成。其中 $\phi60_{-0.03}^{0}$ mm、$\phi32_{0}^{+0.03}$ mm 内外圆柱面的尺寸精度较高，$\phi60_{-0.03}^{0}$ mm、$\phi50$ mm、$\phi32_{0}^{+0.03}$ mm 圆柱面及内圆锥面的表面粗糙度值为 $Ra1.6\mu$m，要求较高。零件图尺寸标注完整，符合数控加工尺寸标注要求；轮廓描述清楚完整；零件材料为 45 钢，加工切削性能较好，无热处理和硬度要求。

### 2. 工艺设计

（1）加工方案的确定

外轮廓各部：粗车→精车。

右端内轮廓各部：钻中心孔→钻孔→粗镗→精镗。

左端内螺纹：加工螺纹底孔→切内沟槽→车螺纹。

（2）定位基准和装夹方式

① 内孔加工。

定位基准：内孔加工时以外圆定位。

装夹方式：用自定心卡盘夹紧。

② 外轮廓加工。

定位基准：确定零件轴线为定位基准。

装夹方式：加工外轮廓时，为了保证同轴度要求和便于装夹，以工件左端面和 $\phi32$ mm 孔的轴线作为定位基准，为此需要设计一心轴装置（如图 4-23 所示双点画线部分），用卡盘夹持心轴左端，心轴右端留有中心孔并用顶尖顶紧以提高工艺系统的刚度。

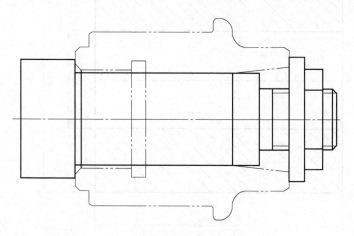

图 4-23 外轮廓车削心轴定位装夹方案

有关加工顺序、工序尺寸及工序要求、切削用量选择、刀具选择、设备选择等工艺问题详见相关工艺文件。

（3）加工工艺的确定

1）加工路线的确定。加工路线见表 4-8。

2）工序 10 加工内容。

① 工序卡见表 4-9。

② 刀具卡见表 4-10。

表 4-8　机械加工工艺路线单

| 机械加工工艺路线单 | | 产品名称 | 零件名称 | 材　料 | | 零件图号 | |
|---|---|---|---|---|---|---|---|
| | | | | 45 钢 | | | |
| 工序号 | 工种 | 工序内容 | | 夹具 | 使用设备 | | 工时 |
| 10 | 普车 | 下料：φ71mm×78mm 棒料 | | 自定心卡盘 | 普通车床 | | |
| 20 | 数车 | 加工左端内沟槽、内螺纹 | | 自定心卡盘 | 数控车床 | | |
| 30 | 数车 | 粗、精加工右端内表面 | | 自定心卡盘 | 数控车床 | | |
| 40 | 数车 | 加工外表面 | | 心轴装置 | 数控车床 | | |
| 50 | 检验 | 按图纸检查 | | | | | |
| 编制 | | 审核 | 批准 | | 年 月 日 | 共 页 | 第 页 |

表 4-9　工序 10 的工序卡

| 机械加工工序卡片 | | 产品名称 | 零件名称 | 材　料 | | 零件图号 | |
|---|---|---|---|---|---|---|---|
| | | | | 45 钢 | | | |
| 工序号 | 程序编号 | 夹具名称 | 夹具编号 | 使用设备 | | 车　间 | |
| 10 | | 自定心卡盘 | | | | | |

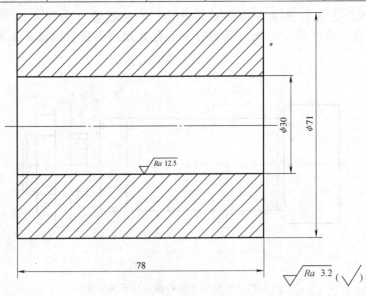

| 工步号 | 工 步 内 容 | 刀具号 | 主轴转速 /(r/min) | 进给量 /(mm/r) | 背吃刀量 /mm | 备注 |
|---|---|---|---|---|---|---|
| 1 | 平端面 | T0101 | 600 | 0.1 | 0.5 | |
| 2 | 车外圆 φ71mm×80mm | T0101 | 500 | 0.2 | 0.5 | |
| 3 | 钻中心孔 | T0202 | 800 | 0.1 | 2.5 | |
| 4 | 钻孔 φ30mm×80mm | T0303 | 230 | 0.1 | 15 | |
| 5 | 切断，保证总长 78mm | T0404 | 400 | 0.1 | 4 | |
| 编制 | | 审核 | | 批准 | 年 月 日 | 共 页　第 页 |

表 4-10　机械加工刀具卡

| 数控加工<br>刀具卡片 | 工序号 | 程序编号 | 产品名称 | 零件名称 | 材　料 | 零件图号 |
| --- | --- | --- | --- | --- | --- | --- |
| | | | | | 45 钢 | |

| 序号 | 刀具号 | 刀具名称及规格 | 刀尖半径/mm | 加工表面 | 备注 |
| --- | --- | --- | --- | --- | --- |
| 1 | T0101 | 95°右偏外圆刀 | 0.8 | 外圆、端面 | 硬质合金 |
| 2 | T0202 | φ5mm 中心钻 | | 钻中心孔 | 高速钢 |
| 3 | T0303 | φ30mm 钻头 | | 钻 φ30 底孔 | 高速钢 |
| 4 | T0404 | 切断刀（B = 4mm） | | 切断 | 硬质合金 |

| 编制 | | 审核 | | 批准 | | | 年　月　日 | 共　页 | 第　页 |
| --- | --- | --- | --- | --- | --- | --- | --- | --- | --- |

3）工序 20 加工内容。

① 工序卡见表 4-11。

表 4-11　工序 20 的工序卡

| 机械加工工序卡片 | 产品名称 | 零件名称 | 材　料 | 零件图号 |
| --- | --- | --- | --- | --- |
| | | | 45 钢 | |

| 工序号 | 程序编号 | 夹具名称 | 夹具编号 | 使用设备 | 车　间 |
| --- | --- | --- | --- | --- | --- |
| 20 | | 自定心卡盘 | | | |

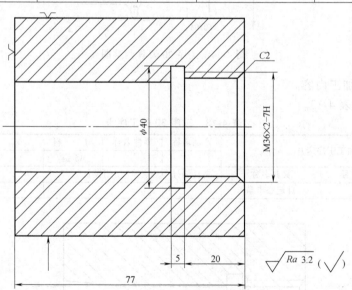

| 工步号 | 工步内容 | 刀具号 | 主轴转速<br>/(r/min) | 进给量<br>/(mm/r) | 背吃刀量<br>/mm | 备注 |
| --- | --- | --- | --- | --- | --- | --- |
| 装夹：夹住棒料一头，留出长度大约 30mm，车端面（手动操作）保证总长 77mm，对刀，调用程序 | | | | | | |
| 1 | 车内螺纹 M36 × 2-7H 底孔至 φ34mm×21mm | T0202 | 600 | 0.15 | 1 | |
| 2 | 车内沟槽至尺寸 | T0303 | 250 | 0.08 | 4 | |
| 3 | 车内螺纹 M36×2-7H 至尺寸，保证表面粗糙度 Ra 3.2μm | T0404 | 600 | | | |

| 编制 | | 审核 | | 批准 | | | 年　月　日 | 共　页 | 第　页 |
| --- | --- | --- | --- | --- | --- | --- | --- | --- | --- |

② 刀具卡见表 4-12。

表 4-12　机械加工刀具卡

| 数控加工<br>刀具卡片 | 工序号 | 程序编号 | 产品名称 | 零件名称 | 材　料 | 零件图号 |
| --- | --- | --- | --- | --- | --- | --- |
| | | | | | 45 钢 | |
| 序号 | 刀具号 | 刀具名称及规格 | | 刀尖半径/mm | 加工表面 | 备注 |
| 1 | T0101 | 95°右偏外圆刀 | | 0.8 | 端面 | 硬质合金 |
| 2 | T0202 | 镗刀 | | 0.8 | 内表面 | 硬质合金 |
| 3 | T0303 | 内切槽刀（$B=5$mm） | | 0.4 | 内沟槽 | 高速钢 |
| 4 | T0404 | 内螺纹刀 | | | 内螺纹 | 硬质合金 |
| 编制 | | 审核 | | 批准 | | 年　月　日 | | 共　页 | 第　页 |

③ 刀具调整图见图 4-24。

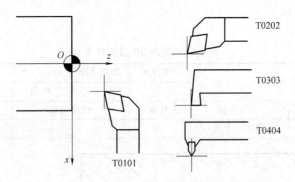

图 4-24　工序 20 刀具调整图

4）工序 30 加工内容。

① 工序卡见表 4-13。

表 4-13　工序 30 的工序卡

| 机械加工工序卡片 | | | 产品名称 | 零件名称 | 材　料 | 零件图号 |
| --- | --- | --- | --- | --- | --- | --- |
| | | | | | 45 钢 | |
| 工序号 | 程序编号 | 夹具名称 | 夹具编号 | 使用设备 | | 车　间 |
| 30 | | 自定心卡盘 | | | | |

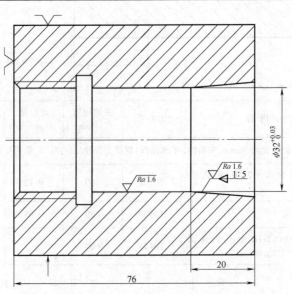

（续）

| 工步号 | 工 步 内 容 | 刀具号 | 主轴转速 /(r/min) | 进给量 /(mm/r) | 背吃刀量 /mm | 备注 |
|---|---|---|---|---|---|---|
| 装夹:夹住棒料一头,留出长度大约40mm,车端面(手动操作)保证总长76mm,对刀,调用程序 | | | | | | |
| 1 | 粗镗内表面,留加工余量0.3mm | T0101 | 600 | 0.2 | 0.7 | |
| 2 | 精镗内表面至尺寸,保证表面粗糙度为Ra1.6μm | T0202 | 1000 | 0.1 | 0.3 | |
| 编制 | | 审核 | | 批准 | | 年 月 日 | | 共 页 | | 第 页 |

② 刀具卡见表4-14。

表4-14 机械加工刀具卡

| 数控加工 刀具卡片 | | 工序号 | 程序编号 | 产品名称 | 零件名称 | 材 料 | 零件图号 |
|---|---|---|---|---|---|---|---|
| | | | | | | 45 钢 | |
| 序号 | 刀具号 | 刀具名称及规格 | | 刀尖半径/mm | | 加工表面 | 备注 |
| 1 | T0101 | 95°右偏外圆刀 | | 0.8 | | 端面 | 硬质合金 |
| 2 | T0202 | 粗镗刀 | | 0.8 | | 内表面 | 硬质合金 |
| 3 | T0303 | 精镗刀 | | 0.4 | | 内表面 | 硬质合金 |
| 编制 | | 审核 | | 批准 | | 年 月 日 | 共 页 | 第 页 |

③ 刀具调整图见图4-25。

5）工序40加工内容。

① 工序卡见表4-15。

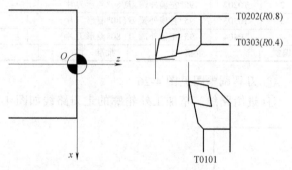

图4-25 工序30刀具调整图

表4-15 工序40的工序卡

| 机械加工工序卡片 | | | 产品名称 | 零件名称 | 材 料 | | 零件图号 |
|---|---|---|---|---|---|---|---|
| | | | | | 45 钢 | | |
| 工序号 | 程序编号 | 夹具名称 | 夹具编号 | 使用设备 | | 车 间 | |
| 40 | | 自定心卡盘 | | | | | |

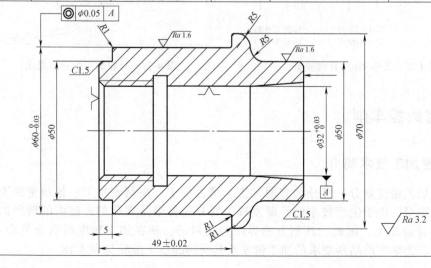

（续）

| 工步号 | 工步内容 | 刀具号 | 主轴转速/(r/min) | 进给量/(mm/r) | 背吃刀量/mm | 备注 |
|---|---|---|---|---|---|---|
| 装夹:采用心轴装夹工件,对刀,调用程序 | | | | | | |
| 1 | 粗车右端外轮廓,留加工余量0.3mm | T0101 | 400 | 0.2 | 1 | |
| 2 | 粗车左端外轮廓,留加工余量0.3mm | T0202 | 400 | 0.2 | 1 | |
| 3 | 精车右端外轮廓至尺寸,保证各表面的粗糙度值 | T0303 | 600 | 0.1 | 0.3 | |
| 4 | 精车左端外轮廓至尺寸,保证各表面的粗糙度值 | T0404 | 600 | 0.1 | 0.3 | |
| 编制 | 审核 | 批准 | 年 月 日 | 共 页 | | 第 页 |

② 刀具卡见表4-16。

**表4-16 机械加工刀具卡**

| 数控加工刀具卡片 | | 工序号 | 程序编号 | 产品名称 | 零件名称 | 材料 | 零件图号 |
|---|---|---|---|---|---|---|---|
| | | | | | | 45钢 | |
| 序号 | 刀具号 | 刀具名称及规格 | | | 刀尖半径/mm | 加工表面 | 备注 |
| 1 | T0101 | 95°右偏外圆刀(80°菱形刀片) | | | 0.8 | 右端外轮廓 | 硬质合金 |
| 2 | T0202 | 95°左偏外圆刀(80°菱形刀片) | | | 0.8 | 左端外轮廓 | 硬质合金 |
| 3 | T0303 | 95°右偏外圆刀(80°菱形刀片) | | | 0.4 | 右端外轮廓 | 硬质合金 |
| 4 | T0404 | 95°左偏外圆刀(80°菱形刀片) | | | 0.4 | 左端外轮廓 | 硬质合金 |
| 编制 | | 审核 | 批准 | | 年 月 日 | 共 页 | 第 页 |

③ 刀具调整图见图4-26。

④ 进给路线。精加工外轮廓的走刀路线如图4-27所示,粗加工外轮廓的走刀路线略。

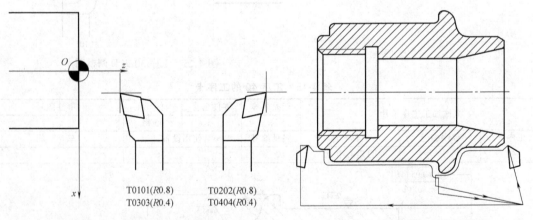

T0101(R0.8)    T0202(R0.8)
T0303(R0.4)    T0404(R0.4)

图4-26    工序40刀具调整图          图4-27    外轮廓车削进给路线

## 4.4 超精密数控车削

### 4.4.1 超精密加工技术简介

机械加工按加工精度划分,可分为普通加工、精密加工、高精密加工、超精密加工和极超精密加工五种类型。由于生产技术的不断发展,划分的界限是变化的,过去的精密加工对今天来说已经是普通加工,因此,其划分的界限是相对的,现在加工精度的划分见表4-17。各种机械、电子、光学等产品所要求的加工精度及其所属的加工范畴见表4-18。

表 4-17 机械加工精度划分

| 级别 | 普通加工 | 精密加工 | 高精密加工 | 超精密加工 | 极超精密加工 |
|---|---|---|---|---|---|
| 加工精度/μm | $100 \sim 10$ | $10 \sim 3$ | $3 \sim 0.1$ | $0.1 \sim 0.005$ | $\leq 0.005$ |

表 4-18 各种产品所要求的加工精度及其所属的加工范畴

| 加工精度范围 | | 机械产品 | 电子产品 | 光学产品 |
|---|---|---|---|---|
| 普通加工 | $200 \mu m$ | 一般机械零件、家用机器、通用齿轮、螺纹、打字机零件、汽车零件和缝纫机零件 | 通用电气机具(开关、电动机)、电子零件外壳、小型电机、半导体和二极管 | 照相机壳体、照相机快门和照相机镜筒 |
| 精密加工 | $5 \mu m$ | 手表零件、精密齿轮、丝杠、高速回转轴承、回转式压缩机零件和胶版印刷原版 | 继电器、阻容线圈、记忆磁盘、IC硅片、录像头和滚筒 | 透镜、棱镜、半导体纤维和接口 |
| | $0.5 \mu m$ | 滚动轴承、精密线材、滚压伺服阀、陀螺轴承、空气轴承、导轨、精密模具和滚柱丝杠 | VTR磁头、磁尺、电荷耦合器件、石英振子、磁泡、IC元件和磁控管 | 精密透镜、精密棱镜、光学分度尺、IC曝光版、激光反射镜、多面反射镜和X射线反射镜 |
| 超精密加工 | $0.05 \mu m$ | 块规、金刚石压头、超高精度 $x-y$ 工作台导轨、超精密金属压印模具和薄片切片刀刃 | IC存储器、硬磁盘和大规模集成电路(LSI元件) | 光学平晶、精密菲涅尔透镜、衍射光栅和光盘 |
| | $0.005 \mu m$ | 超高精度形状的零件(平面、球面、非球面、螺旋面等) | 超大规模集成电路(LSI元件) | 超精密衍射光栅和超高精度形状表面 |
| | 1nm 以下 | 超精度零件的表面粗糙度 | | |

超精密加工技术是适应现代高新技术需要而发展起来的先进制造技术，它包含两个方面：一是指向传统加工方法不易突破的精度界限挑战的加工，即高精度加工；二是指向实现微细尺寸界限挑战的加工，即以微电子电路生产为代表的微细加工。另外，超精密加工不仅涉及精度指标，而且还必须考虑到工件的形状特点和材料等因素。一般认为，加工精度高于 $0.1 \mu m$、表面粗糙度值小于 $0.01 \mu m$ 的加工即为超精密加工。

## 4.4.2 超精密数控车削的工艺特点

超精密数控车削加工是借助锋利的金刚石刀具对工件进行切削加工的，故其工艺具有以下特点：

1）工件材料的微量加工性的影响。工件材料的去除过程不仅受到切削刀具的影响，而且也严格受制于工件材料本身。由于超精密加工的尺寸精度要求很高，表面粗糙度值很小，其最终精加工的表面切削层厚度往往小于其精度值，有时切削层厚度甚至小于材料的晶粒直径，因此工件材料的微量加工性对加工的影响很大。影响材料微量加工性的因素包括被切削材料对金刚石刀具的内部亲和性（化学反应）、材料本身的晶体结构、缺陷、分布和热处理状态等（如多晶体材料的各向异性对零件加工表面完整性具有较大影响）。

2）单位切削力大。由于超精密加工是一种极薄切削加工，切削厚度可能小于晶粒的大小，故切削力微小，但单位切削力非常大。因为实现纳米级超精密加工的物理实质是切断材料分子、原子间的结合，实现原子或分子的去除，因此切削力必须大于晶体内部的分子、原子间的结合力。当切削深度和进给量极小时，单位切削面积上的切削力将急剧增大，同时产生很多的热量，使刀刃尖端局部区域的温度升高，因此在微细切削时对刀具的要求较高，需采用耐磨、耐热、高温硬度高且高温强度好的超硬刀具材料。在切削铝合金等有色金属时，最常用的是金刚石刀具。

3）切削温度的影响。由于超精密切削加工的切削用量极小以及金刚石刀具和工件材料具有高导热性，因此，与传统切削加工相比，超精密切削加工的切削温度相当低。但对于精度要求极高的超精密切削加工来说，加工温度的微小变化对加工精度的影响也是不可忽略的。同时，切削温度对刀具磨损的影响较大，切削温度在金刚石刀具的化学磨损中的影响也极为显著。

4）刃口圆弧半径对最小切削厚度的限制。刀具刃口半径限制了其最小切削厚度，刀具刃口半径越小，允许的最小切削厚度也越小。目前常用的金刚石刀具的刀刃锋利度约为 $0.2 \sim 0.5 \mu m$，最小切削厚度为 $0.03 \sim 0.15 \mu m$；经过特殊刃磨的刀具可达 $0.1 \mu m$，最小切削厚度可达 $0.014 \sim 0.026 \mu m$。若需加工切削厚度为 $1 nm$ 的工件，刀具刃口半径必须小于 $5 nm$，目前对这种极为锋利的金刚石刀具的刃磨和应用都比较困难。

5）刀具的磨损和破损。金刚石刀具的失效形式有磨损和崩刃两种。金刚石刀具的机械磨损和微观崩刃是由刀刃处的微观解理造成的，其磨损的本质是微观解理的积累。积累的金刚石刀具磨损主要发生在刀具的前、后刀面上，在经过数百公里的切削长度之后，这种磨损变为亚微米级磨损。由于氧化、石墨化、扩散和碳化的作用，金刚石刀具也会产生热化学磨损。崩刃是当刀具刃口上的应力超过金刚石刀具的局部承受力时发生的，其对加工表面质量的影响比前、后刀面磨损的影响要大。

6）切削过程中的微振动影响。超精密切削加工时，由于切削厚度往往小于材料的晶粒直径，因此使得切削只能在晶粒内进行，这时的切削相当于对一个个不连续体进行切削，这种微观上的断续切削及机床的动特性会引起切削过程中的微振动。超精密切削加工中的微振动对加工表面质量的影响也是不容忽略的。

7）积屑瘤对加工过程的影响。积屑瘤会影响切削力和切削变形，黏附在刀刃上的积屑瘤还会影响加工表面的表面粗糙度，因此在超精密切削加工时，积屑瘤影响不容忽视。

### 4.4.3 超精密数控车削工艺的制订

#### 1. 超精密切削加工的刀具

超精密切削加工要实现极高的加工精度和极小的表面粗糙度值，其刀具是关键因素，因此超精密切削加工的刀具必须具有以下特点：

① 刀具刃口要极其锋利。衡量切削刀具锋利性的重要尺度是切削刃口的圆弧半径 $R_i$，金刚石刀具的刃口圆弧半径可小到 $10 \mu m$ 左右。刃口圆弧半径越小，被切削表面的弹性恢复量就越小，加工变质层也越小。

② 刀具与被切削材料的亲和性低。

③ 切削刃的表面粗糙度值要小。金刚石刀具的刃口表面粗糙度为 $Rz 0.1 \sim 0.2 \mu m$。

④ 刀具的强度与耐缺损性要高。金刚石刀具的耐缺损性、强度与耐磨损性和金刚石的结晶方位有关。因此，从金刚石原材料的形态和研磨成形难易程度出发，多以结晶面（110 或 111 面）做前刀面。

#### 2. 超精密切削加工切削速度的选择

金刚石的硬度极高，耐磨性又好，热传导系数也高，而且和有色金属的摩擦系数低，因此金刚石刀具的尺寸耐用度甚高，高速切削时刀具磨损亦甚慢。故超精密切削加工时，切削速度并不受刀具耐用度的制约，这点与普通的切削加工规律是不同的。超精密切削加工的切削速度经常是根据所使用的超精密机床的动特性和切削系统的动特性来选择，即选择振动最小的转速。因为在该转速时表面粗糙度值最小，加工质量最高，而获得高质量的表面是超精密切削加工的首要问题。金刚石刀具的寿命一般以切削路程（km）表示。

### 3. 超精密切削加工时刀具的磨损和耐用度

用天然单晶金刚石刀具对有色金属进行超精密切削时，若切削条件正常，则刀具的耐用度极高，刀具破损或磨损而不能继续使用的标志为加工表面粗糙度超过规定值，平时也以其切削路径的长度来计算，正常条件下可达数百公里。

### 4. 超精密切削加工时积屑瘤的生成规律

积屑瘤的产生对加工表面质量影响极大，因此积屑瘤的生成规律和减小积屑瘤的方法是超精密切削加工中必须研究的问题。在进行超精密切削加工时，切削参数对积屑瘤生成的影响见表 4-19。

表 4-19 超精密切削加工时切削参数对积屑瘤生成的影响

| 切削参数 | 影响规律（$h_0$ 为积屑瘤高度） |
|---|---|
| 切削速度 $v$ | 超精密切削加工时切削速度对积屑瘤高度的影响<br>硬铝 $f = 0.0075\text{mm/r}$　$a_p = 0.02\text{mm}$ |
| 进给量 $f$ | 进给量 $f$ 对积屑瘤高度的影响<br>硬铝 $v = 314\text{m/min}$　$a_p = 0.02\text{mm}$ |
| 背吃刀量 $a_p$ | 背吃刀量 $a_p$ 对积屑瘤高度的影响<br>硬铝 $v = 314\text{m/min}$　$f = 0.0075\text{mm/r}$ |

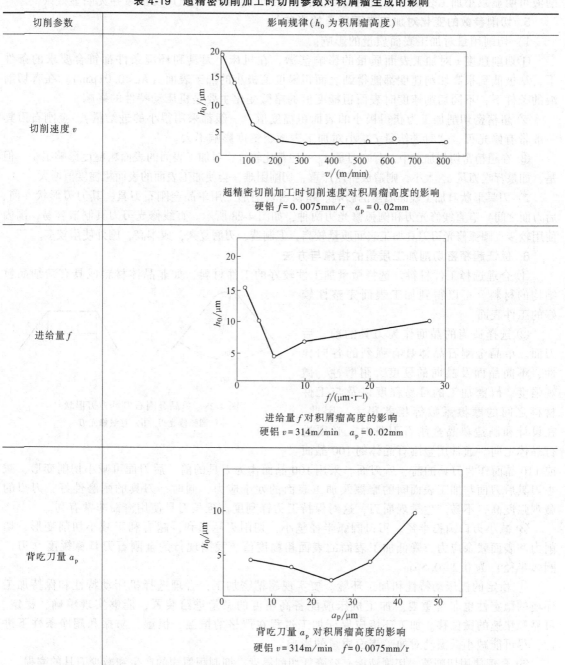

超精密切削加工的积屑瘤对切削力与加工表面表面粗糙度的影响是：积屑瘤大时切削力大，加工表面的表面粗糙度值大；积屑瘤小时切削力小，加工表面的表面粗糙度值小。超精密切削加工时的积屑瘤对切削力的影响与普通切削加工时的规律正好相反，因为：一是积屑瘤的圆弧半径 $R$ 约为 $2\sim3\mu m$，远远大于金刚石刀具的刃口半径 $0.2\sim0.5\mu m$；二是积屑瘤代替金刚石刀刃切削，积屑瘤与切屑间摩擦很严重，摩擦力大大增加；三是积屑瘤导致切削厚度增加。

要减小加工表面的表面粗糙度值，应消除或减小积屑瘤。在有些情况下可以采用加切削液的方法来减小积屑瘤，提高加工表面的表面粗糙度。如在加工硬铝时，使用航空汽油为切削液可明显减小加工表面的表面粗糙度值，而在加工黄铜时，使用切削液并无明显效果。

### 5. 切削参数的变化对加工表面质量的影响

1）切削用量对加工表面质量的影响。

① 切削速度 $v$ 对加工表面质量的影响甚微，在机床、刀具和环境条件都符合要求的条件下，从极低到很高切削速度都能得到表面粗糙度值极小的加工表面（$Ra<0.01\mu m$）。在有切削液的条件下，不同切削速度时表面粗糙度值的略微变化主要是机床动特性的影响。

② 超精密切削加工为获得极小的表面粗糙度值，一般都采用很小的进给量 $f$。金刚石刀具一般带有修光刃，这时进给量 $f$ 减小对加工表面粗糙度影响不大。

③ 在超精密切削加工中，背吃刀量 $a_p$ 一般都比较小，对加工表面的表面粗糙度影响很小。但是，如果背吃刀量 $a_p$ 太小，则造成挤压严重，切削困难，会使加工表面的表面粗糙度值增大。

2）刀具形状对加工表面质量的影响。超精密切削加工用单晶金刚石刀具，其刀刃形状（前、后刀面之间）有直线修光刃和圆弧修光刃两种，如图 4-28 所示。直线修光刃刀具制造容易，国内使用较多。圆弧修光刃刀具加工表面质量较高，但制造、刃磨复杂，成本高，国外使用较多。

### 6. 保证超精密切削加工质量的措施与方法

① 合理选择工件材料。选择微量加工性较好的工件材料，如非晶体材料或具有精细晶粒结构的材料，可以得到加工表面完整性较好的工件表面。

② 选择适当的晶面作为刀具的前、后刀面。单晶金刚石晶体具有强烈的各向异性，不同晶面及晶向的硬度、耐磨性、微观强度、研磨加工的难易程度以及与工件材料之间的摩擦系数等相差很大，因此，在设计和制造单晶金刚石刀具时，必须进行晶体定向。通常用金刚石晶体的 100 晶面

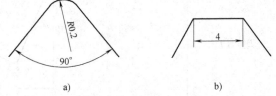

图 4-28　单晶金刚石刀具刀刃形状
a）圆弧修光刃　b）直线修光刃

或 110 晶面作为刀具的前、后刀面。采用 100 晶面作为刀具的前、后刀面可减小切削变形，减小刀具后刀面与加工表面间的摩擦及加工表面的残余应力，同时，刀具的耐磨性好，刀刃的微观强度高，不易产生微观崩刃，这对保持刀刃锋利度、延长刀具使用寿命非常有利。

③ 减小刃口圆弧半径。刃口圆弧半径越小，切削刃越锋利，越有利于减小切削变形、切削力和表面残余应力，降低加工表面的表面粗糙度值。我国现行的金刚石刀具锋锐度（刃口圆弧半径）为 $0.2\sim0.5\mu m$。

④ 稳定的机床动特性和加工环境。要实现超精密加工，合理选择机床动特性和保持加工环境的稳定性也非常重要。加工机床应配备高精度的微量进给装置，能够实现精确、稳定、可靠和快速的微位移。加工环境应保证加工过程在严格的恒温、恒湿、防振和超净条件下进行，尽可能减小微振动对加工表面质量的影响。

⑤ 合理使用切削液。切削液能有效降低切削温度，抑制积屑瘤的产生和减少刀具的磨损。

## 思考题与习题

1. 数控车床床身导轨的布局有哪几种形式？各有什么特点？

2. 数控车削的主要加工对象有哪些？

3. 在数控车床上加工零件时，分析零件图样主要考虑哪些方面？

4. 数控车削加工工序划分的原则有哪些？如何确定数控车削的加工顺序？

5. 在数控车床上加工时，选择粗车、精车切削用量的原则是什么？

6. 轴类零件如图 4-29 所示，毛坯为 $\phi45mm$ 棒料，材料为 45 钢。试按单件小批生产安排其加工工艺。

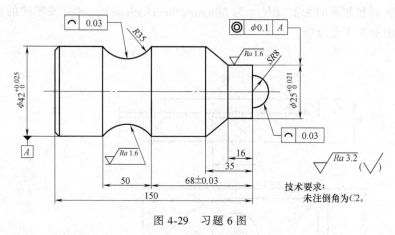

图 4-29 习题 6 图

7. 轴承套零件如图 4-30 所示，毛坯为 $\phi80mm$ 棒料，材料为 45 钢。试按中批生产安排其加工工艺。

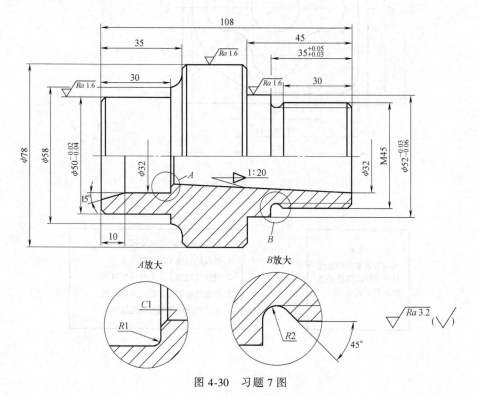

图 4-30 习题 7 图

# 第5章

# 数控铣削加工工艺

【案例引入】 典型平面轮廓零件如图 5-1 所示,材料为 45 钢,单件生产,在前面的工序中已完成零件底面和侧面的加工（尺寸为 80mm×80mm×19mm）,试对该零件的顶面和内外轮廓进行数控铣削加工工艺分析。

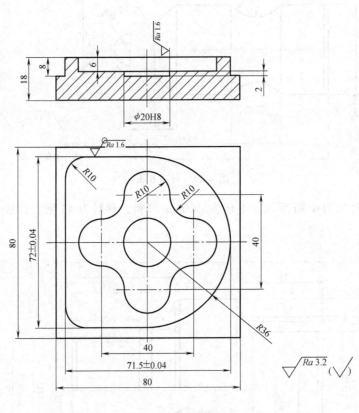

图 5-1 下型腔零件

| 任务 | 本章知识(或技能)要点 |
|---|---|
| 制订该零件的顶面和内外轮廓的数控铣削加工工艺规程。 | 1. 数控铣削加工的主要对象。<br>2. 数控铣削加工工艺的主要内容。<br>3. 数控铣削加工工艺文件的编制。<br>4. 制订数控铣削加工工艺规程。 |

## 5.1　数控铣削简介

### 5.1.1　数控铣床的分类

数控铣床的种类很多，常用的分类方法有以下三种。

**1. 按其主轴的布置形式分类**

按其主轴的布置形式可分为：

（1）立式数控铣床

立式数控铣床的主轴轴线垂直于水平面，如图 5-2 所示。它是数控铣床中数量最多的一种，应用范围也最广。立式数控铣床中又以三坐标（$x$、$y$、$z$）联动的数控铣床居多，其各坐标的控制方式有以下几种：

① 工作台纵向、横向及上下移动，主轴不动。这种数控铣床与普通立式升降台铣床相似，一般小型立式数控铣床采用这种方式。

② 工作台纵向、横向移动，主轴上下移动。这种方式一般用在中型立式数控铣床中，如图 5-2 所示。

③ 龙门式数控铣床。对于大型的数控铣床，一般采用对称的双立柱结构，保证机床的整体刚性和强度，即数控龙门铣床。它有工作台移动和龙门架移动两种形式，如图 5-3 所示。数控龙门铣床适用于加工飞机整体结构件、大型箱体零件和大型模具等。

图 5-2　立式数控铣床

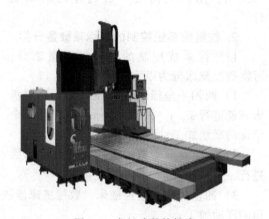

图 5-3　龙门式数控铣床

为了扩大立式数控铣床的使用功能和加工范围，可增加数控转盘来实现四、五轴联动加工，如图 5-4 所示。

（2）卧式数控铣床

卧式数控铣床的主轴轴线平行于水平面，如图 5-5 所示。为了扩大其使用功能和加工范围，通常采用增加数控转盘或万能数控转盘来实现四轴或五轴加工。一次装夹后可完成除安装面以外的其余四个面的各种工序的加工，尤其是万能数控转盘可以把工件上各种不同角度的加工面摆成水平面来加工，可以省去许多专用夹具或专用角度成形铣刀。

（3）立卧两用数控铣床

如图 5-6 所示为立卧两用数控铣床，也称万能式数控铣床，可以主轴旋转 90°或工作台带着工件旋转 90°，一次装夹后可以完成对工件五个表面的加工，即除了工件与转盘贴面的定位

立式数控铣床主轴

CMC数控分度盘

尾座

工件

图 5-4　立式数控铣床配备数控转盘实现四轴联动加工

图 5-5　卧式数控铣床

面外，其他表面都可以在一次装夹中进行加工。万能式数控铣床的使用范围更广、功能更全，选择加工对象的余地更大。给用户带来了很多方便，特别是当生产批量小，品种较多，又需要立、卧两种方式加工时，用户只需要一台这样的机床就行了。

图 5-6　配万能数控主轴头可任意方向转换的
立卧两用数控铣床

**2. 按数控系统控制的坐标轴数量分类**

按数控系统控制的坐标轴数量来分，可将数控铣床分为以下几种：

1）两轴半坐标联动数控铣床。数控机床只能进行 $x$、$y$、$z$ 三个坐标中的任意两个坐标的联动加工。

2）三坐标联动数控铣床。数控机床能进行 $x$、$y$、$z$ 三个坐标轴联动加工。

3）四坐标联动数控铣床。数控机床能进行 $x$、$y$、$z$ 三个坐标轴和绕其中一个轴做数控摆角的联动加工。

4）五坐标联动数控铣床。数控机床能进行 $x$、$y$、$z$ 三个坐标轴和绕其中两个轴做数控摆角的联动加工。

**3. 按数控系统的功能分类**

按数控系统的功能，数控铣床可分为经济型、全功能型和高速铣削数控铣床三种。

## 5.1.2　数控铣削加工的工艺特点

数控铣削加工工艺与普通铣床相比，在许多方面遵循的原则基本一致。数控铣床本身的自动化程度较高，控制方式精确，价格较普通铣床高得多，因此数控铣削加工工艺相应有以下几个特点：

1）对零件加工的适应性强、灵活性好，能加工轮廓形状特别复杂或难以控制尺寸的零件，如模具类零件、壳体类零件等。

2）能加工使用普通铣床加工难以观察、测量和控制进给的零件，如用数学表达式描绘的复杂曲线类零件以及三维空间曲面类零件等。

3）加工精度高，加工质量稳定可靠。

4）采用数控铣削能够成倍地提高生产率，大大地减轻了体力劳动强度。

5）生产效率高。一般可省去划线、中间检查等工作，通常也可省去复杂的工装，减少对工件的装夹、调整等工作，能够选用最佳工艺路线和切削用量，有效地减少加工中的辅助时间，从而提高生产效率。

6）从切削原理上讲，无论端铣还是周铣都属于断续切削方式，因此对刀具要求较高，要求刀具具有良好的抗冲击性、韧性和耐磨性。

### 5.1.3　数控铣削的主要加工对象

数控铣床的加工内容与加工中心的加工内容有许多相似之处，都可以对工件进行铣削、钻削、扩削、铰削、锪削、镗削以及攻螺纹等加工，但从实际应用效果看，数控铣床更多地用于复杂曲面的加工，而加工中心更多地用于有多工序内容的零件加工。适合用数控铣床加工的零件主要有以下几种：

（1）平面曲线轮廓类零件

平面曲线轮廓类零件是指有内、外复杂曲线轮廓的零件，特别是由数学表达式等给出的其轮廓为非圆曲线或列表曲线的零件。平面曲线轮廓零件的加工面通常平行或垂直于水平面，或加工面与水平面的夹角为一定值，各个加工面是平面，或可以展开为平面，如图5-7所示。

图5-7　平面类零件

a）带平面轮廓的平面零件　b）带斜平面的平面零件　c）带正圆台和斜肋的平面零件

平面类零件是数控铣削加工中最简单的一类零件，一般只需用三坐标数控铣床的两坐标联动（两轴半坐标联动）就可以把它们加工出来。

（2）曲面类（立体类）零件

曲面类零件一般指具有三维空间曲面的零件。曲面通常是由数学模型设计出来的，因此往往要借助于计算机来编程，其加工面不能展开为平面。加工时，铣刀与加工面始终为点接触，一般采用球头铣刀用两轴半或三轴联动的三坐标数控铣床加工。当曲面较复杂、通道较狭窄、会伤及毗邻表面以及需要刀具摆动时，要采用四坐标或五坐标数控铣床来加工，如模具类零件、叶片类零件和螺旋桨类零件等。

（3）变斜角类零件

加工面与水平面的夹角呈连续变化的零件称为变斜角类零件。这类零件特点是加工面不能展开为平面，但在加工中，铣刀圆周与加工面接触的瞬间为一条直线。如图5-8所示是飞机上的一种变斜角梁缘条，该零件在第2肋至第5肋的斜角从3°10′均匀变化为

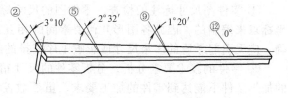

图5-8　变斜角类零件

2°32′，从第 5 肋至第 9 肋的斜角再均匀变化为 1°20′，从第 9 肋至第 12 肋的斜角又均匀变化至 0°。变斜角类零件一般采用四轴或五轴联动的数控铣床加工，也可以在三轴数控铣床上通过两轴联动用鼓形铣刀分层近似加工，但精度稍差。

（4）其他在普通铣床上难加工的零件

① 形状复杂，尺寸繁多，划线与检测均较困难，在普通铣床上加工又难以观察和控制的零件。

② 高精度零件：尺寸精度、几何公差和表面粗糙度等都要求较高的零件。如发动机缸体上的多组尺寸精度要求高且有较高相对尺寸、位置要求的孔或型面。

③ 一致性要求好的零件：在批量生产中，由于数控铣床本身的定位精度和重复定位精度都较高，能够避免在普通铣床加工中因人为因素而造成的多种误差，故数控铣床容易保证成批零件的一致性，使其加工精度得到提高，质量更加稳定。同时，因数控铣床加工的自动化程度高，还可大大减轻操作者的体力劳动强度，显著提高其生产效率。

虽然数控铣床加工范围广泛，但是因为受到数控铣床自身特点的制约，某些零件仍不适合在数控铣床上加工。如简单的粗加工面，加工余量不太充分或很不均匀的毛坯零件，以及生产批量特别大而精度要求又不高的零件等。

## 5.1.4　数控铣削加工内容的选择

一般情况下，一个零件并非全部的铣削表面都要采用数控铣床加工，而应根据零件的加工要求和企业的生产条件来确定适合于数控铣床加工的表面和内容。通常选用以下内容进行数控铣削加工：

① 由直线、圆弧、非圆曲线及列表曲线构成的平面轮廓。

② 空间的曲线和曲面。

③ 形状虽然简单，但尺寸繁多，划线与检测均较困难的部位。

④ 用普通铣床加工时难以观察、控制及检测的内腔、箱体内部等。

⑤ 有严格位置尺寸要求的孔或平面。

⑥ 能够在一次装夹中顺带加工出来的简单表面或形状。

⑦ 采用数控铣削加工能有效地提高生产效率，减轻劳动强度的一般加工内容。

而像一些加工余量大且又不均匀的表面、在机床上占机调整和准备时间较长的加工内容、简单粗加工表面、毛坯余量不充分或不太稳定的部位等则不宜采用数控铣削加工。

## 5.2　数控铣削加工工艺的主要内容

### 5.2.1　零件图的工艺性分析

关于数控加工的零件图和结构工艺性分析，在前面 3.2.2 中已作介绍，下面结合数控铣削加工的特点作进一步说明。

#### 1. 零件图分析

① 零件图尺寸标注的检查。零件图的尺寸标注应正确且完整，由于加工程序是以准确的坐标点来编制的，因此各图形几何要素间的相互关系（如相切、相交、垂直和平行等）应明确，应无引起矛盾的多余尺寸或影响工序安排的封闭尺寸等。

② 零件的技术要求分析。分析零件的尺寸精度、几何公差和表面粗糙度等，确保在现有的加工条件下能达到零件的加工要求。虽然数控机床精度高，但对于一些特殊情况也不能保证达到零件的加工要求，例如过薄的底板与肋板，因为加工时产生的切削力及薄板的弹性退

让极易产生切削面的振动,使薄板的厚度尺寸公差难以保证,其表面粗糙度值也将增大。

③ 零件的材料。了解零件材料的牌号、切削性能及热处理要求,以便合理地选择刀具和切削参数,并合理地制定出加工工艺和加工顺序等。

④ 零件定位基准分析。有些工件需要在铣完一面后再重新装夹铣削另一面,由于数控铣削不能使用普通铣床加工时常用的试切方法来接刀,往往会因为工件的重新装夹而接不好刀。这时,最好采用统一基准定位,因此零件上应有合适的孔作为定位基准孔。如果零件上没有基准孔,也可以专门设置工艺孔作为定位基准孔。

**2. 零件结构工艺性分析**

① 零件的内形和外形最好采用统一的几何类型和尺寸,这样可以减少刀具规格和换刀、对刀次数,提高生产效率。

② 内槽圆角和内轮廓圆弧不应太小,因为其决定了刀具的直径,零件工艺性的好坏与被加工轮廓的高低、转接圆弧半径的大小有关,如图 5-9 所示。图 5-9b 所示的内槽圆角半径大,刀具直径就可以选择较大的,这样刀具刚性好,进给次数少,加工质量好,工艺性好。通常当 $R<0.2H$($R$ 为内槽圆弧半径,$H$ 为被加工零件轮廓面的最大高度)时,可以判定零件该部位的工艺性不好,如图 5-9a 所示。

③ 铣槽底平面时,槽底圆角半径 $r$ 不要过大。如图 5-10 所示,铣刀端面刃与铣削平面的最大接触直径 $d=D-2r$($D$ 为铣刀直径)。当 $D$ 一定时,$r$ 越大,铣刀端面刃铣削平面的面积越小,生产效率越低,工艺性越差。

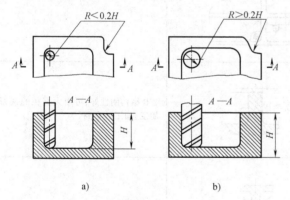

图 5-9　内槽圆角对加工工艺的影响
a) 工艺性不好　b) 工艺性好

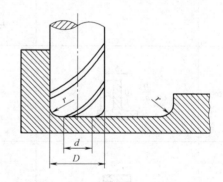

图 5-10　槽底圆角对加工工艺的影响

有关数控铣削工件的结构工艺性图例见表 5-1。

表 5-1　数控铣削加工零件结构工艺性图例

| 序号 | A 工艺性差的结构 | B 工艺性好的结构 | 说　明 |
|---|---|---|---|
| 1 | $R_2<(\frac{1}{5}\sim\frac{1}{6})H$ | $R_2>(\frac{1}{5}\sim\frac{1}{6})H$ | B 结构可选直径较大的刀具,提高刀具刚性 |

（续）

| 序号 | A 工艺性差的结构 | B 工艺性好的结构 | 说　明 |
|---|---|---|---|
| 2 | | | B 结构需要的刀具比 A 结构少,故而减少了换刀的辅助时间 |
| 3 | | | B 结构 $R$ 大,$r$ 小,铣刀端刃铣削面积大,生产效率高 |
| 4 | | | B 结构 $a>2R$,便于半径为 $R$ 的铣刀进入,所需刀具少,加工效率高 |
| 5 | | | B 结构刚性好,可用大直径的铣刀加工,加工效率高 |
| 6 | | | B 结构在加工表面和不加工表面之间加入了过渡表面,减少了切削量 |
| 7 | | | B 结构用斜面肋代替阶梯肋,节省了材料,简化了编程 |
| 8 | | | B 结构采用对称结构,简化了编程 |

### 3. 零件的毛坯分析

① 铸件和锻件毛坯分析。因模锻时的欠压量与允许的错模量会造成余量多少不等，铸造时也会因砂型误差、收缩量及金属液体的流动性差不能充满型腔等原因造成余量多少不等。另外，锻造、铸造后，毛坯的翘曲与扭曲变形量的不同也会造成加工余量的不充分和不稳定。因此，除板料外，不管是锻件、铸件还是型材，只要准备采用数控铣削加工，其加工面均应有较充分的余量。

② 毛坯余量大小与均匀性的分析。主要是考虑在加工时要不要分层切削以及分几层切削的问题。另外，也要分析加工中与加工后的变形程度，考虑是否应采取预防性措施与补偿措施。

### 4. 零件加工变形情况的分析

数控铣削工件在加工时的变形，不仅影响加工质量，而且当变形较大时，将使加工不能继续进行下去。这时就应当考虑采取一些必要的工艺措施进行预防，如对钢件进行调质处理；对铸铝件进行退火处理；对不能用热处理方法解决的，也可考虑粗、精加工及对称去余量等常规方法。此外，还要分析加工后的变形问题及采取什么工艺措施来解决。

## 5.2.2 加工方法的选择

数控铣削加工对象的主要加工表面一般可采用表 5-2 所列的加工方案。

表 5-2 加工表面的加工方案

| 序号 | 加工表面 | 加工方案 | 所使用的刀具 |
|---|---|---|---|
| 1 | 平面内外轮廓 | $x$、$y$、$z$ 方向粗铣→内外轮廓方向分层半精铣→轮廓高度方向分层半精铣→内外轮廓精铣 | 整体高速钢或硬质合金立铣刀；机夹可转位硬质合金立铣刀 |
| 2 | 空间曲面 | $x$、$y$、$z$ 方向粗铣→曲面 $z$ 方向分层粗铣→曲面半精铣→曲面精铣 | 整体高速钢或硬质合金立铣刀、球头铣刀；机夹可转位硬质合金立铣刀、球头铣刀 |
| 3 | 孔 | 定尺寸刀具加工 铣削 | 麻花钻、扩孔钻、铰刀、镗刀 整体高速钢或硬质合金立铣刀；机夹可转位硬质合金立铣刀 |
| 4 | 外螺纹 | 螺纹铣刀铣削 | 螺纹铣刀 |
| 5 | 内螺纹 | 攻螺纹 螺纹铣刀铣削 | 丝锥 螺纹铣刀 |

### 1. 平面加工方法的选择

在数控铣床上加工平面主要采用面铣刀和立铣刀。经粗铣的平面，尺寸精度可达 IT12～IT10，表面粗糙度值可达 $Ra25～6.3\mu m$；经过粗铣—精铣或粗铣—半精铣—精铣的平面，尺寸精度可达 IT9～IT7，表面粗糙度值可达 $Ra6.3～1.6\mu m$；需要注意的是，当零件表面粗糙度要求较高时，应采用顺铣方式。

### 2. 平面轮廓加工方法的选择

平面轮廓多由直线和圆弧或各种曲线构成，通常采用三坐标数控铣床进行两轴半坐标加工。如图 5-11 所示为由直线和圆弧构成的零件平面轮廓 $ABCDEA$，采用半径为 $R$ 的立铣刀沿周向加工，双点画线 $A'B'C'D'E'A'$ 为了刀具中心的运动轨迹。为了保证加工面光滑，刀具沿 $PA'$ 切入，沿 $A'K$ 切出。

### 3. 固定斜角平面的加工方法

固定斜角平面是指与水平面成一固定夹角的斜面。当零件尺寸不大时，可用斜垫板垫平后加工；如果机床主轴可以摆角，则可以摆成适当的定角，用不同的刀具来加工（如图 5-12 所示）。当零件尺寸很大，斜面斜度又较小时，常用行切法加工，但加工后，会在加工面上留下残留面积，需要用钳修方法加以清除，用三坐标数控立式铣床加工飞机整体壁板零件时常用此法。当然，加工斜面的最佳方法是采用五坐标数控铣床，主轴摆角后加工，可以不留残留面积。

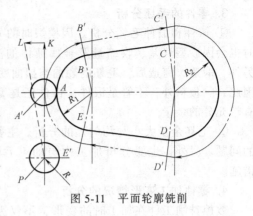

图 5-11　平面轮廓铣削

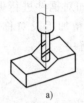 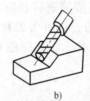 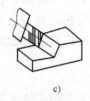 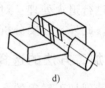

　　　a)　　　　　　　b)　　　　　　　c)　　　　　　　d)

图 5-12　主轴摆角加工固定斜角平面

a) 主轴垂直端刃加工　b) 主轴摆角后侧刃加工　c) 主轴摆角后端刃加工　d) 主轴水平侧刃加工

### 4. 变斜角面的加工方法

1）对于曲率变化较小的变斜角面，用四坐标联动的数控铣床，采用立铣刀（当零件斜角过大，超过机床主轴摆角范围时，可用角度成形铣刀加以弥补）以插补方式摆角加工，如图 5-13a 所示。加工时，为了保证刀具与零件型面在全长上始终贴合，刀具不光做 $x$、$y$、$z$ 坐标轴方向的移动，还要绕 $A$ 轴做摆角 $\alpha$。

2）对于曲率变化较大的变斜角面，用四坐标联动加工难以满足加工要求，最好用五坐标联动数控铣床，以圆弧插补方式摆角加工，如图 5-13b 所示。图中夹角 $A$ 和 $B$ 分别是零件斜母线与 $Z$ 坐标轴夹角 $\alpha$ 在 $zOy$ 平面上和 $xOy$ 平面上的分夹角。

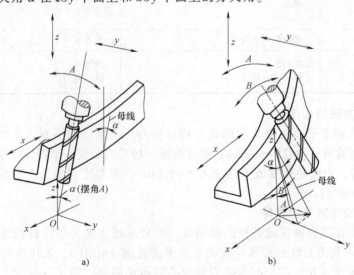

　　　　　　　　a)　　　　　　　　　　　　　　b)

图 5-13　数控铣床加工变斜角面

a) 四坐标联动加工　b) 五坐标联动加工

3）采用三坐标数控铣床两坐标联动，利用球头铣刀和鼓形铣刀以直线或圆弧插补方式进行分层铣削加工，加工后的残留面积用钳修方法清除，如图 5-14 所示是用鼓形铣刀分层铣削变斜角面。

**5. 曲面轮廓的加工方法**

立体曲面的加工应根据曲面形状、刀具形状及精度要求采用不同的铣削加工方法，如两轴半、三轴、四轴及五轴等联动加工。

1）对于曲率变化不大和精度要求不高的曲面粗加工，常采用两轴半坐标行切法加工。两轴半坐标是指 $x$、$y$、$z$ 三轴中任意两轴做联动插补，第三轴做单独的周期进给。行切法是指刀具与零件轮廓的切点轨迹是一行一行的，而行间距按零件加工精度要求而确定。如图 5-15 所示，将 $x$ 向分成若干段，球头铣刀沿 $yOz$ 面所截得曲线进行铣削，每一段加工完后进给 $\Delta x$，再加工另一相邻曲线，如此依次切削即可加工出整个曲面。在行切法中，要根据轮廓表面粗糙度的要求及刀头不干涉相邻表面的原则选取 $\Delta x$。当表面粗糙度值为 $Ra6.3 \sim 12.5\mu m$ 时，一般取 $\Delta x = 0.5 \sim 1mm$；当表面粗糙度值为 $Ra1.6 \sim 3.2\mu m$ 时，一般取 $\Delta x = 0.1 \sim 0.5mm$。另外，球头铣刀的刀头半径应该选得大一些，有利于散热，但刀头半径应小于内凹曲面的最小曲率半径。

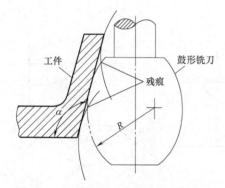

图 5-14　用鼓形铣刀分层铣削变斜角面

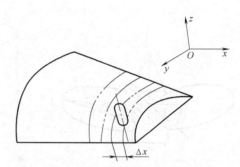

图 5-15　两轴半坐标行切法加工曲面

两轴半坐标加工曲面的刀心轨迹 $O_1O_2$ 和切削点轨迹 $ab$ 如图 5-16 所示。图中 $ABCD$ 为被加工曲面，$P_{yOz}$ 平面为平行于 $yOz$ 坐标平面的一个行切面，刀心轨迹 $O_1O_2$ 为曲面 $ABCD$ 的等距面 $IJKL$ 与行切面 $P_{yOz}$ 的交线，显然 $O_1O_2$ 是一条平面曲线。由于曲面的曲率变化，改变了球头铣刀与曲面切削点的位置，使切削点的连线成为一条空间曲线，从而在曲面上形成扭曲的残留沟纹。

2）对于曲率变化较大和精度要求较高的曲面精加工，常用 $x$、$y$、$z$ 三坐标联动插补的行切法加工。如图 5-17 所示，$P_{yOz}$ 平面为平行于 $yOz$ 坐标平面的一个行切面，它与曲面的交线为 $ab$。由于是三坐标联动，球头铣刀与曲面的切削点始终处在平面曲线 $ab$ 上，所以可获得较规则的残留沟纹。但这时的刀心轨迹 $O_1O_2$ 不在 $P_{yOz}$ 平面上，而是一条空间曲线。

3）对于叶轮、螺旋桨这样的零件，因其叶片形状复杂，刀具容易与相邻表面发生干涉，故常用五坐标联动加工，其加工原理如图 5-18 所示。半径为 $R_i$ 的圆柱面与叶面的交线 $AB$ 为螺旋线的一部分，螺旋角为 $\psi_i$，叶片的径向叶形线（轴向割线）$EF$ 的倾角 $\alpha$ 为后倾角，螺旋线 $AB$ 用极坐标加工方法，并且以折线段逼近。逼近段 $mn$ 是由 $C$ 坐标旋转 $\Delta\theta$ 与 $Z$ 坐标位移 $\Delta x$ 的合成。当 $AB$ 加工完后，刀具径向位移 $\Delta x$（改变 $R_i$），再加工相邻的另一条叶形线，依次加工即可形成整个叶面。由于叶面的曲率半径较大，所以常采用立铣刀加工，以提高生产效率和简化程序。为保证铣刀端面始终与曲面贴合，铣刀还应作由坐标 $A$ 和坐标 $B$ 形成的 $\theta_i$ 和 $a_i$ 的摆角运动。在摆角的同时，还应做直角坐标的附加运动，以保证铣刀端面中心始终位

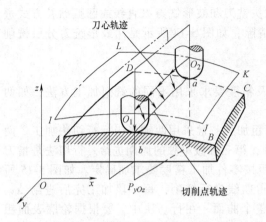

图 5-16 两轴半坐标行切法加工曲面的切削点轨迹

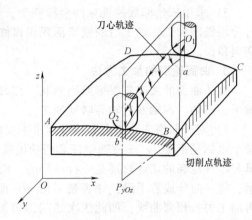

图 5-17 三轴联动行切法加工曲面的切削点轨迹

于编程值所规定的位置上,所以需要五坐标联动加工,这种加工的编程计算相当复杂,一般采用自动编程。

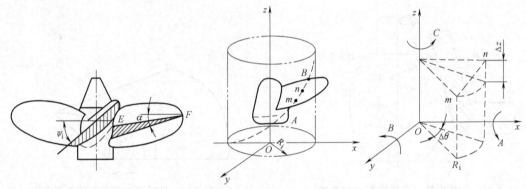

图 5-18 曲面的五坐标联动加工

## 5.2.3 刀具的选择

### 1. 数控铣削刀具的基本要求

① 铣刀刚性要好。要求铣刀刚性好的目的,一是满足为提高生产效率而采用大切削用量的需要;二是为适应数控铣床加工过程中难以调整切削用量的特点。例如工件各处的加工余量相差悬殊时,普通铣床很容易采用分层铣削的方法来解决,而数控铣床就必须按照程序规定的走刀路线进刀,若在编制程序中没有预先考虑,则易产生振动,甚至断刀。这种因刀具刚性较差而断刀并造成工件损坏的情况在数控铣削中是经常发生的,因此解决数控铣削刀具的刚性问题是至关重要的。

② 铣刀的耐用度要高。当一把铣刀加工的内容很多时,如果刀具磨损较快,不仅会影响工件的表面质量和加工精度,而且会增加换刀与对刀次数,从而导致工件加工表面留下因对刀误差而形成的接刀台阶,降低零件的表面质量。

除上述两点之外,铣刀切削刃的几何角度参数的选择与排屑性能等也非常重要。切削粘刀形成积屑瘤在数控铣削中是十分忌讳的。总之,根据被加工工件材料的热处理状态、切削性能及加工余量,选择刚性好、耐用度高的铣刀,是充分发挥数控铣床的生产效率高的优势并获得满意加工质量的前提条件。

**2. 典型的数控铣削加工刀具**

数控铣削常用的刀具有面铣刀、立铣刀、键槽铣刀、模具铣刀、鼓形铣刀和成形铣刀等，在第1章中已对面铣刀、普通立铣刀、键槽铣刀和成形铣刀进行了介绍，下面仅对几种典型的数控铣削刀具进行说明。

（1）硬质合金螺旋齿立铣刀

如图5-19所示，通常这种刀具的硬质合金刀刃可做成焊接、机夹及可转位三种形式，它具有良好的刚性及排屑性能，可对工件的平面、阶梯面、内侧面及沟槽进行粗、精铣削加工，生产效率可比同类型的高速钢铣刀提高2~5倍。

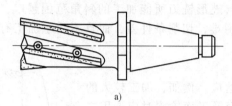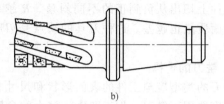

图 5-19　硬质合金螺旋齿立铣刀
a）每齿单条刀片　b）每齿多个刀片

当铣刀的长度足够时，可以在一个刀槽中焊上两个或更多的硬质合金刀片，并使相邻刀齿间的接缝相互错开，利用同一刀槽中刀片之间的接缝作为分屑槽，如图5-19b所示。这种铣刀俗称"玉米铣刀"，通常在粗加工时选用。

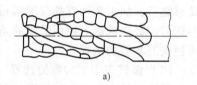

（2）波形刃立铣刀

波形刃立铣刀与普通立铣刀的最大区别是其刀刃为波形，如图5-20所示。采用这种立铣刀能有效地降低铣削力，防止铣削时产生振动，并显著地提高铣削效率，适合于切削余量大的粗加工。

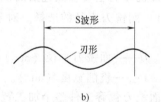

图 5-20　波形刃立铣刀
a）齿形　b）波形

（3）模具铣刀

模具铣刀由立铣刀发展而成，它是加工金属模具型面铣刀的通称。模具铣刀分为圆锥形立铣刀（圆锥半角 $\alpha/2 = 3°、5°、7°、10°$）、圆柱形球头立铣刀和圆锥形球头立铣刀三种，其柄部有直柄、削平型直柄和莫氏锥柄三种。模具铣刀主要用于空间曲面、模具型腔等曲面的加工。

模具铣刀的结构特点是球头或端面上布满了切削刃、圆周刃与球头刃圆弧连接，可以做径向和轴向进给。它的工作部分用高速钢或硬质合金制造，国家标准规定直径 $d = 4 \sim 63mm$。如图5-21所示为高速钢制造的模具铣刀，如图5-22所示为硬质合金制造的模具铣刀。直径较小的硬质合金铣刀多制成整体式结构，直径在 $\phi16mm$ 以上的制成焊接式或机夹式刀片结构。

（4）鼓形铣刀

如图5-23所示，它的切削刃分布在半径

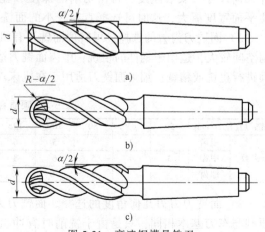

图 5-21　高速钢模具铣刀
a）圆锥形立铣刀　b）圆柱形球头立铣刀
c）圆锥形球头立铣刀

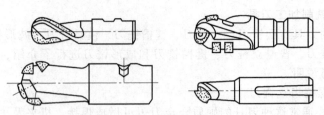

图 5-22 硬质合金模具铣刀

为 $R$ 的圆弧面上，端面无切削刃，加工时控制刀具上下位置，相应改变刀刃的切削部位，可以在工件上切出从负到正的不同斜角。$R$ 越小，鼓形铣刀所能加工的斜角范围越广，但所获得的表面质量也越差。这种刀具的缺点是刃磨困难，切削条件差，而且不适于加工有底的轮廓表面。

**3. 铣刀的选择**

铣刀的类型应与工件的表面形状和尺寸相适应。例如，加工较大的平面时应选用面铣刀；加工凹槽、较小的台阶面及平面轮廓时应选用立铣刀；加工空间曲面、模具型腔或凸模成形表面时多选用模具铣刀；加工封闭的键槽时应选用键槽铣刀；加工变斜角零件的变斜角面时应选用鼓形铣刀；加工各种直的或圆弧形的凹槽、斜角面、特殊孔时应选用成形铣刀。数控铣床上使用最多的是可转位面铣刀和立铣刀，下面介绍这两种铣刀参数的选择。

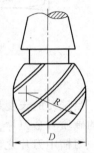

图 5-23 鼓形铣刀

（1）面铣刀主要参数的选择

面铣刀的主要参数包括面铣刀的直径、齿数和刀刃的几何角度等。

1）面铣刀直径的选择。对于单次平面铣削，面铣刀的直径可参照下式选择

$$D = (1.3 \sim 1.6)B$$

式中　$D$——面铣刀直径（mm）；

　　　$B$——铣削宽度（mm）。

面铣刀包容工件整个加工宽度，可以提高加工精度和效率，减小相邻两次进给之间的接刀痕迹和保证铣刀的耐用度。

对于面积太大的平面，由于受到多种因素的限制，如机床的功率等级、刀具和可转位刀片几何尺寸、安装刚度、每次切削的深度和宽度以及其他加工因素等，面铣刀的直径不可能比平面宽度更大，这时可选择直径较小的面铣刀，采用多次铣削平面。

2）面铣刀齿数的选择。可转位面铣刀有粗齿、中齿和细齿三种（见表 5-3）。粗齿面铣刀容屑空间较大，适用于钢件的粗铣；中齿面铣刀适用于铣削带有断续表面的铸件或对钢件的连续表面进行粗铣或精铣；细齿面铣刀适用于在机床功率足够的情况下对铸件进行粗铣或精铣。

表 5-3　硬质合金面铣刀的齿数

| 铣刀直径 $D$/mm | | 50 | 63 | 80 | 100 | 125 | 160 | 200 | 250 | 315 | 400 | 500 | 630 |
|---|---|---|---|---|---|---|---|---|---|---|---|---|---|
| 齿数 | 粗齿 | | 3 | 4 | 5 | 6 | 8 | 10 | 12 | 16 | 20 | 26 | 32 |
| | 中齿 | 3 | 4 | 5 | 6 | 8 | 10 | 12 | 16 | 20 | 26 | 34 | 40 |
| | 细齿 | | | 8 | 10 | 12 | 18 | 24 | 32 | 40 | 52 | 64 | 80 |

3）面铣刀刀刃几何角度的选择。面铣刀刀刃几何角度的标注如图 1-36 所示。前角的选择原则与车刀基本相同，只是由于铣削时有冲击，故前角数值一般比车刀略小，尤其是硬质合金面铣刀，前角数值减小得更多些。当铣削强度和硬度都高的材料时可选用负前角。前角的数值主要根据工件材料和刀具材料来选择，其具体数值可参见表 5-4。

表 5-4 面铣刀的前角数值

| 刀具材料＼工件材料 | 钢 | 铸铁 | 黄铜、青铜 | 铝合金 |
|---|---|---|---|---|
| 高速钢 | 10°～20° | 5°～15° | 10° | 25°～30° |
| 硬质合金 | −15°～15° | −5°～5° | 4°～6° | 15° |

铣刀的磨损主要发生在后刀面上，因此应适当加大后角以减少铣刀磨损。常取 $\alpha_0 =$ 5°～12°，工件材料软时取大值，工件材料硬时取小值；粗齿铣刀取小值，细齿铣刀取大值。

铣削时冲击力大，为了保护刀尖，硬质合金面铣刀的刃倾角常取 $\lambda_s = -5°～15°$。只有在铣削低强度材料时，取 $\lambda_s = 5°$。

主偏角 $\kappa_r$ 对径向切削力和切削深度影响较大，其值在 45°～90° 范围内选取，铣削铸铁常取 45°；铣削一般钢材常取 75°；铣削带凸肩的平面或薄壁零件时要取 90°。

（2）立铣刀主要参数的选择

立铣刀的主要参数包括刀刃几何角度和刀具尺寸等。

1）立铣刀刀刃几何角度的选择。立铣刀的前、后角都为正值，分别根据工件材料和铣刀直径选取，其具体数值分别见表 5-5 和表 5-6。

表 5-5 立铣刀前角数值

| 工件材料 | | 前角 |
|---|---|---|
| 钢 | $R_m < 0.589GPa$ | 20° |
| | $0.589GPa < R_m < 0.981GPa$ | 15° |
| | $R_m > 0.981GPa$ | 10° |
| 铸铁 | ≤150HBW | 15° |
| | >150HBW | 10° |

表 5-6 立铣刀后角数值

| 铣刀直径 $d_0$/mm | 后角 |
|---|---|
| ≤10 | 25° |
| 10～20 | 20° |
| >20 | 16° |

2）立铣刀刀具尺寸的选择。立铣刀的尺寸参数，如图 5-24 所示，可按下述经验数据选取。

① 刀具半径 $R$ 应小于零件内轮廓面的最小曲率半径 $\rho$，一般取 $R = (0.8～0.9)\rho$。

② 零件的加工高度 $H \leqslant (1/4～1/6)R$，以保证刀具具有足够的刚度。

③ 对不通孔（深槽），选取 $L = H + (5～10)mm$（$L$ 为刀具切削部分长度，$H$ 为零件的加工高度）。

④ 加工外形及通槽时，选取 $L = H + r + (5～10)mm$（$r$ 为端刃圆角半径）。

⑤ 粗加工内轮廓面时（如图 5-25 所示），铣刀最大直径 $D_{粗}$ 可按下式计算

$$D_{粗} = \frac{2\left(\delta\sin\dfrac{\varphi}{2} - \delta_1\right)}{1 - \sin\dfrac{\varphi}{2}} + D$$

式中　　$D$——轮廓的最小凹圆角直径;

　　　　$\delta$——圆角邻边夹角等分线上的精加工余量;

　　　　$\delta_1$——精加工余量;

　　　　$\varphi$——圆角两邻边的夹角。

⑥ 加工肋时,刀具直径为 $D = (5 \sim 10)b$($b$ 为肋的厚度)。

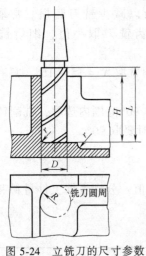

图 5-24　立铣刀的尺寸参数

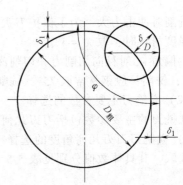

图 5-25　粗加工时立铣刀直径计算

### 5.2.4　工序的划分和加工顺序的安排

#### 1. 工序的划分

数控铣削的工艺特点决定了数控铣床具有通过一次装夹可以高质、高效完成零件多道工序加工的能力。为了充分发挥数控铣床的这一优势和特点,提高其加工的质量和效率,合理地依据所加工零件的结构和工艺特点以及数控铣床的加工能力来拟定零件的具体加工工序显然是十分必要的。实际加工时一般按以下这几个方法来划分工序。

1)刀具集中分序法。以同一把刀具完成的那一部分工艺过程作为一道工序。这种划分方法适用于工件的待加工表面较多、机床连续工作时间过长以及加工程序的编制和检查难度较大等情况。加工中心常用这种方法划分。

2)粗、精加工分序法。即粗加工完成的工艺过程为一道工序,精加工完成的工艺过程为一道工序。这种划分方法适用于加工后变形较大,需粗、精加工分开的零件,如毛坯为铸件、焊件或锻件的零件。

3)加工部位分序法。即以完成相同型面的那一部分工艺过程作为一道工序,对于加工表面多而复杂的零件,可按其结构特点(如内形、外形、曲面和平面等)划分成多道工序的零件。

4)装夹次数分序法。以一次装夹完成的那一部分工艺过程作为一道工序。这种划分方法适用于工件的加工内容不多,加工完成后就能达到待检状态的零件。

#### 2. 加工顺序的安排

数控铣削加工顺序安排得合理与否,将直接影响到零件的加工质量、生产效率和加工成本。因此应根据零件的结构和毛坯状况,结合定位及夹紧的需要综合考虑数控铣削的加工顺序,重点应保证工件的刚度不被破坏,尽量减少变形。数控铣削加工顺序的安排应遵循下列原则:

① 基面先行原则。用作精基准的表面,要首先加工出来。因为定位基准的表面越精确,装夹误差就越小。例如加工箱体类零件时,总是先加工定位用的平面和两个定位孔,再以该平面和定位孔为精基准加工孔系和其他平面。

② 先粗后精原则。先安排粗加工，中间安排半精加工，最后安排精加工，逐步提高加工表面的加工精度，减小加工表面的表面粗糙度值。

③ 先主后次原则。先安排零件的装配基面和工作表面等主要表面的加工，以便能及早发现毛坯中主要表面可能存在的缺陷。次要表面可穿插进行，放在主要加工表面加工到一定程度后、最终精加工之前进行。

④ 先面后孔原则。对于箱体、支架类零件，平面轮廓尺寸较大，一般先加工平面，再加工孔和其他尺寸。这样安排加工顺序有两个好处，一方面用加工过的平面定位，稳定可靠；另一方面在加工过的平面上加工孔，比较容易，并且能提高孔的加工精度，特别是钻孔，孔的轴线不易偏斜。

⑤ 先内后外原则。一般先进行内腔加工，后进行外形加工。

## 5.2.5 夹具的选择

数控铣床上的工件装夹方法与普通铣床一样，所使用的夹具往往并不很复杂，只需要简单的定位、夹紧机构就可以了。但要将加工部位敞开，不能因装夹工件而影响进给和切削加工。一般选择顺序是：单件生产中尽量选用机床用平口虎钳、压板螺钉等通用夹具；批量生产时优先考虑组合夹具，其次考虑可调夹具，最后考虑成组夹具和专用夹具。

### 1. 平口钳

数控铣床常用夹具是平口钳，先把平口钳固定在工作台上，找正钳口，再把工件装夹在平口钳上，这种方式装夹方便，应用广泛，适用于装夹形状规则的小型工件。如图 5-26 所示。

### 2. 铣床（加工中心）用卡盘

铣床（加工中心）用卡盘的使用方法与车床卡盘相似，使用时用 T 形槽螺栓将卡盘固定在铣床工作台上即可。加工回转体零件时，可以采用自定心卡盘装夹；对于非回转体零件可采用四爪单动卡盘装夹，如图 5-27 所示。

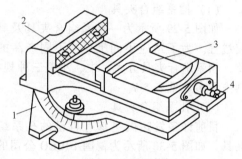

图 5-26　平口钳

1—底座　2—固定钳口　3—活动钳口　4—螺杆

### 3. 万能分度头

通常将万能分度头作为机床附件，其主要作用是对工件进行圆周等分分度或不等分分度。在分度头上装夹工件时，应先装紧分度头主轴，调整好分度头主轴仰角后，将基座上部的四个螺钉拧紧，以免零位移动；在分度头两顶尖间装夹工件时，应使前后顶尖轴线同轴。在使用分度头时，分度手柄应朝一个方向转动，如果摇过位置，应反摇多于超过的距离后再摇回到正确的位置，以消除传动间隙。如图 5-28 所示。

图 5-27　铣床自定心卡盘

图 5-28　万能分度头

### 4. 组合夹具

组合夹具是由一套结构已经标准化、尺寸已经规范化的通用元件、组合元件所构成，其可以按工件的加工需要组成各种功用的夹具。组合夹具具有节约夹具的设计制造工时、缩短生产准备周期、节约钢材和降低成本、提高企业工艺装备系数等优点。但是，由于组合夹具是由各种通用标准元件和部件组合而成，各元件间相互配合的环节较多，夹具精度、刚性仍比不上专用夹具，尤其是元件连接的接合面刚度，对加工精度影响较大。通常，采用组合夹具时其加工尺寸精度只能达到 IT8~IT7。此外组合夹具总体显得笨重，还有排屑不便等不足。

组合夹具分槽系组合夹具和孔系组合夹具两大类，我国以槽系组合夹用为主。

（1）槽系组合夹具

如图 5-29 所示为一槽系组合夹具及其组装过程。为了适应不同工厂、不同产品的需要，槽系组合夹具分大、中、小型三种规格，其主要参数见表 5-7。

（2）孔系组合夹具

目前许多发达国家都有自己的孔系组合夹具。如图 5-30 所示为德国 BIUCO 公司的孔系组合夹具组装示意图。元件与元件间用两个销钉定位，一个螺钉紧固。定位孔孔径有

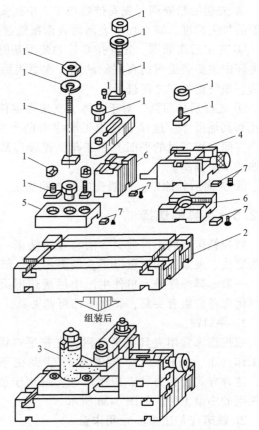

图 5-29 槽系组合夹具组装过程示意图
1—紧固件 2—基准板 3—工件 4—活动 V 形块合件
5—支承板 6—垫块 7—定位键及其紧定螺钉

10mm、12mm、16mm 和 24mm 四个规格，相应的孔距为 30mm、40mm、50mm 和 80mm，孔径公差为 H7，孔距公差为 ±0.01mm。

表 5-7　槽系组合夹具的主要结构要素及性能

| 规格 | 槽宽/mm | 槽距/mm | 连接螺栓/mm | 键用螺钉/mm | 支承件截面/mm² | 最大载荷/N | 工件最大尺寸/(mm×mm×mm) |
|---|---|---|---|---|---|---|---|
| 大型 | $16^{+0.08}_{0}$ | 75±0.01 | M16×1.5 | M5 | 75×75 90×90 | 200000 | 2500×2500×1000 |
| 中型 | $12^{+0.08}_{0}$ | 60±0.01 | M12×1.5 | M5 | 60×60 | 100000 | 1500×1000×500 |
| 小型 | $8^{+0.015}_{0}$ $6^{+0.015}_{0}$ | 30±0.01 | M8、M6 | M3、M2.5 | 30×30 22.5×22.5 | 50000 | 500×250×250 |

孔系组合夹具的元件用一面两圆柱销定位，属于允许使用的过定位；其定位精度高，刚性比槽系组合夹具好，组装可靠，体积小，元件的工艺性好，成本低，可用作数控机床夹具。但组装时元件的位置不能随意调节，常用偏心销钉或部分开槽元件进行弥补。

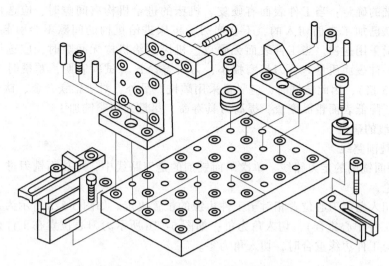

图 5-30　BIUCO 孔系组合夹具组装示意图

## 5.2.6　加工路线的确定

### 1. 铣削方式的确定

铣削过程是断续切削，会引起冲击和振动，而且切削层总面积是变化的，铣削均匀性差，铣削力的波动也较大。因此采用合适的铣削方式对提高铣刀寿命、工件质量和加工生产效率关系很大。

铣削方式有逆铣和顺铣两种方式，当铣刀的旋转方向和工件的进给方向相同时称为顺铣，相反时称为逆铣，如图 5-31 所示。

逆铣时，刀具从已加工表面切入，切削层厚度从零逐渐增大，不会造成从毛坯面切入而打刀的现象；其水平切削分力与工件进给方向相反，使铣床工作台进给的丝杠与螺母传动面始终是抵紧的状态，不会受丝杠螺母副间隙的影响，铣削较平稳。但刀齿在刚切入已加工表面时，会有一小段滑行、挤压，使这段表面产生严重的冷硬层，下一个刀齿切入时，又在冷硬层表面滑行、挤压，不仅使刀齿容易磨损，而且使工件的表面粗糙度增大；同时，刀齿垂直方向的切削分力

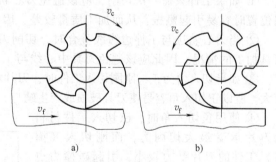

图 5-31　铣削方式
a) 逆铣　b) 顺铣

向上，不仅会使工作台与导轨间形成间隙，引起振动，而且有把工件从工作台上挑起的倾向，因此需要较大的夹紧力。

顺铣时，刀具从待加工表面切入，切削层厚度从最大逐渐减小为零，切入时冲击力较大，刀齿无滑行、挤压现象，对刀具寿命有利；其垂直方向的切削分力向下压向工作台，减小了工件上下的振动，对提高铣刀加工表面质量和工件的夹紧有利。但顺铣的水平切削分力与工件进给方向一致，当水平切削分力大于工作台摩擦力（例如遇到加工表面有硬皮或硬质点）时，会使工作台带动丝杠向左窜动，丝杠与螺母传动副右侧面出现间隙，硬点过后丝杠螺母副的间隙恢复正常，这种现象对加工极为不利，会引起"啃刀"或"打刀"，甚至损坏夹具或机床。

顺铣与逆铣的确定：当工件表面有硬皮、机床的进给机构有间隙时，应选用逆铣。因为逆铣时，刀齿从已加工表面切入的，不会崩刃，机床进给机构的间隙不会引起振动和爬行，因此粗铣时尽量采用逆铣。当工件表面无硬皮、机床进给机构无间隙时，应选用顺铣。因为顺铣加工后，零件表面质量好，刀齿磨损小，刀具寿命长（试验表明，顺铣时刀具的寿命比逆铣时提高2~3倍），因此精铣时，应尽量采用顺铣。另外，对于铝镁合金、钛合金和耐热合金等材料，为了降低表面粗糙度值，提高刀具寿命，尽量采用顺铣加工。

**2. 走刀路线的确定**

（1）平面铣削路线

1）单次平面铣削的走刀路线。单次平面铣削的走刀路线中，可从面铣刀进入材料时的铣刀切入角来讨论。

面铣刀的切入角由刀心位置相对于工件边缘的位置决定。如图5-32a所示为刀心位置在工件内（但不跟工件中心重合），切入角为负；如图5-32b所示为刀心位置在工件外，切入角为正。刀心位置与工件边缘重合时，切入角为零。

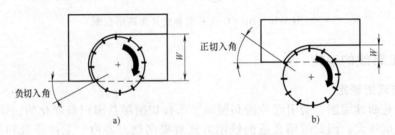

图 5-32 切削切入角（$W$ 为切削宽度）

a) 负切入角 b) 正切入角

① 如果工件只需一次切削，应该避免刀心轨迹与工件中心线重合。刀具中心处于工件中间位置时容易引起颤振，从而加工质量较差，因此刀具轨迹应偏离工件中心线。

② 当刀心轨迹与工件边缘线重合时，切削刀片进入工件材料时的冲击力最大，是最不利刀具加工的情况。因此应该避免刀具中心线与工件边缘线重合。

③ 如果切入角为正，刚刚切入工件时，刀片相对于工件材料的冲击速度大，引起碰撞力也较大。所以正切入角容易使刀具破损或产生缺口，基于此，拟定刀心轨迹时应避免正切入角。

④ 使用负切入角时，已切入工件材料的刀片承受最大切削力，而刚切入（撞入）工件的刀片受力较小，引起碰撞力也较小，从而可延长刀片寿命，且引起的振动也小一些。

因此使用负切入角是首选的方法。通常应该尽量让面铣刀中心在工件区域内，这样就可确保切入角为负，且工件只需一次切削时避免刀具中心线与工件中心线重合。

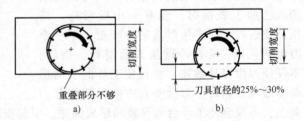

图 5-33 负切入角的两种刀路的比较

比较如图5-33所示两个刀路，虽然都使用负切入角，但图5-33a所示面铣刀整个宽度全部参与铣削，刀具容易磨损；图5-33b所示的走刀路线是正确的。

2）多次平面铣削的走刀路线。当铣削大面积工件平面时，铣刀不能一次切除所有材料，因此在同一深度需要多次走刀。分多次铣削时有多种刀路，每一种方法在特定环境下具有各自的优点。最为常见的方法为同一深度上的单向多次切削和双向多次切削（如图5-34所示）。

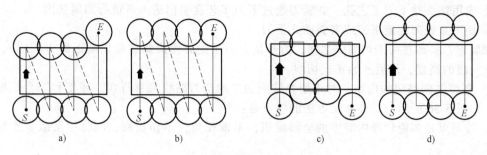

图 5-34 平面铣削的多种刀路

a) 粗加工 b) 精加工 c) 粗加工 d) 精加工

单向多次切削时,切削起点在工件的同一侧,另一侧为终点的位置,每完成一次切削后,刀具从工件上方回到切削起点的一侧,如图 5-34a、b 所示,这是平面铣削中常见的方法。这种方法的特点是频繁的快速返回运动导致效率很低,但它能保证面铣刀的切削总是顺铣。

双向多次切削也称为 Z 形切削,如图 5-34c、d 所示,这种方法的应用也很频繁。它的效率比单向多次切削要高,但铣削中顺铣、逆铣交替,从而在精铣平面时影响加工质量,因此平面质量要求高的平面精铣通常不使用这种刀路。

不管使用哪种切削方法,起点 S 和终点 E 与工件都有安全间隙,确保了刀具安全和加工质量。

(2) 轮廓铣削路线

对于外轮廓铣削,一般按工件轮廓进行走刀。若不能去除全部余量,可以先安排去除轮廓边角料的走刀路线。在安排去除轮廓边角料的走刀路线时,以保证轮廓的精加工余量为准。

在确定轮廓走刀路线时,应使刀具切向切入和切向切出,如图 5-35 所示。同时,切入点的选择应尽量选在几何元素相交的位置。

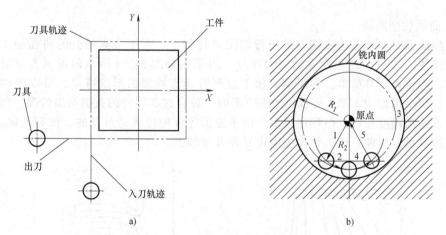

图 5-35 轮廓加工走刀路线

a) 刀具以走直线的方式切向切入和切向切出 b) 刀具以走圆弧的方式切向切入和切向切出

(3) 型腔铣削路线

1) 下刀方法的确定。在型腔铣削中,由于是把坯件中间的材料去掉,刀具不可能像铣外轮廓一样从外面下刀切入,而要从坯件的实体部位下刀切入,因此在型腔铣削中下刀方式的选择很重要,常用以下三种方法:

① 使用键槽铣刀沿 z 向直接下刀,切入工件。

② 先用钻头钻下刀工艺孔，立铣刀通过下刀工艺孔垂向进入再进行圆周铣削。

③ 使用立铣刀螺旋下刀或者斜插式下刀。

螺旋下刀，即在两个切削层之间，刀具从上一层的高度沿螺旋线以渐近的方式切入工件，直到下一层的高度，然后开始正式切削。

2）型腔铣削路线的确定。对于型腔铣削加工的走刀路线常有行切、环切和综合切削三种方法，如图 5-36 所示。三种加工方法的特点是：

① 共同点是都能切净内腔中的全部面积，不留死角，不伤轮廓，同时尽量减少重复进给的搭接量。

② 不同点是行切法（如图 5-36a 所示）的进给路线比环切法短，但行切法将在每两次进给的起点与终点间留下残留面积，而达不到所要求的表面粗糙度；用环切法（如图 8-36b 所示）获得的表面粗糙度要好于行切法，但环切法需要逐次向外扩展轮廓线，刀位点计算稍微复杂一些。

③ 采用如图 8-36c 所示的走刀路线，即先用行切法切去中间部分余量，然后用环切法光整轮廓表面，既能使总的走刀路线较短，又能获得较好的表面粗糙度。

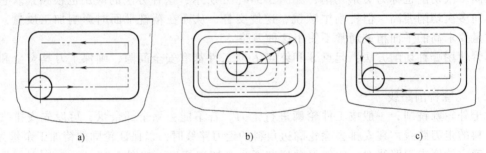

图 5-36 型腔铣削加工的走刀路线
a）行切法 b）环切法 c）综合切削法

（4）曲面铣削路线

当铣削曲面时，常用球头铣刀采用行切法进行加工。对于边界敞开的曲面加工，可采用两种加工路线。如图 5-37 所示发动机大叶片，当采用如图 5-37a 所示的加工方案时，每次沿直线加工，刀位点计算简单，程序少，加工过程符合直纹面的形成特点，可以准确保证母线的直线度。当采用如图 5-37b 所示的加工方案时，符合这类零件的数据给出情况，便于加工后检验，叶形的准确度较高，但程序较多。由于曲面零件的边界是敞开的，没有其他表面限制，所以曲面边界可以延伸，球头铣刀应由边界外开始加工。

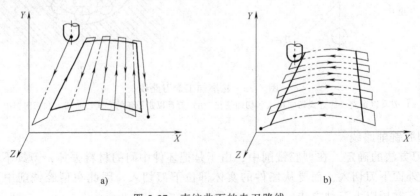

图 5-37 直纹曲面的走刀路线
a）沿直线进给 b）沿曲线进给

### 5.2.7 切削用量的选择

如图 5-38 所示，铣削加工的切削参数包括切削速度、进给速度、背吃刀量和侧吃刀量。

背吃刀量 $a_p$ 为平行于铣刀轴线测量的切削层尺寸，单位为 mm。端铣时，$a_p$ 为切削层深度；而圆周铣时，$a_p$ 为被加工表面的宽度。侧吃刀量 $a_e$ 为垂直于铣刀轴线测量的切削层尺寸，单位为 mm。端铣时，$a_e$ 为被加工表面的宽度；而圆周铣时，$a_e$ 为切削层深度。切削用量的选择标准是：在保证零件加工精度和表

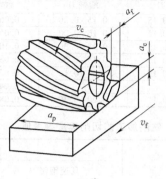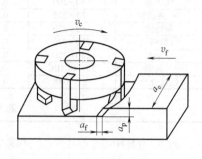

图 5-38 铣削用量
a) 圆周铣　b) 端铣

面粗糙度的前提下，充分发挥刀具的切削性能，保证合理的刀具寿命并充分发挥机床的性能，最大限度地提高生产效率，降低成本。

从保证刀具寿命的角度出发，铣削切削用量的选择方法是先选择背吃刀量（或侧吃刀量），其次确定进给速度，最后确定切削速度。

（1）背吃刀量 $a_p$（端铣）或侧吃刀量 $a_e$（圆周铣）的选择

背吃刀量或侧吃刀量的选取主要由加工余量和对表面质量的要求决定的。

① 粗铣时一般一次进给应尽可能切除全部余量，在中等功率的机床上，背吃刀量可达8~10mm。在工件表面粗糙度值要求为 $Ra12.5~25\mu m$ 时，如果圆周铣的加工余量小于5mm，端铣的加工余量小于6mm，那么粗铣一次进给就可以达到要求。但在加工余量较大、工艺系统刚性较差或机床动力不足时，应分两次进给完成。

② 半精铣时，端铣的背吃刀量或圆周铣的侧吃刀量一般在0.5~2mm内选取，加工工件的表面粗糙度值可达 $Ra3.2~12.5\mu m$。

③ 精铣时，端铣的背吃刀量一般取0.3~1mm，圆周铣的侧吃刀量一般取0.2~0.5mm，加工工件的表面粗糙度值可达 $Ra0.8~3.2\mu m$。

（2）进给速度 $F$（mm/min）与进给量 $f$（mm/r）的选择

铣削加工的进给速度 $F$ 是单位时间内工件与铣刀沿进给方向的相对位移量，单位为 mm/min；进给量是铣刀转一周，工件与铣刀沿进给方向的相对位移量，单位为 mm/r。对于多齿刀具，其进给速度 $F$、刀具转速 $n$、刀具齿数 $Z$、进给量 $f$ 及每齿进给量 $f_z$ 的关系为

$$F = fn = f_z Zn$$

进给速度 $F$ 与进给量 $f$ 主要根据零件的加工精度和表面粗糙度要求以及刀具、工件的材料性质选取，可参考常用切削用量手册或表5-8。

（3）选择切削速度 $V_c$

铣削的切削速度 $V_c$ 与刀具的寿命、每齿进给量、背吃刀量、侧吃刀量以及铣刀齿数成反比，而与铣刀直径成正比。其原因是当 $f_z$、$a_p$、$a_e$ 和 $Z$ 增大时，刀刃负荷增加，而且同时工作的齿数也增多，这就使切削热增加，刀具磨损加快，从而限制了切削速度的提高。为了提高刀具寿命允许使用较低的切削速度，但是加大铣刀直径则可改善散热条件，可以提高切削速度。

铣削加工的切削速度 $V_c$ 可参考表5-9选取，也可参考有关切削用量手册中的经验公式通过计算选取。

表 5-8　铣刀每齿进给量参考值

| 工件材料 | 硬度/HBW | $f_z$(mm/Z) | | | |
|---|---|---|---|---|---|
| | | 高速钢铣刀 | | 硬质合金铣刀 | |
| | | 立铣刀 | 端铣刀 | 立铣刀 | 端铣刀 |
| 低碳钢 | 150~200 | 0.03~0.18 | 0.15~0.30 | 0.06~0.22 | 0.20~0.35 |
| 中、高碳钢 | 225~325 | 0.03~0.15 | 0.10~0.20 | 0.05~0.20 | 0.12~0.25 |
| 灰铸铁 | 180~220 | 0.05~0.15 | 0.15~0.30 | 0.10~0.20 | 0.20~0.40 |
| 可锻铸铁 | 200~240 | 0.05~0.15 | 0.15~0.30 | 0.08~0.15 | 0.15~0.30 |
| 合金钢 | 280~320 | 0.03~0.12 | 0.07~0.12 | 0.05~0.12 | 0.08~0.20 |
| 工具钢 | 35~46HRC | — | — | 0.04~0.10 | 0.10~0.20 |
| 铝镁合金 | 95~100 | 0.05~0.12 | 0.20~0.30 | 0.08~0.30 | 0.15~0.38 |

表 5-9　铣削加工的切削速度参考值

| 工件材料 | 硬度/HBW | $V_c$(m/min) | |
|---|---|---|---|
| | | 高速钢铣刀 | 硬质合金铣刀 |
| 低、中碳钢 | 255~290 | 15~36 | 54~115 |
| 高碳钢 | 325~375 | 8~12 | 36~48 |
| 合金钢 | 225~325 | 10~24 | 37~80 |
| 工具钢 | 200~250 | 12~23 | 45~83 |
| 灰铸铁 | 230~290 | 9~18 | 45~90 |
| 可锻铸铁 | 200~240 | 15~24 | 72~110 |
| 中碳铸钢 | 160~200 | 15~21 | 60~90 |
| 铝合金 | | 180~300 | 360~600 |
| 铜合金 | | 45~100 | 120~190 |
| 镁合金 | | 180~270 | 150~600 |

（4）主轴转速 $n$

数控铣床一般是以刀具旋转实现主运动，因此，按上述方法确定切削速度后，应把切削速度转换为主轴转速，其转换公式为：

$$n = 1000V_c / (\pi \times D)$$

式中　$D$——铣刀直径（mm）；

　　　$V_c$——切削速度（m/min）。

计算出来的 $n$ 值要进行圆整处理，当数控机床的主轴速度是分级变速时，要选取最接近 $n$ 值的速度档位。

## 5.3　案例的决策与执行

### 5.3.1　下型腔零件的数控铣削加工工艺分析

#### 1. 零件图工艺分析

（1）审查图纸

该案例零件图尺寸标注完整、正确，符合数控加工要求，加工部位清楚明确。

（2）零件结构工艺性分析

该零件材料为 45 钢，结构对称的实心材料，部分工序已加工好，只要求数控铣削上表面、凸台外轮廓、型腔和 φ20H8 的孔，其中最小的内圆弧半径为 10mm，型腔深 6mm，$R > 0.2H$，可选较大直径的铣刀进行加工，故工艺性好。

（3）零件图技术要求的分析

该零件凸台外轮廓的尺寸分别为 $72 \pm 0.04$mm 和 $71.5 \pm 0.04$mm，φ20H8 孔的尺寸精度为 IT8，精度要求一般。表面粗糙度要求：凸台外轮廓和 φ20H8 孔壁 Ra 值为 1.6μm，其余表面

的 $Ra$ 值为 $3.2\mu m$。

**2. 加工工艺线的设计**

（1）加工方法的选择

根据零件的要求，上表面采用面铣刀粗铣→精铣完成；其余表面采用立铣刀粗铣→精铣完成。

（2）加工顺序的确定

由于该零件有内外轮廓的加工，因此，在安排加工顺序时应内外轮廓交替进行加工，并且先型腔后外轮廓。故加工顺序为铣上表面、粗铣型腔和孔、粗铣外轮廓、精铣型腔和孔、精铣外轮廓，具体见表5-10。

（3）机床的选择

用于该工序的加工内容集中在水平面内，故选用立式数控铣床。

（4）确定装夹方案

由于该零件为单件生产，外形为正方形，形状规则，宽度方向的尺寸为80mm，在平口钳的夹持范围内，故采用平口钳装夹。在装夹时，工件上表面高出钳口11mm左右。

（5）刀具的选择

在加工上表面时，由于平面的尺寸为80mm×80mm，故选用$\phi125mm$的面铣刀，齿数为8；在加工外轮廓时，由于外轮廓没有内凹的轮廓，因此可以选用较大的立铣刀来加工；在加工型腔和孔时，最小的内凹圆弧为$R10$，因此选用的刀具半径应小于10mm，同时，为了能够直接下刀，粗加工型腔和孔时选用$\phi16mm$的键槽铣刀。为了减少换刀次数，在粗、精加工外轮廓和精加工型腔和孔时选用$\phi16mm$的3齿高速钢立铣刀。

（6）确定加工路线

① 上表面加工路线。采用一次走刀把整个平面铣削一次，走刀路线略。

② 型腔粗、精加工走刀路线如图5-39所示。

③ 凸台外轮廓粗、精加工走刀路线如图5-40所示。

④ 孔精加工走刀路线如图5-41所示。

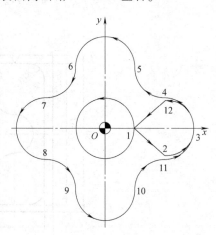

图5-39　型腔粗、精加工走刀路线

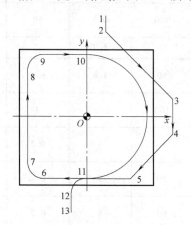

图5-40　外轮廓粗、精加工走刀路线

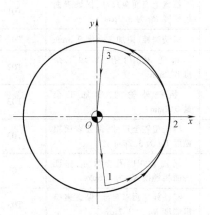

图5-41　孔精加工走刀路线

（7）选择切削参数（见表 5-10）

（8）填写数控加工工艺文件

数控加工工序卡见表 5-10；数控加工刀具卡见表 5-11；数控加工走刀路线图略；数控加工程序单略。

表 5-10　数控加工工序卡

| 机械加工工序卡 | | 产品名称 | 零件名称 | 材　料 | | 零件图号 | |
|---|---|---|---|---|---|---|---|
| | | | 下型腔零件 | 45 钢 | | | |
| 工序号 | 程序编号 | 夹具名称 | 夹具编号 | 使用设备 | | 车　　间 | |
| | | 机用平口钳 | | | | | |

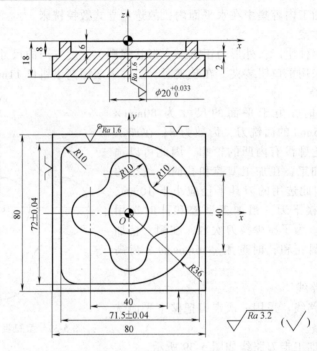

| 1 | 粗铣上表面，留加工余量 0.3mm | T01 | 180 | 140 | 0.7 | 80 |
|---|---|---|---|---|---|---|
| 2 | 精铣上表面至尺寸,保证表面粗糙度 Ra 为 3.2μm | T01 | 250 | 100 | 0.3 | 80 |
| 3 | 粗铣型腔,留加工余量 0.3mm | T02 | 400 | 80 | 5.7 | 12 |
| 4 | 粗铣 φ20H8 孔，留加工余量 0.2mm | T02 | 400 | 80 | 1.8 | 9.8 |
| 5 | 粗铣外轮廓，留加工余量 0.2mm | T03 | 400 | 100 | 4 | 4 |
| 6 | 精铣型腔至尺寸,保证表面粗糙度 Ra 为 3.2μm | T03 | 500 | 50 | 6 | 0.3 |
| 7 | 精铣 φ20H8 孔至尺寸,保证表面粗糙度 Ra 为 1.6μm | T03 | 500 | 50 | 2 | 0.2 |
| 8 | 精铣外轮廓至尺寸,保证表面粗糙度 Ra 为 3.2μm | T03 | 500 | 60 | 8 | 0.2 |
| 编制 | | 审核 | | 批准 | | 年 月 日 | 共　页 | 第　页 |

表 5-11 数控加工刀具卡

| 数控加工刀具卡 | | | 工序号 | 程序编号 | 产品名称 | 零件名称 | 材料 | 零件图号 |
|---|---|---|---|---|---|---|---|---|
| | | | | | | | 45 钢 | |
| 序号 | 刀具号 | 刀具名称 | 刀具规格/mm | | 补偿值/mm | | 刀补号 | | 备注 |
| | | | 直径 | 长度 | 半径 | 长度 | 半径 | 长度 | |
| 1 | T01 | 面铣刀（8 齿） | φ125 | 实测 | | | | | 硬质合金 |
| 2 | T02 | 键槽铣刀 | φ16 | 实测 | | | | | 高速钢 |
| 3 | T03 | 立铣刀（3 齿） | φ16 | 实测 | | | | | 高速钢 |
| 编制 | | 审核 | | 批准 | | 年月日 | | 共 页 | 第 页 |

## 5.3.2 平面槽形凸轮零件的数控铣削加工工艺分析

平面槽形凸轮零件如图 5-42 所示，材料为 HT200，试按小批生产安排其加工工艺。

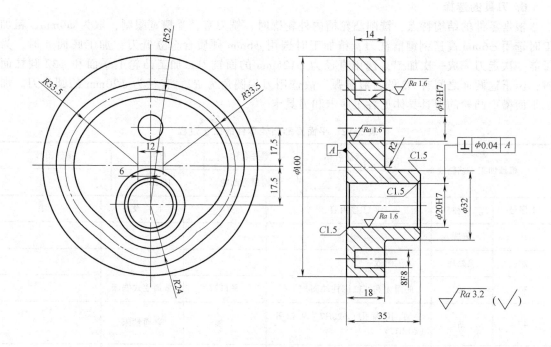

图 5-42 平面槽形凸轮零件图

### 1. 零件图分析

该平面槽形凸轮零件由平面、孔和凸轮槽等构成，凸轮槽的内外轮廓由直线和圆弧组成，各几何元素之间关系明确，尺寸标注完整、正确。其中轴孔和销孔的尺寸精度为 IT7 级，表面粗糙度为 $Ra1.6\mu m$，要求较高；凸轮槽的尺寸精度为 IT8，表面粗糙度为 $Ra1.6\mu m$，要求也较高；轴孔、轴线和凸轮槽内外轮廓面对底面（基准 A）有垂直度要求。因此，轴孔、销孔和凸轮槽的加工应分粗、精加工两个阶段进行，以保证其尺寸精度和表面粗糙度要求；同时，

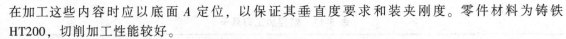

在加工这些内容时应以底面 $A$ 定位，以保证其垂直度要求和装夹刚度。零件材料为铸铁 HT200，切削加工性能较好。

**2. 毛坯的选择**

该平面槽形凸轮零件的材料为铸铁，小批量生产，故选用铸件毛坯。

**3. 定位基准的选择**

1）粗基准：以凸轮的上平面为粗基准加工底面 $A$。

2）精基准：以凸轮的底面 $A$ 为精基准，$\phi32$ 圆柱面和凸轮外轮廓左侧素线为粗基准定位加工轴孔和销孔，再以底面 $A$、轴孔和销孔定位加工凸轮的外轮廓、上平面、$\phi32$ 圆柱面及凸轮槽。

**4. 工艺方案的拟定**

底面 $A$、上平面和 $\phi32$ 圆柱端面：表面粗糙度要求为 $Ra3.2\mu m$，选择粗铣→精铣方案。

轴孔 $\phi20H7$ 和销孔 $\phi12H7$：尺寸精度为 IT7，表面粗糙度为 $Ra1.6\mu m$，选择钻孔→扩孔→铰孔方案。

凸轮槽（$\phi8F8$）：尺寸精度为 IT8，侧面表面粗糙度为 $Ra1.6\mu m$，选择粗铣→精铣方案。

**5. 平面槽形凸轮零件的工艺过程设计**

平面槽形凸轮零件的工艺过程见表 5-12。

**6. 刀具的选择**

根据零件的结构特点，铣削凸轮槽内外轮廓时，铣刀直径受槽宽限制，取为 $\phi6mm$，粗加工时选用 $\phi6mm$ 高速钢键槽铣刀，精加工时选用 $\phi6mm$ 硬质合金立铣刀；加工底面 $A$ 时，为了能一次走刀完成一次加工，选用直径为 $\phi125mm$ 的面铣刀；加工凸轮上平面和 $\phi32$ 圆柱面时，由于这两面之间有 $R2$ 的过渡圆弧，故选用刀尖圆角为 $R2$、直径为 $\phi20mm$ 的圆鼻刀。加工平面槽形凸轮的刀具具体见各工序卡和刀具卡。

表 5-12　平面槽形凸轮零件的工艺过程

| 机械加工工艺路线单 | | 产品名称 | 零件名称 | 材料 | 零件图号 |
|---|---|---|---|---|---|
| | | | 平面槽形凸轮 | HT200 | |

| 工序号 | 工种 | 工序内容 | 夹具 | 使用设备 | 工时 |
|---|---|---|---|---|---|
| 10 | 铸造 | | | | |
| 20 | 热处理 | 人工时效 | | | |
| 30 | 铣 | 底面 $A$ 和 $\phi32$ 圆柱端面 | 平口钳 | 普通立式铣床 | |
| 40 | 钻 | 钻、铰轴孔（$\phi20H7$）和销孔（$\phi12H7$） | 钻模 | 普通钻床 | |
| 50 | 铣 | 凸轮的外轮廓、上平面、$\phi32$ 圆柱面及凸轮槽 | 专用夹具 | 立式数控铣床 | |
| 60 | 检验 | | | 检验台 | |

| 编制 | | 审核 | | 批准 | | 年　月　日 | 共　页 | 第　页 |
|---|---|---|---|---|---|---|---|---|

**7. 切削参数的选择**

切削参数的选择见各工序卡。

**8. 填写平面槽形凸轮零件的机械加工工艺文件**

（1）工序 30（见表 5-13）

表 5-13 平面槽形凸轮零件的机械加工工序卡（一）

| 机械加工工序卡 | | 产品名称 | 零件名称 | 材 料 | 零件图号 |
|---|---|---|---|---|---|
| | | | 平面槽形凸轮 | HT200 | |
| 工序号 | 程序编号 | 夹具名称 | 使用设备 | 车 间 | |
| 30 | | 平口钳 | 普通立式铣床 | | |

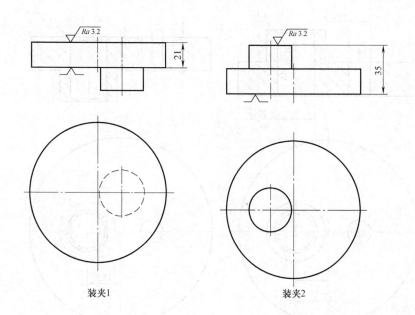

装夹1　　　　　　　　装夹2

| 工步号 | 工 步 内 容 | 刀具 | 主轴转速 /(r/min) | 进给速度 /(mm/min) | 背吃刀量 /mm | 侧吃刀量 /mm | 备注 |
|---|---|---|---|---|---|---|---|
| 装夹 1：以凸轮上平面定位 | | | | | | | |
| 1 | 粗铣凸轮底面 $A$，留加工余量 0.4mm | φ125 面铣刀 | 180 | 140 | | 100 | |
| 2 | 精铣凸轮底面 $A$ 至尺寸 21，保证表面粗糙度为 $Ra3.2\mu m$ | φ125 面铣刀 | 250 | 100 | 0.4 | 100 | |
| 装夹 2：以凸轮底面 $A$ 定位 | | | | | | | |
| 1 | 粗铣凸轮上平面，留加工余量 0.4mm | φ125 面铣刀 | 180 | 140 | | 32 | |
| 2 | 精铣凸轮上平面至尺寸 35，保证表面粗糙度为 $Ra3.2\mu m$ | φ125 面铣刀 | 250 | 100 | 0.4 | 32 | |
| 编制 | | 审核 | 批准 | | 年月日 | 共 页 | 第 页 |

（2）工序 40（见表 5-14）

表 5-14 平面槽形凸轮零件的机械加工工序卡 （二）

| 机械加工工序卡 | | 产品名称 | 零件名称 | 材 料 | 零件图号 |
|---|---|---|---|---|---|
| | | | 平面槽形凸轮 | HT200 | |
| 工序号 | 程序编号 | 夹具名称 | 使用设备 | 车 间 | |
| 40 | | 钻模 | 普通钻床 | | |

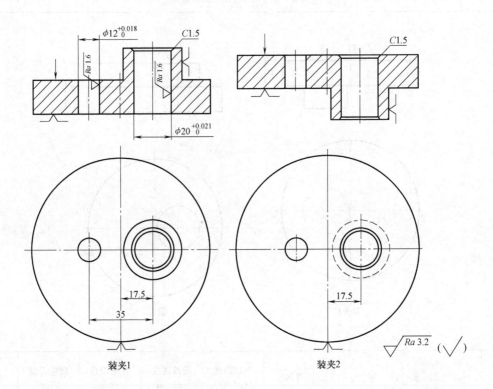

装夹1        装夹2      $\sqrt{Ra\ 3.2}$ $(\sqrt{\ })$

| 工步号 | 工 步 内 容 | 刀具 | 主轴转速 /(r/min) | 进给速度 /(mm/min) | 背吃刀量 /mm | 侧吃刀量 /mm | 备注 |
|---|---|---|---|---|---|---|---|
| 装夹1：以凸轮底面 A 为精基准、$\phi 32$ 圆柱面和凸轮外轮廓面为粗基准进行定位 | | | | | | | |
| 1 | 钻轴孔 $\phi 20^{+0.021}_{0}$ 到 $\phi 18$mm，留加工余量 2mm | $\phi 18$ 麻花钻 | 250 | 40 | 9 | | |
| 2 | 扩轴孔 $\phi 20^{+0.021}_{0}$ 到 $\phi 19.8$mm，留加工余量 0.2mm | $\phi 19.8$ 扩孔钻 | 250 | 50 | 0.9 | | |
| 3 | 轴孔 $\phi 20^{+0.021}_{0}$，孔口倒角 $C1.5$ | $\phi 26$ 麻花钻 | 250 | 30 | | | |
| 4 | 铰轴孔 $\phi 20^{+0.021}_{0}$ 至尺寸，保证表面粗糙度为 $Ra1.6\mu m$ | $\phi 20$H7 铰刀 | 100 | 80 | 0.1 | | |
| 5 | 钻销孔 $\phi 12^{+0.018}_{0}$ 到 $\phi 11$，留加工余量 1mm | $\phi 11.6$ 麻花钻 | 400 | 40 | 5.5 | | |

（续）

| 工步号 | 工 步 内 容 | 刀具 | 主轴转速 /(r/min) | 进给速度 /(mm/min) | 背吃刀量 /mm | 侧吃刀量 /mm | 备注 |
|---|---|---|---|---|---|---|---|
| 6 | 扩销孔 $\phi 12^{+0.018}_{0}$ 到 $\phi 11.8$，留加工余量 0.2mm | $\phi 11.8$ 扩孔钻 | 400 | 50 | 0.4 | | |
| 7 | 铰削孔 $\phi 12^{+0.018}_{0}$ 至尺寸，保证表面粗糙度为 $Ra1.6\mu m$ | $\phi 12H7$ 铰刀 | 160 | 80 | 0.1 | | |
| 装夹 2：将凸轮翻边 | | | | | | | |
| 1 | 轴孔 $\phi 20^{+0.021}_{0}$，孔口倒角 $C1.5$ | $\phi 26$ 麻花钻 | 300 | 30 | | | |
| 编制 | | 审核 | | 批准 | | 年 月 日 | 共 页　第 页 |

（3）工序 50

工序卡见表 5-15，刀具卡见表 5-16。

表 5-15　平面槽形凸轮零件的机械加工工序卡（三）

| 机械加工工序卡 | | 产品名称 | | 零件名称 | 材 料 | 零件图号 |
|---|---|---|---|---|---|---|
| | | | | 平面槽形凸轮 | HT200 | |
| 工序号 | 程序编号 | 夹具名称 | | 使用设备 | | 车 间 |
| 50 | | 专用夹具 | | 立式数控铣床 | | |

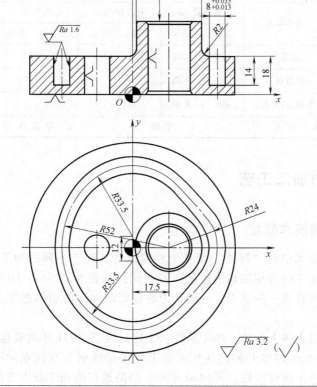

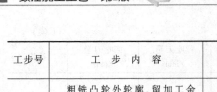

（续）

| 工步号 | 工 步 内 容 | 刀具号 | 主轴转速<br>/(r/min) | 进给速度<br>/(mm/min) | 背吃刀量<br>/mm | 侧吃刀量<br>/mm | 备注 |
|---|---|---|---|---|---|---|---|
| 1 | 粗铣凸轮外轮廓,留加工余量 0.3mm | T01 | 400 | 80 | 9 | 2.2 | |
| 2 | 粗铣凸轮上平面,留加工余量 0.3mm | T01 | 400 | 80 | 2.2 | 12 | |
| 3 | 粗铣 $\phi$32mm 圆柱面,留加工余量 0.2mm | T01 | 400 | 80 | 8 | 2.2 | |
| 4 | 精铣凸轮外轮廓至尺寸,保证表面粗糙度为 $Ra3.2\mu m$ | T01 | 500 | 60 | 18 | 0.3 | |
| 5 | 精铣凸轮上平面至尺寸,保证表面粗糙度为 $Ra3.2\mu m$ | T01 | 500 | 60 | 0.3 | 12 | |
| 6 | 精铣 $\phi$32 圆柱面至尺寸,保证表面粗糙度为 $Ra3.2\mu m$ | T01 | 500 | 60 | 17 | 0.2 | |
| 7 | 粗铣凸轮槽的内外轮廓,留加工余量 0.2mm | T02 | 1300 | 100 | 4 | 3.8 | |
| 8 | 精铣凸轮槽的内外轮廓至尺寸,保证表面粗糙度为 $Ra1.6\mu m$ | T03 | 4200 | 260 | 14 | 0.2 | |
| 编制 | | 审核 | 批准 | | 年 月 日 | 共 页 | 第 页 |

表 5-16 数控加工刀具卡

| 数控加工<br>刀具卡 | | 工序号 | 程序编号 | 产品名称 | 零件名称 | | 材料 | 零件图号 |
|---|---|---|---|---|---|---|---|---|
| | | 50 | | | 平面槽形凸轮 | | HT200 | |
| 序号 | 刀具号 | 刀具名称 | 刀具规格/mm | | 补偿值/mm | | 刀补号 | 备注 |
| | | | 直径 | 长度 | 半径 | 长度 | 半径　长度 | |
| 1 | T01 | 立铣刀 | $\phi$20 | 实测 | | | | 刀尖圆角 $R2$,高速钢 |
| 2 | T02 | 键槽铣刀 | $\phi$6 | 实测 | | | | 高速钢 |
| 3 | T03 | 立铣刀(3 齿) | $\phi$6 | 实测 | | | | 硬质合金 |
| 编制 | | 审核 | | 批准 | | 年 月 日 | 共 页 | 第 页 |

## 5.4　高速铣削加工工艺

### 5.4.1　高速切削技术概述

　　高速切削加工技术中的"高速"是一个相对概念。对于不同的加工方法、工件材料和刀具材料,高速切削加工时应用的切削速度并不相同,见表 5-17 和表 5-18。所以对于高速切削加工的概念,至今没有统一的认识,一般认为高速切削加工的切削速度是常规切削速度的 5~10 倍。

　　高速切削的发展大体上经历了四个阶段:①1931 年至 1971 年的高速切削加工理论研究与探索阶段;②1972 年至 1978 年的高速切削加工应用基础研究与探索阶段;③1979 年至 1989 年的高速切削加工应用研究阶段;④1990 年至今的高速切削加工技术发展和应用阶段。

高速切削所应用的机床与普通数控机床相比有较大的区别，其基本要求有以下几点：

表 5-17 不同工件材料对应的（超）高速切削速度范围

| 工件材料 | 高速切削速度/(m/min) |
|---|---|
| 纤维增强塑料 | 1000～8000 |
| 铝合金 | 1000～7000 |
| 铜合金 | 900～5000 |
| 灰铸铁 | 800～3000 |
| 钢 | 500～2000 |
| 钛合金 | 100～1000 |

表 5-18 不同加工工艺对应的高速切削速度范围

| 加工工艺 | 高速切削速度/(m/min) |
|---|---|
| 车削 | 700～7000 |
| 铣削 | 300～6000 |
| 钻削 | 200～1100 |
| 拉削 | 30～75 |
| 铰削 | 20～500 |

1）主轴转速和机床功率。在实际的高速切削加工过程中，所应用的高速切削的速度一般为常规切削速度的 10 倍左右，其主轴转速一般大于 10000r/min，主电动机功率为15～80kW。

2）进给量和行程速度。对高速进给系统的要求不仅是能够达到高速运动，而且要达到瞬时高速、瞬时准停等，所以要求其具有很大的加速度以及很高的定位精度。为了在高速加工中能够保证工件的加工精度和表面质量，必须保持刀具的每齿进给量不变，因此进给量也为常规值的 10 倍左右。

3）加速度。在高速加工机床上，无论是主轴还是工作台，速度的提升或降低往往要求在瞬时完成，所以机床必须具有极高的加速度。鉴于上述原因，工作台的加速度也由常规的 $0.1g～0.2g$ 提高到了 $1g～8g$（$g$ 为重力加速度）。

4）静、动态特性和热态特性。在机械加工过程中，高速的存在势必引起急剧的摩擦和发热，使机床系统的重要部件温度升高，而且高的运动加速度也会使机床产生巨大的动载荷，因此在高速机床的设计过程中，除了保证其具有优良的静态特性之外，还必须保证其具有很高的动刚度和热刚度。

5）安全保护和检测措施。在机床运动部件高速运动时，大量高流速流出的切屑以及高压喷洒的切削液等都要求高速机床要有一个足够大的密封工作空间。刀具破损时的安全防护尤为重要，所以工作室的仓壁一定要能吸收喷射部分的能量；此外，防护装置必须有灵活的控制系统，以保证操作人员在不直接接触切削区的情况下的操作安全。

## 5.4.2 高速铣床的刀具单元

高速切削（旋转）刀具单元主要包括高速切削用刀柄系统、刀具以及其他辅助元件等，而刀柄系统又可分为机床主轴与刀具系统的连接单元——基本刀柄，以及基本刀柄与刀具（立铣刀、盘铣刀等）的连接单元——夹头或接柄等。

### 1. 高速铣削刀具

在高速切削时，产生的切削热和对刀具的磨损比普通速度切削时要高得多，因此，高速切削使用的刀具材料要有很大的不同。高速切削对刀具材料在如下四个方面有更高的要求：

1）高硬度、高强度和耐磨性。

2）韧性高、抗冲击能力强。

3）高的热硬性和化学稳定性。

4）抗热冲击能力强等。

尽管已经出现不少新的刀具材料，但同时满足上述要求的刀具材料还是很难找到的。因此，在具有比较好的抗冲击韧度刀具材料基体上，再加上高热硬性和耐磨性涂层的刀具技术发展很快，先后出现了硬质合金涂层刀具、CBN（立方氮化硼）涂层刀具、PCD（聚晶金刚石）涂层刀具、陶瓷涂层刀具等复合材料新刀具。另外，还可以把 CBN 和金刚石等硬度很高的材料烧结在抗冲击韧度好的硬质合金或陶瓷材料的基体上，形成综合切削性能非常好的高速刀具。

迄今为止还没有高速切削刀具几何结构设计的国际标准。在高速切削中，大量应用涂层刀具技术，镶嵌式刀具使用量很大。高速切削使用的镶嵌式刀具，刀片要紧紧嵌入刀体的卡槽内，然后再在与离心力垂直的方向上用螺钉将刀片紧固在刀体上。

### 2. 机床主轴与刀具系统的连接单元

为了克服传统刀柄仅仅依靠锥面定位导致的不利因素，在高速切削机床主轴设计中，对刀具主轴连接宜采用两面约束过定位夹持系统，使刀柄在主轴内锥面和端面同时定位的连接方法。该系统具有很高的接触刚度和重复定位精度，夹紧可靠。有一种刀柄结构是摒弃原有的 7∶24 标准锥度而采用锥度为 1∶10 的短锥柄，如德国的 HSK（Hohl Schaft Kegel）刀柄（如图 5-43 所示）、美国的 KM 刀柄、日本的 NC5 刀柄和瑞典的 CAPTO 刀柄等；另一种是为了降低成本，仍采用现有的 7∶24 锥度而进行改进的刀柄结构，如 BIG-PLUS 刀柄（如图 5-44 所示）、SHOWA D-F-C 刀柄、3LOCK 刀柄和 WSU 刀柄等。虽然 7∶24 锥度的刀柄具有可与传统 BT 刀柄互换、安装方便、可提高刀柄与主轴的连接刚度和精度等优点，但是从有利于提高切削速度的发展趋势来看，锥度 1∶10 的短锥柄结构的前景更为广阔。

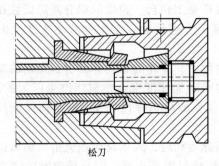 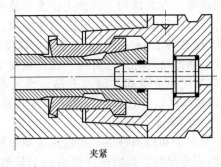

松刀　　　　　　　　　　夹紧

图 5-43　HSK 刀柄

### 3. 刀柄与刀具的连接单元

对刀具的夹持力大小和夹持精度的高低，在高速切削中具有十分重要的地位。为了提高刀具系统的夹持精度，就必须设法使刀具得到精密可靠的定位，确保足够的夹持力，严格控制和提高刀具系统的配合精度，加大夹持长度，优化结构设计及合理选材。目前，用于高速切削刀具系统中刀柄系统与刀具的连接方式主要有热缩夹头、弹簧夹头、液压夹头以及三棱变形夹头等，如图 5-45所示。

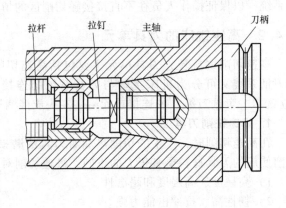

图 5-44　BIG-PLUS 刀柄

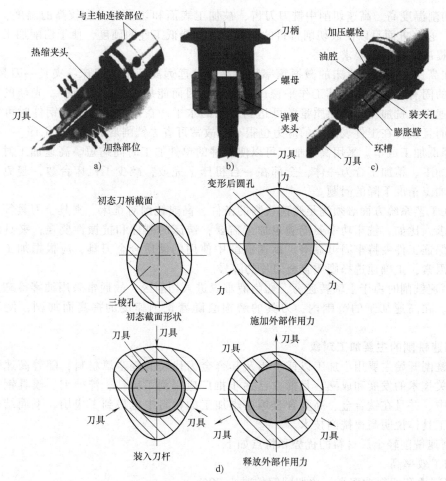

图 5-45 常用刀柄与刀具的连接单元

a）热缩夹头 b）弹簧夹头 c）液压夹头 d）三棱变形夹头

## 5.4.3 高速铣削的工艺设计

### 1. 高速铣削的工艺特点

高速铣削是一种高效率铣削方法，具有以下几方面的特点：

1）切削速度和进给速度大幅度提高。高速铣削单位时间内的材料切除率可达到常规铣削的 3~6 倍。机床空行程速度的大幅度提高，大大减少了非切削的空行程时间，极大地提高了机床生产率。在切削速度达到一定值后，切削力可降低 30% 以上，表面质量提高 1~2 级，切削速度和进给速度提高 15%~20%。可降低制造成本 10%~15%，如表 5-19 所示为高速铣削与常规铣削加工参数比较，高速加工走刀速度是常规加工的 5~10 倍或更高。

表 5-19 高速铣削与常规铣削加工参数比较

| 比较项目 | 常规铣削 | 高速铣削 |
|---|---|---|
| 加工类型 | 粗加工 | 粗加工 |
| 刀具 | 1in 球头立铣刀 | 1in 球头立铣刀 |
| 切削深度/mm | 0.5 | 0.1 |
| 主轴转速/(r/min) | 1300 | 6000 |
| 进给率/(mm/min) | 8 | 120 |
| 金属去除率/mm³/min | 0.4 | 7.2 |

2）切削温度高。高速切削中铣刀刀齿、被加工表面和切屑都具有较高的温度，可达 600 ~1000℃。它一方面可以使被切削材料的局部变软，降低工件的硬度，便于切削加工；另一方面对铣刀提出了更高的要求。

3）在高速铣削时，机床的激振频率特别高，它远远离开了"机床—夹具—刀具—工件"工艺系统的固有频率范围。其工作平稳、振动小，因而能加工出非常精密、光洁的零件，零件经过高速车、铣加工的表面质量常可达到磨削的水平。在铣削铝合金和钢件时可以达到以铣代磨，而且残留在工件表面上的应力也很小，故常可省去铣削后的精加工工序。

4）降低加工成本。采用高速加工可以使零件的单件加工时间缩短。高速加工时可将粗加工、半精加工、精加工合为一体，全部在一台机床上完成，减少了机床台数，避免了由于多次装夹使加工精度下降的问题。

5）在工艺系统方面必须满足高速铣削的条件，高速铣削对铣床、夹具、刀具等方面都有较高的要求。比如，铣床功率要能满足加工需要；铣床的刚性和抗振性要强；夹具的夹紧力要大，能保证工件夹持牢固可靠等。高速铣削中使用的硬质合金刀具，应根据加工条件、工件材料等因素，正确地选择硬质合金刀片的牌号。

6）高速铣削时由于主轴转速高，切削液难以进入切削区，故通常采用油雾冷却或水雾冷却的方法。在高速加工的范围内，刀具的磨损会随着铣削速度的提高而加剧，使刀具寿命下降。

**2. 高速铣削的主要加工对象**

高速铣削开始主要用于加工以镁、铝及其合金为代表的轻金属材料，随着高速铣削加工工艺和相关技术的发展和成熟，目前它已逐步推广应用到了铸铁、淬硬钢、模具钢等材料的铣削加工中，并且在钛合金、高温合金等更难加工的材料中也得到了应用。下面结合轻金属材料的加工具体说明高速铣削技术。

1）高速铣削轻金属材料的优势和特点如下：

① 加工效率高。

② 切削力和切削功率小，比切削钢件时小 70%。

③ 切屑短，不卷曲，易实现高速切削中大量切屑的排屑自动化。

④ 加工表面质量好，一般不用再经过任何加工或手工研磨，就可得到很高的表面质量。

⑤ 高速切削的切削速度可达 1000~7500m/min，这使得 95% 以上的切削热被飞速的切屑带走，工件仍保持室温状态，热变形小，加工精度高。

⑥ 刀具磨损小，用涂层硬质合金、多晶金刚石等刀具在很高的切削速度下切削轻合金材料，可以达到很高的刀具寿命。

2）高速铣削轻金属材料时用的刀具。高速铣削轻金属材料时常用 K10 硬质合金刀具，刀具的刀刃半径必须经过精密研磨。使用锥柄铣刀时，应经过严格的动平衡。对于两刃、三刃或四刃铣刀会有不同的振动频率，切削速度的选择应有较宽的范围，以避开机床的共振区。

由于在高速铣削过程中存在较大的冲击载荷，因此对聚晶金刚石（PCD）和立方氮化硼（CBN）刀具的寿命特性并不好。此外，高速钢也不适合于轻金属材料的高速铣削加工。

3）高速铣削轻金属材料的切削参数。粗加工和精加工锻造铝合金、Al-6%Si 铝合金、镁合金的高速铣削参数见表 5-20 和表 5-21（瑞士 FRAISA 刀具公司提供）。在实际加工中，不同刀具牌号的切削参数相差很大，一般可根据实际选用的刀具和加工对象，参考刀具厂商提供的切削参数进行选择。

**3. 高速铣削工艺规划的几个问题**

高速铣削是一个高速运动条件下的生产过程，它比常规加工对工艺的安排要求更高，涉及的内容更多，一般应考虑以下这些问题。

**表 5-20 粗加工锻造铝合金、Al-6%Si 铝合金、镁合金的高速铣削参数**（刀具牌号：U5275）

| 刀具直径 $D$/mm | 刀齿数 $Z$ | 切削速度 $V_c$/(m/min) | 每齿给进量 $F_z$/mm | 背吃刀量 $a_p$/mm | 侧吃刀量 $a_c$/mm | 主轴转速 $n$/(r/min) | 进给速度 $V_f$/(mm/min) |
|---|---|---|---|---|---|---|---|
| 3 | 2 | 450 | 0.10 | 0.75 | 1.50 | 60000 | 12000 |
| 4 | 2 | 600 | 0.12 | 1.00 | 2.00 | 60000 | 14400 |
| 5 | 2 | 750 | 0.15 | 1.25 | 2.50 | 60000 | 18000 |
| 6 | 2 | 900 | 0.18 | 1.50 | 3.00 | 60000 | 21600 |
| 8 | 2 | 1200 | 0.20 | 2.00 | 4.00 | 47750 | 19100 |
| 10 | 2 | 1200 | 0.22 | 2.50 | 5.00 | 38200 | 16810 |
| 12 | 2 | 1200 | 0.25 | 3.00 | 6.00 | 31830 | 15915 |
| 16 | 2 | 1200 | 0.28 | 4.00 | 8.00 | 23870 | 13365 |
| 20 | 2 | 1200 | 0.30 | 5.00 | 10.0 | 19100 | 11460 |

**表 5-21 精加工锻造铝合金、Al-6%Si 铝合金、镁合金的高速铣削参数**（刀具牌号：U5286）

| 刀具直径 $D$/mm | 切削速度 $V_c$/(m/min) | 每齿给进量 $F_z$/mm | 背吃刀量 $a_p$/mm | 侧吃刀量 $a_c$/mm | 刀具有效直径 $D_{eff}$/mm | 主轴转速 $n$/(r/min) | 进给速度 $V_f$/(mm/min) |
|---|---|---|---|---|---|---|---|
| 2 | 132 | 0.04 | 0.06 | 0.04 | 0.7 | 60000 | 4800 |
| 3 | 188 | 0.05 | 0.08 | 0.05 | 1.0 | 60000 | 6000 |
| 4 | 226 | 0.05 | 0.10 | 0.05 | 1.2 | 60000 | 6000 |
| 5 | 283 | 0.05 | 0.12 | 0.05 | 1.5 | 60000 | 6000 |
| 6 | 339 | 0.06 | 0.14 | 0.06 | 1.8 | 60000 | 7200 |
| 8 | 415 | 0.07 | 0.16 | 0.07 | 2.2 | 60000 | 8400 |
| 10 | 509 | 0.08 | 0.18 | 0.08 | 2.7 | 60000 | 9600 |
| 12 | 584 | 0.09 | 0.20 | 0.09 | 3.1 | 60000 | 10800 |
| 16 | 754 | 0.10 | 0.25 | 0.10 | 4.0 | 60000 | 12000 |
| 20 | 924 | 0.10 | 0.30 | 0.10 | 4.9 | 60000 | 12000 |

1）高速立铣加工中的刀具结构选择。常用立铣刀的结构形式如图 5-46 所示，在高速铣削加工中一般不推荐使用尖角平头立铣刀。尖角平头立铣刀在切削时刀尖部位由于流屑干涉，所以切削变形大，同时有效切削刃长度最短，导致刀尖受力大，切削温度高，容易快速磨损。因此在工艺允许的条件下，尽量采用刀尖圆弧半径较大的刀具进行高速铣削。

2）高速铣削采用球头立铣刀时的有效直径和有效线速度计算。由于球头立铣刀实际参与切削部分的直径和加工方式有关，如图 5-47 所示，其有效直径的计算见式（5-1）和式（5-2）。

立铣刀轴线垂直于加工表面（$\beta=0$）时，球头立铣刀的有效直径 $D_{eff}$ 为

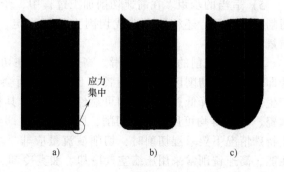

图 5-46 立铣刀结构示意图
a) 尖角平头立铣刀 b) 圆角平头立铣刀 c) 球头立铣刀

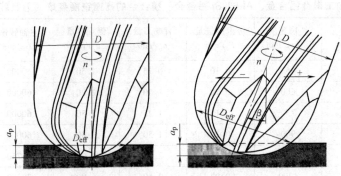

图 5-47　球头立铣刀的有效直径计算

$$D_{eff} = 2 \times \sqrt{D \times a_p - a_p} \tag{5-1}$$

立铣刀轴线与加工表面不垂直（$\beta \neq 0$）时，球头立铣刀的有效直径 $D_{eff}$ 为

$$D_{eff} = D \times \sin\left[\beta \pm \arccos\left(\frac{D - 2 \times a_p}{D}\right)\right] \tag{5-2}$$

铣刀实际参与切削部分的最大线速度定义为有效线速度。球头立铣刀的有效线速度计算见式（5-3）和式（5-4）。

立铣刀轴线垂直于加工表面（$\beta = 0$）时，球头立铣刀的有效线速度 $v_{eff}$ 为

$$v_{eff} = \frac{2 \times \pi \times n}{1000}\sqrt{D \times a_p - a_p^{2}} \tag{5-3}$$

立铣刀轴线与加工表面不垂直（$\beta \neq 0$）时，球头立铣刀的有效线速度 $v_{eff}$ 为

$$v_{eff} = \frac{\pi \times n \times D}{1000}\sin\left[\beta \pm \arccos\left(\frac{D - 2 \times a_p}{D}\right)\right] \tag{5-4}$$

3）保持恒定的切削载荷。保持恒定的切削载荷应注意以下几个方面：一是保持材料去除量的恒定；二是刀具切入工件要平滑；三是保证刀具切削轨迹的平滑过渡，避免尖角走刀轨迹。

4）减少刀具切入次数。刀具切入工件时会存在瞬时冲击，因此在高速切削加工过程中要尽量减少刀具的切入切出次数。

5）适当的步距。在高速切削加工过程中，步距的选择十分重要，过小的步距不仅会延长切削加工时间，还往往会造成切削力的不稳定，产生切削振动，从而影响工件表面的加工质量。

6）高速铣削的冷却与润滑。高速铣削时在切削区产生很高的温度，冷却液在接近切削刃处即气化，对切削区几乎没有冷却作用，反而会加大铣刀刃在切入切出过程中的温度变化，产生热疲劳，降低刀具寿命和可靠性。现代刀具材料，如硬质合金、涂层刀具、陶瓷和金属陶瓷、CBN 等均可用于高速切削，因此，在大部分情况下高速铣削不建议使用冷却液。在一些特殊情况下要求湿切削时，切削液流量应非常大，以减少刀具的温度变化。为了提高加工性能，高速铣削常采用压缩空气冷却、油雾冷却、水雾冷却或 MQL 冷却，冷却方式以通过主轴的刀具内冷效果最好。对于安全性和刀具寿命来说，切屑的高效排出也是至关重要的，经验表明，高速铣削时最好使用压缩空气排屑。

## 思考题与习题

1. 简述数控铣床的主要加工对象及其加工内容的选择。
2. 如何对数控铣削加工零件进行工艺分析？

3. 如何划分数控铣削加工工序？如何安排数控铣削加工顺序？

4. 如何选用数控铣削刀具？

5. 顺铣和逆铣的选择方法是什么？

6. 加工如图 5-48 所示的平面槽形凸轮零件，材料为 HT200，中批生产，试制订其机械加工工艺。

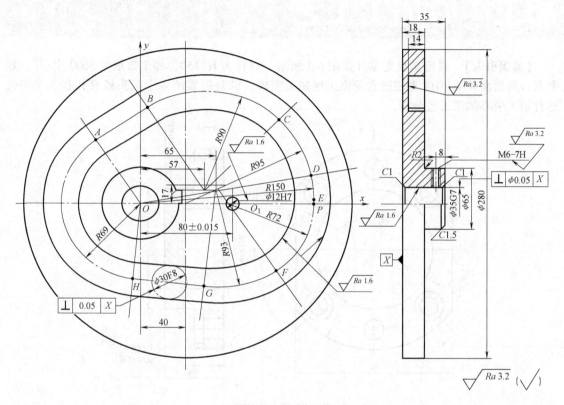

图 5-48　习题 6 图

# 第6章

# 加工中心加工工艺

【案例引入】 典型盖板类零件如图 6-1 所示，材料为 HT150，加工数量为 5000 个/年。底平面、两侧面和 $\phi$40H8 型腔已在前面工序加工完成，试对端盖的 4 个沉头螺钉孔和 2 个销孔进行加工中心加工工艺分析。

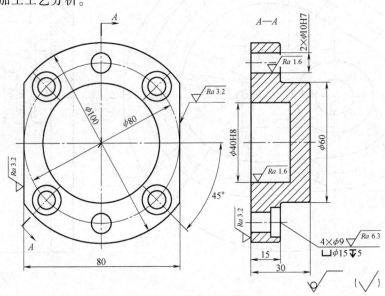

图 6-1 端盖零件图

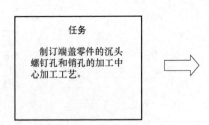

| 任务 |
|---|
| 制订端盖零件的沉头螺钉孔和销孔的加工中心加工工艺。 |

| 本章知识（或技能）要点 |
|---|
| 1. 加工中心的加工特点。 |
| 2. 加工中心的刀具系统。 |
| 3. 加工中心加工工艺的主要内容。 |
| 4. 加工中心加工工艺文件的编制。 |
| 5. 制订加工中心加工工艺规程。 |

## 6.1　加工中心简介

### 6.1.1　加工中心概述

#### 1. 加工中心的含义

加工中心（Machining Center，简称 MC）是指配备有刀库和自动换刀装置，在一次装夹下可实现多工序（甚至全部工序）加工的数控机床。目前主要有镗铣类加工中心和车削类加工中心两大类。通常我们所说的加工中心是指镗铣类加工中心。本章所讨论的加工中心加工工艺是指镗铣类加工中心的加工工艺。

镗铣类加工中心是在数控铣床（镗床）的基础上演变而来的，其数控系统能控制机床自动地更换刀具，连续地对工件各加工表面自动进行铣削、钻削、扩削、铰削、镗削和攻螺纹等多种工序的加工，工序高度集中。由于工序的集中和自动换刀，减少了工件的装夹、测量和机床调整等时间，使机床的切削时间达到机床开动时间的80%左右（普通机床仅为15%～20%）；同时也减少了工序之间的工件周转、搬运和存放时间，缩短了生产周期，具有明显的经济效果。

**2. 加工中心的分类**

（1）按照加工中心的结构形式分类

按照加工中心的结构形式可分为以下几类：

① 立式加工中心。立式加工中心是指主轴轴线为垂直状态设置的加工中心，如图6-2所示。其结构形式多为固定立柱式，工作台为长方形，无分度回转功能，具有三个直线运动坐标，并可在工作台上安装一个水平轴的数控回转台用以加工螺旋线类零件。立式加工中心主要适合加工盘、套和板类零件。它具有结构简单、占地面积小、价格低廉、装夹方便、便于操作、易于观察加工情况和调试程序容易等优点，故应用广泛。但是，受立柱高度及换刀装置的限制，不能加工太高的零件，在加工型腔或下凹的型面时，切屑不易排出，严重时会损坏刀具。

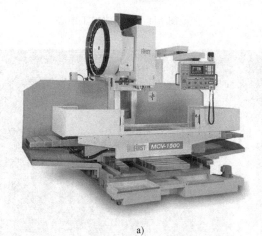

a)          b)

图6-2 立式加工中心

a) 带刀库和机械手的加工中心 b) 无机械手的加工中心

② 卧式加工中心。卧式加工中心是指主轴轴线为水平状态设置的加工中心，如图6-3所示。它的工作台大多为可分度的回转台或由伺服电动机控制的数控回转台，在零件的一次装夹中通过旋转工作台可实现除安装面和顶面以外的其余四个表面的加工。如果为数控回转工作台，还可参与机床各坐标轴的联动，实现螺旋线的加工。因此，它适用于内容较多、精度较高的箱体类零件及小型模具型腔的加工。

卧式加工中心有多种形式，如固定立柱式或固定工作台式。固定立柱式的卧式加工中心的立柱是固定不动的，主轴箱沿立柱做上下运动，而工作台可在水平面内做前后、左右两个方向的移动；固定工作台式的卧式加工中心，装夹工件的工作台是固定不动的（不做直线运动），沿坐标轴三个方向的直线运动由主轴箱和立柱的移动来实现。与立式加工中心相比，卧式加工中心的结构复杂、占地面积大、重量大、刀库容量大、价格也较高。

③ 龙门式加工中心。龙门式加工中心如图6-4所示，其形状与龙门式数控铣床相似，主轴多为垂直设置，带有自动换刀装置，还带有可更换的主轴头附件，数控装置的软件功能也较齐

全，能够一机多用。龙门式加工中心的布局具有结构刚性好、容易实现热对称性设计的特点，尤其适用于加工大型或形状复杂的零件，如航天工业及大型汽轮机上某些零件的加工。

图 6-3　卧式加工中心

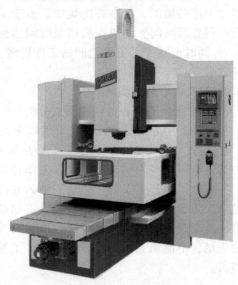

图 6-4　龙门式加工中心

④ 万能加工中心。万能加工中心如图 6-5 所示。它具有立式加工中心和卧式加工中心的功能，工件在一次装夹后能够完成除安装面外的其他侧面和顶面等五个面的加工，也叫五面加工中心。常见的五面加工中心有两种形式，一种是主轴可以旋转 90°，既可以像立式加工中心那样工作，也可以像卧式加工中心那样工作；另一种是主轴不改变方向，而工作台可以带着工件旋转 90°，完成对工件五个表面的加工。

万能加工中心主要适用于复杂外形、复杂曲线的小型零件加工。例如，加工螺旋桨叶片及各种复杂模

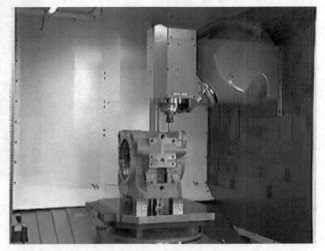

图 6-5　万能加工中心

具。但是由于五面加工中心存在着结构复杂、造价高、占地面积大等缺点，所以它的使用和生产在数量上远不如其他类型的加工中心多。

⑤ 虚轴加工中心。虚轴加工中心改变了以往传统机床的结构，通过连杆的运动来实现主轴多自由度的运动，完成对工件复杂曲面的加工，如图 6-6 所示。

（2）按换刀形式分类

按换刀形式可分为以下几类：

① 带刀库、机械手的加工中心。加工中心的换刀装置（Automatic TOOl Changer, ATC）是由刀库和机械手组成的，换刀机械手完成换刀工作。这是加工中心普遍采用的形式，如图 6-2a 所示。

② 无机械手的加工中心。这种加工中心的换刀工作是通过刀库和主轴箱的配合动作来完

成的，如图 6-2b 所示。一般是采用把刀库放在主轴可以运动到的位置，或整个刀库或某一刀位能移动到主轴箱可以达到的位置，刀库中刀具的存放位置方向与主轴箱装刀方向一致。换刀时，主轴箱运动到刀位上的换刀位置，由主轴箱直接取走或放回刀具。这种方式多用于采用 40 号以下刀柄的中小型加工中心。

③ 转塔刀库式加工中心。一般在小型立式加工中心上采用转塔刀库形式，主要以孔加工为主，如图 6-7 所示。

图 6-6 虚轴加工中心

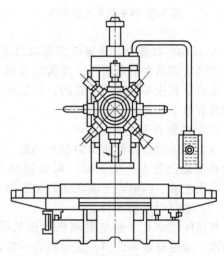

图 6-7 转塔刀库式加工中心

（3）按工作台数量和功能分类

按工作台数量和功能来分，加工中心可分为单工作台加工中心、双工作台加工中心和多工作台加工中心三种。

## 6.1.2 加工中心的主要加工对象

针对加工中心的工艺特点，其适宜加工形状复杂、加工内容多、要求较高、需用多种类型的普通机床和众多的工艺装备，且经多次装夹和调整才能完成加工的零件。主要的加工对象有下列几种。

### 1. 既有平面又有孔系的零件

加工中心具有自动换刀装置，在一次装夹中，可以完成零件上平面的铣削、孔系的钻削、镗削、铰削、铣削及攻螺纹等多工步加工。加工的部位可以在一个平面上，也可以在不同的平面上。例如万能加工中心一次装夹可以完成除安装面以外的五个面的加工。因此，既有平面又有孔系的零件是加工中心的首选加工对象，这类零件常见的有箱体类零件和盘、套、板类零件。

（1）箱体类零件

箱体类零件一般是指具有孔系和平面，内有一定型腔，在长、宽、高方向有一定比例的零件。如汽车的发动机缸体、变速箱体，机床的床头箱、主轴箱，齿轮泵壳体等。如图 6-8 所示为热电机车主轴箱体。

（2）盘、套、板类零件

这类零件端面上有平面、曲面和孔系，也常分布一些径向孔，如图 6-9 所示的板类零件。加工部位集中在单一端面上的盘、套、板类零件宜选择立式加工中心；加工部位不是位于同一方向表面上的零件宜选择卧式加工中心。

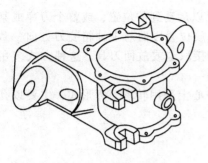

图 6-8　热电机车主轴箱体

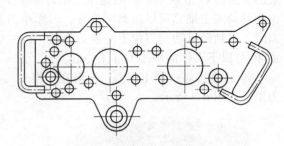

图 6-9　板类零件

#### 2. 结构形状复杂、普通机床难以加工的零件

主要表面是由复杂曲线、曲面组成的零件在加工时，需要多坐标联动加工，这在普通机床上是难以完成甚至无法完成的，加工中心是加工这类零件最有效的设备。常见的典型的这类零件有以下几类：

（1）凸轮类零件

这类零件包括各种曲线的盘形凸轮、圆柱凸轮、圆锥凸轮和端面凸轮等，加工时，可根据凸轮表面的复杂程度，选用三轴、四轴或五轴联动的加工中心。

（2）整体叶轮类零件

整体叶轮常见于航空发动机的压气机、空气压缩机、船舶水下推进器等零件中，它除具有一般曲面加工的特点外，还存在许多特殊的加工难点，如通道狭窄，刀具很容易与加工表面和邻近曲面产生干涉。如图 6-10 所示是轴向压缩机涡轮，它的叶面是一个典型的三维空间曲面，加工这样的型面，可采用四轴以上联动的加工中心。

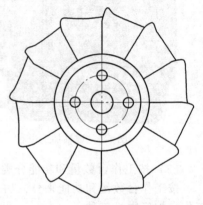

图 6-10　轴向压缩机涡轮

（3）模具类

常见的模具有锻压模具、铸造模具、注塑模具及橡胶模具等。采用加工中心加工模具，由于工序高度集中，动模、静模等关键件基本上是在一次装夹中完成全部精加工内容，因此尺寸累积误差及修配工作量小。同时模具的可复制性强，互换性好。

#### 3. 外形不规则的异形零件

异形零件是指支架、基座、样板、靠模等这一类外形不规则的零件。如图 6-11 所示的异形支架，这类零件大多需要点、线、面多工位混合加工。由于外形不规则，在普通机床上只能采取工序分散的原则加工，需用的工装较多，周期较长；利用加工中心工序集中的特点，采用合理的工艺措施，一次或两次装夹，可以完成多道工序甚至全部的加工内容。

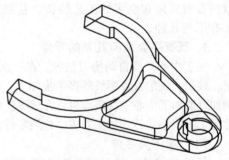

图 6-11　异形支架

### 6.1.3　加工中心的刀具系统

加工中心和数控铣床上使用的刀具由刃具和刀柄两部分组成。刃具包括铣刀、钻头、扩孔钻、镗刀、铰刀和丝锥等；刀柄是机床主轴与刀具之间的连接工具，应满足机床主轴的自动松开和夹紧定位、准确安装各种切削刀具、适应机械手的夹持和搬运、储存和识别刀库中各

种刀具的要求。

**1. 刀柄的结构**

刀柄的结构现已系列化、标准化，其标准有很多种，见表6-1。加工中心和数控铣床上一般采用7：24圆锥刀柄（JT或ST），并采用相应形式的拉钉拉紧。这类刀柄不能自锁，换刀比较方便，与直柄相比具有较高的定心精度与刚度。我国规定的刀柄结构（GB/T 10944.1~5—2013）与国际标准（ISO 7388-1~3：2007）规定的结构几乎一致，如图6-12所示。相应的拉钉结构（GB/T 10945.1~2—2006）有A型和B型两种型式，A型拉钉用于不带钢球的拉紧装置，其结构如图6-13所示；B型拉钉用于带钢球的拉紧装置，其结构如图6-14所示。

表6-1 工具柄部型式代号

| 代号 | 工具柄部型式 | |
| --- | --- | --- |
| JT | 自动换刀机床用7：24圆锥工具柄 | GB/T 10944.1~5—2013 |
| BT | 自动换刀机床用7：24圆锥BT型工具柄 | JIS B6339.1—2011 |
| ST | 手动换刀机床用7：24圆锥工具柄 | GB/T 3837—2001 |
| MT | 带扁尾莫氏圆锥工具柄 | GB/T 1443—2016 |
| MW | 带扁尾莫氏圆锥工具柄 | GB/T 1443—2016 |
| ZB | 直柄工具柄 | GB/T 6131.1—1996 |

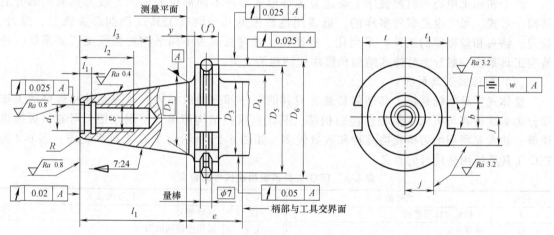

图6-12 加工中心/数控铣床7：24圆锥工具柄结构

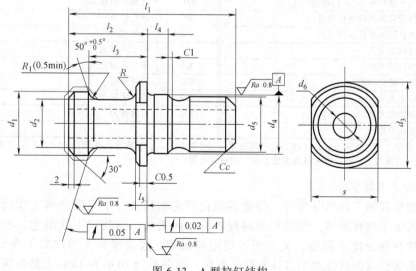

图6-13 A型拉钉结构

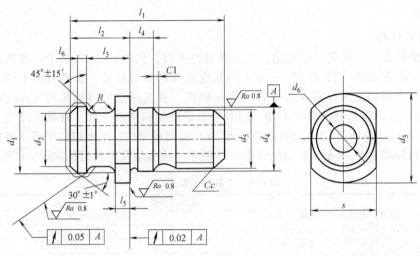

图 6-14　B 型拉钉结构

**2. 镗铣类工具系统**

由于在加工中心和数控铣床上要适应多种形式零件不同部位的加工，故刀具装夹部分的结构、形式、尺寸也是多种多样的。把通用性较强的几种装夹工具（例如装夹铣刀、镗刀、铰刀、钻头和丝锥等的工具）系列化、标准化，就发展成为不同结构的镗铣类工具系统。镗铣类工具系统一般分为整体式结构和模块式结构两大类。

（1）整体式工具系统

整体式工具系统是把工具柄部和装夹刀具的工作部分做成一体。不同品种和规格的工作部分都必须带有与机床主轴相连接的柄部。其优点是：结构简单，使用方便、可靠，更换迅速等；缺点是所用的刀柄规格品种和数量较多。如图 6-15 所示为 TSG 工具系统图，表 6-2 为 TSG 工具系统用途代号的含义。

表 6-2　TSG 工具系统用途代号的含义

| 代号 | 代号的含义 | 代号 | 代号的含义 |
|---|---|---|---|
| J | 装接长刀杆用锥柄 | TZ | 直角镗刀 |
| Q | 弹簧夹头 | TQW | 倾斜型微调镗刀 |
| KH | 7：24 锥柄快换夹头 | TQC | 倾斜型粗镗刀 |
| Z（J） | 用于装钻夹头（莫氏锥度注 J） | TZC | 直角型粗镗刀 |
| MW | 装无扁尾莫氏锥柄刀具 | TF | 浮动镗刀 |
| M | 装有扁尾莫氏锥柄刀具 | TK | 可调镗刀头 |
| G | 攻螺纹夹头 | X | 用于装铣削刀具 |
| C | 切内槽刀具 | XS | 装三面刃铣刀 |
| KJ | 用于装扩、铰刀 | XM | 装面铣刀 |
| BS | 倍速夹头 | XDZ | 装直角端铣刀 |
| H | 倒锪端面刀 | XD | 装端铣刀 |
| T | 镗孔刀具 | | |

注：用数字表示工具的规格，其含义随工具不同而异：对于有些工具，该数字为轮廓尺寸（D-L）；对另一些工具，该数字表示应用范围；还有表示其他参数值的，如锥度号等。

（2）模块式工具系统

把工具的柄部和工作部分分开，制成系统化的主柄模块、中间模块和工作模块，每类模块中又分为若干小类和规格，然后用不同规格的中间模块，组装成不同用途、不同规格的模块式工具。这样既方便了制造，又方便了使用和保管，大大减少了用户的工具储备。目前，模块式工具系统已成为数控加工刀具发展的方向。如图 6-16 所示为 TMG 工具系统的示意图。

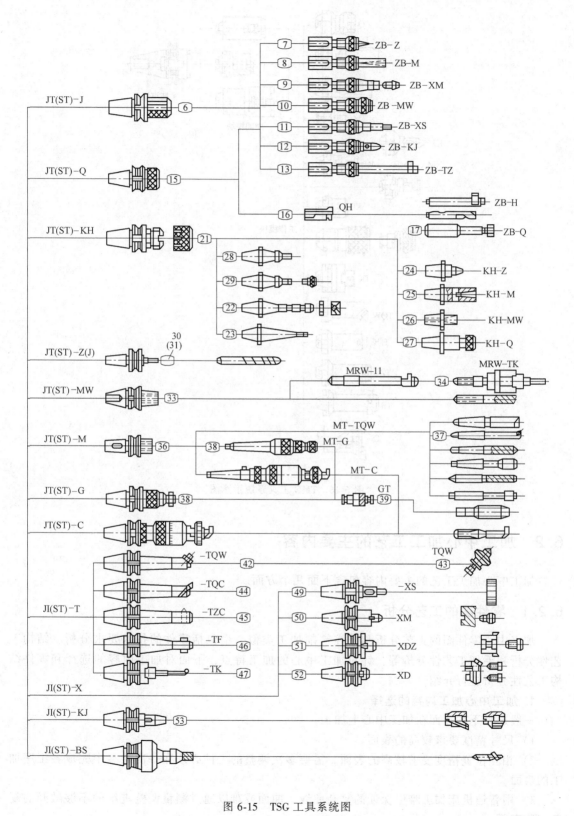

图 6-15 TSG 工具系统图

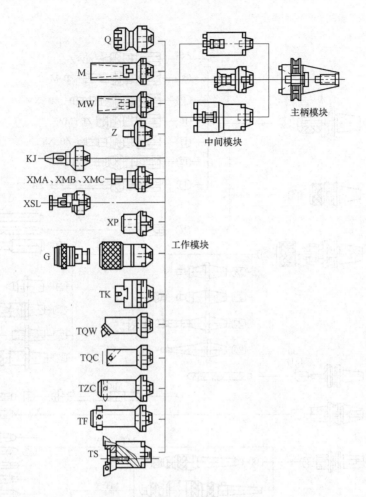

图 6-16   TMG 工具系统示意图

## 6.2   加工中心加工工艺的主要内容

加工中心加工工艺的主要内容包含下面几个方面。

### 6.2.1   零件图的工艺分析

加工中心零件图的工艺分析和数控铣削加工类似，也包括零件的技术要求分析、结构工艺性分析和毛坯工艺性分析等，针对加工中心的加工特点，下面对加工内容的选择和零件结构工艺性分析进行介绍。

**1. 加工中心加工内容的选择**

一般选择下列表面在加工中心上加工：

1）尺寸精度要求较高的表面。

2）相互位置精度要求较高的表面。需要多次调整的工件必须在一次装夹中完成各工序加工的表面。

3）用普通机床加工难以保证的复杂曲线、曲面或难以通过测量调整进给的不够敞开的复杂型腔表面。

4）能够集中在一次装夹中合并完成的多工序（或工步）表面。

在选择和决定加工中心的加工内容时，还要考虑生产批量、生产周期以及工序间的周转情况等，要合理利用加工中心，以达到产品质量、生产效率和综合经济效益都为最佳的目的。

**2. 加工中心加工零件的结构工艺性分析**

加工中心加工零件的结构工艺性除应符合第5章数控铣削加工零件的结构工艺性外，还应具备以下几点要求：

1）切削余量要小，以减少切削时间，降低加工成本。

2）零件上孔和螺纹孔的尺寸规格尽可能少，以减少相应刀具的数量和换刀时间，同时防止刀库容量不够。

3）零件的尺寸尽量标准化，以便采用标准刀具。

4）零件加工表面应具有加工的方便性和可能性。

5）零件的刚性应足够，以减少夹紧和切削中的变形。

表6-3列出了部分零件的孔加工工艺性对比实例。

**表 6-3 零件的孔加工工艺性对比实例**

| 序号 | A 工艺性差的结构 | B 工艺性好的结构 | 说　明 |
|---|---|---|---|
| 1 | 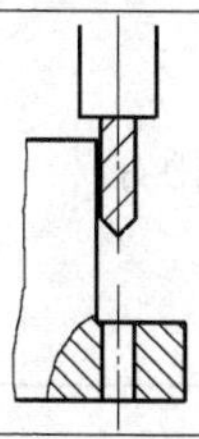 | 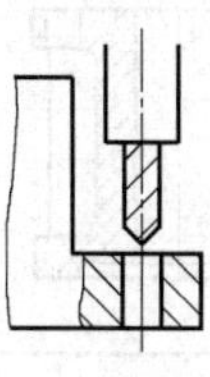 | A 结构不便引进刀具,难以实现孔的加工 |
| 2 | 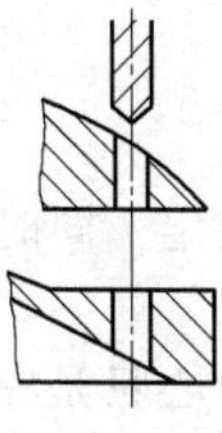 | 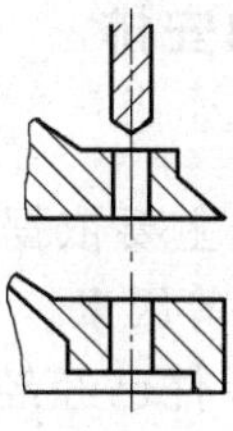 | B 结构可以避免钻头钻入和钻出时因工件表面倾斜而造成引偏或断损的问题 |
| 3 | 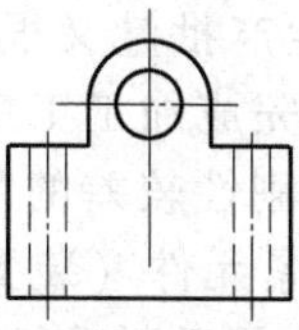 | 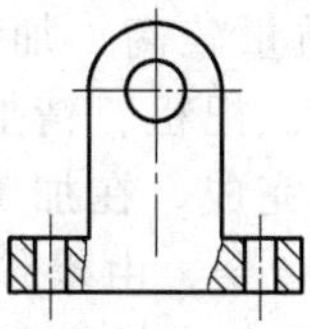 | B 结构节省材料,减少了质量,还避免了深孔加工 |
| 4 | 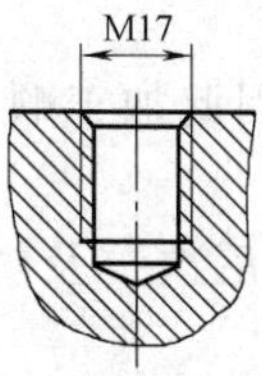 M17 | 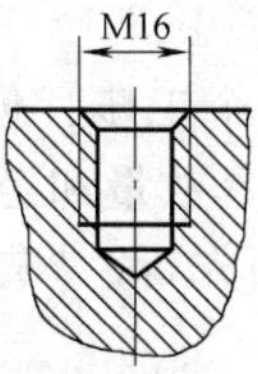 M16 | A 结构不能采用标准丝锥攻螺纹 |
| 5 | 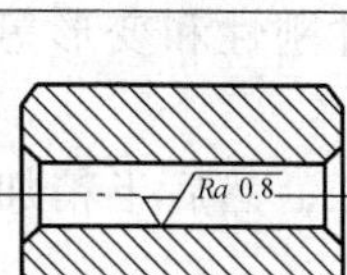 Ra 0.8 | 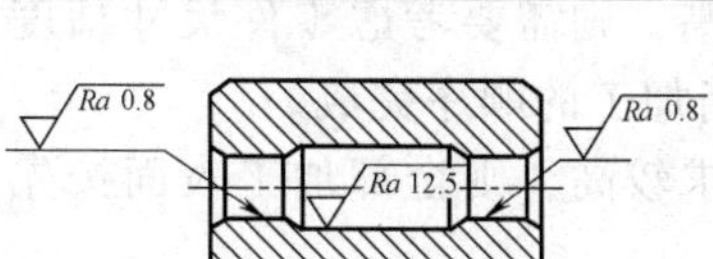 Ra 0.8　Ra 12.5　Ra 0.8 | B 结构减少配合孔的加工面积 |

(续)

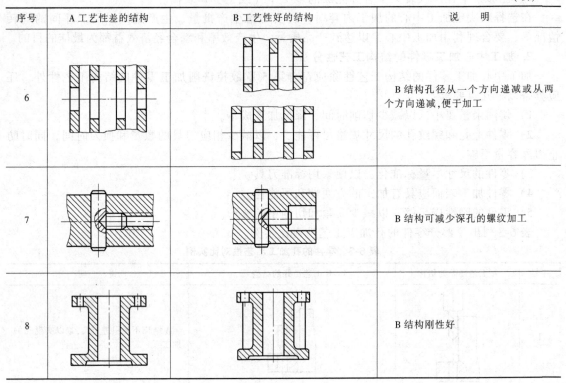

| 序号 | A 工艺性差的结构 | B 工艺性好的结构 | 说　明 |
|---|---|---|---|
| 6 | | | B 结构孔径从一个方向递减或从两个方向递减,便于加工 |
| 7 | | | B 结构可减少深孔的螺纹加工 |
| 8 | | | B 结构刚性好 |

### 6.2.2　加工阶段的划分和加工顺序的安排

#### 1. 加工阶段的划分

在加工中心上加工时,加工阶段的划分主要依据工件的精度要求确定,同时还需考虑到生产批量、毛坯质量和加工中心的加工条件等因素。

① 一般情况下,在加工中心上加工的零件已经经过粗加工,加工中心只是完成最后的精加工,因此可以不划分加工阶段。

② 对于加工精度要求不高,而毛坯质量较高、加工余量不大、生产批量又很小的零件,则可在加工中心上利用其良好的冷却系统,把粗、精加工合并进行,完成加工工序的全部内容,但粗、精加工应划分成两道工序分别完成。在加工过程中,对于刚性较差的零件,可采取相应的工艺措施,如粗加工后安排暂停指令,由操作者将压板等夹紧元件(装置)稍稍放松一些,以恢复零件的弹性变形,然后再用较小的夹紧力将零件夹紧,最后再进行精加工。

#### 2. 加工顺序的安排

在加工中心上加工零件时,一般都有多个工步,使用多把刀具,因此加工顺序的安排是否合理直接影响到加工精度、加工效率、刀具数量和经济效益。

① 在安排加工顺序时同样要遵循"基面先行""先面后孔""先主后次"及"先粗后精"的一般工艺原则。

② 若零件的尺寸精度要求较高,则需要考虑零件尺寸精度、零件刚性和变形等因素,采用同一表面粗加工—半精加工—精加工的顺序完成。

③ 若零件的加工位置精度要求较高,则全部加工表面按先粗加工,然后半精加工,最后精加工的顺序分开进行。

④ 在不影响加工精度的前提下,为了减少换刀次数、空行程和不必要的定位误差,应采

取刀具集中的原则安排加工顺序。刀具集中原则是指一把刀具将零件上所有由该刀具加工的表面全部加工完后，再换下一把刀具进行加工。

⑤ 对于同轴度要求很高的孔系，不能采取刀具集中的原则。应该在一次定位后，通过顺序连续换刀，顺序连续加工完该同轴孔系的全部孔后，再加工其他坐标位置孔，以提高孔系同轴度。

⑥ 对于既有铣面又有镗孔的零件应先铣后镗，以提高孔的加工精度。因为铣削时，切削力较大，工件易发生变形。先铣面后镗孔，使其有一段时间恢复，可以减少由变形引起的对孔的精度的影响。反之，如果先镗孔后铣面，则铣削时，必然在孔口产生飞边、毛刺，从而破坏孔的精度。

⑦ 每道工序尽量减少刀具的空行程移动量，按最短路线安排加工表面的加工顺序。

## 6.2.3 装夹方案的确定

### 1. 定位基准的选择

加工中心定位基准的选择，主要注意以下几方面：

① 尽量选择零件上的设计基准作为定位基准，这样可以避免基准不重合误差，提高零件的加工精度。

② 保证一次装夹中完成尽可能多的加工内容。为此，需考虑便于各个表面都能被加工的定位方式，如对箱体类零件的加工，最好采用"一面两销（孔）"的定位方案，以便刀具对其他表面进行加工；若工件上没有合适的孔，可增加工艺孔进行定位。

③ 当零件的定位基准与设计基准不能重合，且加工面与其设计基准又不能在一次装夹中同时加工时，应认真分析装配图样，确定该零件设计基准的设计功能，通过尺寸链的计算，严格规定定位基准与设计基准间的公差范围，确保加工精度。

④ 当批量生产时，零件的定位基准应尽可能与对刀基准重合，以减少对刀误差；但在单件加工时（每加工一件对一次刀），工件坐标系原点和对刀基准的选择应主要考虑便于编程和测量，可不与定位基准重合。如图 6-17 所示零件，在加工中心上单件加工 4×φ25H7 孔。4× φ25H7 孔都是以 φ80H7 孔为设计基准的，故编程原点应选在 φ80H7 孔中心上，加工时以

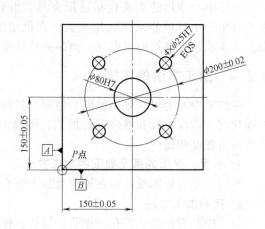

图 6-17 工件坐标系原点的确定

φ80H7 孔中心为对刀基准建立工件坐标系，而定位基准为 A、B 两面，定位基准与对刀基准和编程原点不重合，这样的加工方案同样能保证各项精度。但在批量加工时，工件采用 A、B 面为定位基准，即使将编程原点选在 φ80H7 孔中心上并按 φ80H7 孔中心对刀，仍会产生基准不重合误差，因为再装夹的工件的 φ80H7 孔中心的位置是变动的。

⑤ 必须多次装夹时应遵从基准统一的原则。如图 6-18 所示的铣头体，其中 φ80H7 孔、φ80K6 孔、φ90K6 孔、φ95H7 孔、φ140H7 孔及 D-E 孔两端面要在卧式加工中心上加工，显然必须经两次装夹才能完成上述孔和面的加工。第一次装夹加工 φ80K6 孔、φ90K6 孔、φ80H7 孔及 D-E 孔两端面；第二次装夹加工 φ95H7 孔及 φ140H7 孔。为了保证孔与孔之间、孔与面之间的相互位置精度，应选用同一定位基准。根据该零件的结构及技术要求，可选 A 面和 A 面上的 2×φ16H6 孔作为一面两孔的定位基准，这样可减少因定位基准转换而引起的定位误差。

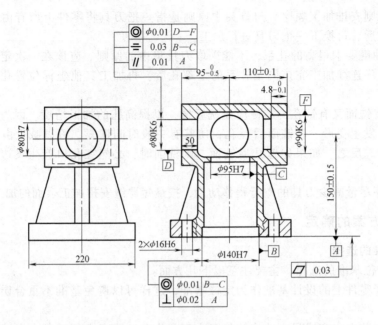

图 6-18　铣头体

## 2. 夹具的选择

加工中心常用的夹具包括通用夹具、组合夹具和专用夹具等。一般夹具的选择顺序是：在单件生产中尽可能采用通用夹具；在批量生产时优先考虑组合夹具，其次考虑可调夹具，最后考虑成组夹具和专用夹具；当装夹精度要求很高时，可配置工件统一基准定位装夹系统。

## 6.2.4　加工方法的选择

在加工中心上可以采用铣削、钻削、扩削、铰削、镗削和攻螺纹等加工方法，完成平面、平面轮廓、曲面、孔和螺纹等的加工，所选加工方法要与零件的表面特征、所要达到的精度及表面粗糙度相适应。

### 1. 平面、平面轮廓及曲面的加工方法

平面、平面轮廓及曲面在铣镗类加工中心上的加工方法就是铣削，见第5章。

### 2. 孔的加工方法

加工中心有钻孔、扩孔，锪孔、铰孔、镗孔及铣孔等孔加工方式。孔的具体加工方案可按下述方法确定：

① 对于直径小于 $\phi30\text{mm}$ 且无预制孔的孔加工，通常采用锪平端面—打中心孔—钻—扩—孔口倒角—铰的加工方案；对有同轴度要求的小孔，需采用锪平端面—打中心孔—钻—半精镗—孔口倒角—精镗（或铰）的加工方案。为了提高孔的位置精度，在钻孔工序前必须安排锪平端面和打中心孔的工步。孔口倒角安排在半精加工之后、精加工之前，以防止孔内产生毛刺。

② 对于直径大于 $\phi30\text{mm}$ 且已铸出或锻出毛坯孔的孔加工，一般采用粗镗—半精镗—孔口倒角—精镗的加工方案；有空刀槽时可用锯片铣刀在半精镗之后、精镗之前用圆弧插补方式铣削完成。

③ 对于孔径较大的孔加工，可采用立铣刀或键槽铣刀以圆弧插补方式通过粗铣—精铣加工来完成。

④ 对于同轴孔系，若距离较近，用穿镗法加工；若距离较远，应采用调头镗的方法加工，

以缩短刀具的伸长，减小其长径比，提高加工质量。

⑤ 在孔系加工中，先加工大孔，再加工小孔，特别是在大小孔相距很近的情况下，更要采取这一措施。

### 3. 孔加工余量的选择

在确定了孔加工方案后，就要确定孔加工中各工序（或工步）余量的大小。在加工 IT7、IT8 精度的孔时可参看表 6-4 和表 6-5 来确定。

表 6-4　在实体材料上的孔加工方式及加工余量　　　　　　　　（单位：mm）

| 加工孔的直径 | 直　径 | | | | | | | |
|---|---|---|---|---|---|---|---|---|
| | 钻 | | 粗加工 | | 半精加工 | | 精加工（H7、H8） | |
| | 第一次 | 第二次 | 粗镗 | 扩孔 | 粗铰 | 半精镗 | 精铰 | 精镗 |
| 3 | 2.9 | — | — | — | — | — | 3 | — |
| 4 | 3.9 | — | — | — | — | — | 4 | — |
| 5 | 4.8 | — | — | — | — | — | 5 | — |
| 6 | 5.0 | — | — | 5.85 | — | — | 6 | — |
| 8 | 7.0 | — | — | 7.85 | — | — | 8 | — |
| 10 | 9.0 | — | — | 9.85 | — | — | 10 | — |
| 12 | 11.0 | — | — | 11.85 | 11.95 | — | 12 | — |
| 13 | 12.0 | — | — | 12.85 | 12.95 | — | 13 | — |
| 14 | 13.0 | — | — | 13.85 | 13.95 | — | 14 | — |
| 15 | 14.0 | — | — | 14.85 | 14.95 | — | 15 | — |
| 16 | 15.0 | — | — | 15.85 | 15.95 | — | 16 | — |
| 18 | 17.0 | — | — | 17.85 | 17.95 | — | 18 | — |
| 20 | 18.0 | — | 19.8 | 19.8 | 19.95 | 19.90 | 20 | 20 |
| 22 | 20.0 | — | 21.8 | 21.8 | 21.95 | 21.90 | 22 | 22 |
| 24 | 22.0 | — | 23.8 | 23.8 | 23.95 | 23.90 | 24 | 24 |
| 25 | 23.0 | — | 24.8 | 24.8 | 24.95 | 24.90 | 25 | 25 |
| 26 | 24.0 | — | 25.8 | 25.8 | 25.95 | 25.90 | 26 | 26 |
| 28 | 26.0 | — | 27.8 | 27.8 | 27.95 | 27.90 | 28 | 28 |
| 30 | 15.0 | 28.0 | 29.8 | 29.8 | 29.95 | 29.90 | 30 | 30 |
| 32 | 15.0 | 30.0 | 31.7 | 31.75 | 31.93 | 31.90 | 32 | 32 |
| 35 | 20.0 | 33.0 | 34.7 | 34.75 | 34.93 | 34.90 | 35 | 35 |
| 38 | 20.0 | 36.0 | 37.7 | 37.75 | 37.93 | 37.90 | 38 | 38 |
| 40 | 25.0 | 38.0 | 39.7 | 39.75 | 39.93 | 39.90 | 40 | 40 |
| 42 | 25.0 | 40.0 | 41.7 | 41.75 | 41.93 | 41.90 | 42 | 42 |
| 45 | 30.0 | 43.0 | 44.7 | 44.75 | 44.93 | 44.90 | 45 | 45 |
| 48 | 36.0 | 46.0 | 47.7 | 47.75 | 47.93 | 47.90 | 48 | 48 |
| 50 | 36.0 | 48.0 | 49.7 | 49.75 | 49.93 | 49.90 | 50 | 50 |

## 6.2.5　刀具的选择

### 1. 钻孔刀具

钻孔刀具较多，有普通麻花钻、可转位浅孔钻、喷吸钻及扁钻等。应根据工件材料、加工尺寸及加工质量要求等合理选用。

在加工中心和数控铣床上钻孔时，大多是采用普通麻花钻，尤其是加工 $\phi30$mm 以下的孔时，以麻花钻为主。麻花钻的结构如图 1-44 所示，它主要由工作部分和柄部组成，工作部分担负切削与导向作用；柄部是夹持部分，用于传递扭矩。根据柄部不同，麻花钻有莫氏锥柄和圆柱柄两种，直径为 $\Phi8$mm ~ $\Phi80$mm 之间的麻花钻多为莫氏锥柄，可直接装在带有莫氏锥孔的刀柄内，刀具长度不能调节；直径为 $\Phi0.1$mm ~ $\Phi20$mm 之间的麻花钻多为圆柱柄，可装在钻夹头刀柄上；中等尺寸的麻花钻两种形式均可选用。

ЉЉЉЉЉ

表 6-5　已预先铸出或热冲出孔的工序间加工余量　　　　　　（单位：mm）

| 加工孔的直径 | 粗镗 第一次 | 粗镗 第二次 | 半精镗 | 粗铰或二次半精镗 | 精铰或精镗成 H7、H8 | 加工孔的直径 | 粗镗 第一次 | 粗镗 第二次 | 半精镗 | 粗铰或二次半精镗 | 精铰或精镗成 H7、H8 |
|---|---|---|---|---|---|---|---|---|---|---|---|
| 30 | — | 28.0 | 29.8 | 29.93 | 30 | 100 | 95 | 98.0 | 99.3 | 99.85 | 100 |
| 32 | — | 30.0 | 31.7 | 31.93 | 32 | 105 | 100 | 103.0 | 104.3 | 104.8 | 105 |
| 35 | — | 33.0 | 34.7 | 34.93 | 35 | 110 | 105 | 108.0 | 109.3 | 109.8 | 110 |
| 38 | — | 36.0 | 37.7 | 37.93 | 38 | 115 | 110 | 113.0 | 114.3 | 114.8 | 115 |
| 40 | — | 38.0 | 39.7 | 39.93 | 40 | 120 | 115 | 118.0 | 119.3 | 119.8 | 120 |
| 42 | — | 40.0 | 41.7 | 41.93 | 42 | 125 | 120 | 123.0 | 124.3 | 124.8 | 125 |
| 45 | — | 43.0 | 44.7 | 44.93 | 45 | 130 | 125 | 128.0 | 129.3 | 129.8 | 130 |
| 48 | — | 46.0 | 47.7 | 47.93 | 48 | 135 | 130 | 133.0 | 134.3 | 134.8 | 135 |
| 50 | 45 | 48.0 | 49.7 | 49.93 | 50 | 140 | 135 | 138.0 | 139.3 | 139.8 | 140 |
| 52 | 47 | 50.0 | 51.7 | 51.93 | 52 | 145 | 140 | 143.0 | 144.3 | 144.8 | 145 |
| 55 | 51 | 53.0 | 54.5 | 54.92 | 55 | 150 | 140 | 148.0 | 149.3 | 149.8 | 150 |
| 58 | 54 | 56.0 | 57.7 | 57.92 | 58 | 155 | 150 | 153.0 | 154.3 | 154.8 | 155 |
| 60 | 56 | 58.0 | 59.5 | 59.92 | 60 | 160 | 155 | 158.0 | 159.3 | 159.8 | 160 |
| 62 | 58 | 60.0 | 61.5 | 61.92 | 62 | 165 | 160 | 163.0 | 164.3 | 164.8 | 165 |
| 65 | 61 | 63.0 | 64.5 | 64.92 | 65 | 170 | 165 | 168.0 | 169.3 | 169.8 | 170 |
| 68 | 64 | 66.0 | 67.5 | 67.90 | 68 | 175 | 170 | 173.0 | 174.3 | 174.8 | 175 |
| 70 | 66 | 68.0 | 69.5 | 69.90 | 70 | 180 | 175 | 178.0 | 179.3 | 179.8 | 180 |
| 72 | 68 | 70.0 | 71.5 | 71.90 | 72 | 185 | 180 | 183.0 | 184.3 | 184.8 | 185 |
| 75 | 71 | 73.0 | 74.5 | 74.90 | 75 | 190 | 185 | 188.0 | 189.3 | 189.8 | 190 |
| 78 | 74 | 76.0 | 77.5 | 77.90 | 78 | 195 | 190 | 193.0 | 194.3 | 194.8 | 195 |
| 80 | 75 | 78.0 | 79.5 | 79.90 | 80 | 200 | 194 | 197.0 | 199.3 | 199.8 | 200 |
| 82 | 77 | 80.0 | 81.3 | 81.85 | 82 | 210 | 204 | 207.0 | 209.3 | 209.8 | 210 |
| 85 | 80 | 83.0 | 84.3 | 84.85 | 85 | 220 | 214 | 217.0 | 219.3 | 219.8 | 220 |
| 88 | 83 | 86.0 | 87.3 | 87.85 | 88 | 250 | 244 | 247.0 | 249.3 | 249.8 | 250 |
| 90 | 85 | 88.0 | 89.3 | 89.85 | 90 | 280 | 274 | 277.0 | 279.3 | 279.8 | 280 |
| 92 | 87 | 90.0 | 91.3 | 91.85 | 92 | 300 | 294 | 297.0 | 299.3 | 299.8 | 300 |
| 95 | 90 | 93.0 | 94.3 | 94.85 | 95 | 320 | 314 | 317.0 | 319.3 | 319.8 | 320 |
| 98 | 93 | 96.0 | 97.3 | 97.85 | 98 | 350 | 342 | 347.0 | 349.3 | 349.8 | 350 |

在麻花钻上涂覆 TiN 涂层，钻头呈金黄色，常被称为黄金钻头，其具有自定心、加工精度高、排屑能力强等优点。

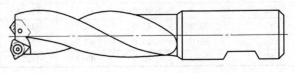

图 6-19　可转位浅孔钻

钻削直径在 $\Phi20mm \sim \Phi60mm$ 之间、孔的深径比小于等于 5 的中等浅孔时，可选用可转位浅孔钻，如图 6-19 所示。

对于深径比大于 5 而小于 100 的深孔，因其加工中散热差，排屑困难，钻杆刚性差，易使刀具损坏和引起孔的轴线偏斜，影响加工精度和生产效率，故应选用深孔刀具加工，如喷吸钻。

**2. 扩孔刀具**

扩孔多采用扩孔钻，也有采用镗刀扩孔的。标准扩孔钻通常有 3～4 条主切削刃及棱带，没有横刃，前、后角沿切削刃变化小，因此扩孔时导向好，轴向力小，一般能到达 IT10～IT11 精度，表面粗糙度值可达 $Ra6.3 \sim 3.2\mu m$。切削部分的材料为高速钢或硬质合金，结构形式有直柄式、锥柄式和套式等。在小批量生产时，常用麻花钻改制。扩孔直径较小时，可选用直柄式扩孔钻，扩孔直径中等时，可选用锥柄式扩孔钻；扩孔直径较大时，可选用套式扩孔钻。扩孔刀具如图1-47所示。

扩孔直径在 $\phi 20mm \sim \phi 60mm$ 之间，并且机床刚性好、功率大时，可选用如图6-20所示的可转位扩孔钻。这种扩孔钻的两个可转位刀片的外刃位于同一个外圆直径上，并且刀片径向可做微量（$\pm 0.1mm$）调整，以控制扩孔直径。

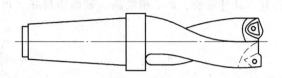

图6-20 可转位扩孔钻

### 3. 铰孔刀具

铰孔是用铰刀对已经粗加工的孔进行精加工，也可用于磨孔或研孔前的预加工。铰孔只能提高孔的尺寸精度、形状精度及表面质量，而不能提高孔的位置精度，也不能纠正孔的轴心线歪斜。一般铰孔的尺寸精度可达IT7~IT9，表面粗糙度可达 $Ra1.6 \sim 0.8 \mu m$。

在加工中心上铰孔时，一般采用通用的标准铰刀。此外，也可采用机夹硬质合金刀片的单刃铰刀和浮动铰刀等。

① 标准铰刀。如图6-21所示，标准铰刀由工作部分、颈部和柄部三部分组成，工作部分包括切削部分和校准部分；切削部分为锥形，担负主要切削工作；校准部分起导向、校正孔径和修光孔壁的作用。按其柄部的结构形式标准铰刀可分为直柄铰刀、锥柄铰刀和套式铰刀三种。直柄铰刀直径为 $\phi 6mm \sim \phi 20mm$，小孔直柄铰刀直径为 $\phi 1mm \sim \phi 6mm$，锥柄铰刀直径为 $\phi 10mm \sim \phi 32mm$，套式铰刀直径为 $\phi 25mm \sim \phi 80mm$。

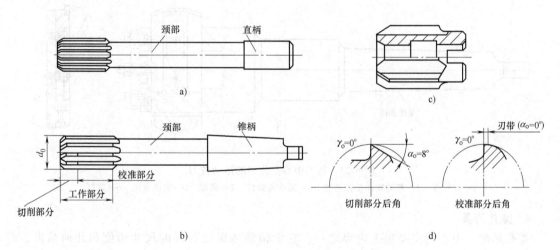

图6-21 标准铰刀
a）直柄铰刀 b）锥柄铰刀 c）套式铰刀 d）铰刀切削刃角度

标准铰刀有4~12齿，在刀具直径一定时，齿数越多，导向越好，齿间容屑槽小，芯部粗，刚性好，铰孔获得的精度较高、但刀具的制造刃磨较困难，且刀齿的强度会降低，易崩刃；齿数越少，铰削时稳定性越差，刀齿负荷大，容易产生形状误差。铰刀齿数可参照表6-6选择。

表6-6 铰刀齿数的选择

| 铰刀直径/mm | | 1.5~3 | 3~14 | 14~40 | >40 |
|---|---|---|---|---|---|
| 齿数 | 一般加工精度 | 4 | 4 | 6 | 8 |
| | 高加工精度 | 4 | 6 | 8 | 10~12 |

② 机夹硬质合金刀片的单刃铰刀。如图 6-22 所示，刀片 3 通过楔套 4 用螺钉 1 固定在刀体上，通过螺钉 7、销子 6 可调节铰刀尺寸，导向块 2 可采用黏结和铜焊方式固定。这种铰刀具有刀具寿命长、加工精度高、表面质量好（可达 $Ra0.7\mu m$）等优点。

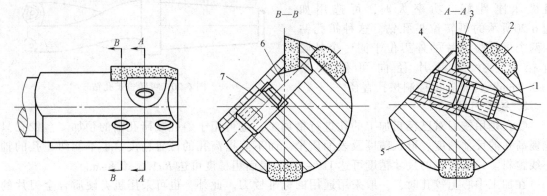

图 6-22　使用机夹硬质合金刀片的单刃铰刀
1、7—螺钉　2—导向块　3—刀片　4—楔套　5—刀体　6—销子

③ 浮动铰刀。如图 6-23 所示，这种铰刀不仅能保证换刀和进刀过程中刀具的稳定性，而且又能通过自由浮动而准确地定心，因此其加工精度稳定。浮动铰刀的寿命比高速钢铰刀高 8~10 倍，它是加工中心所采用的一种比较理想的铰刀。

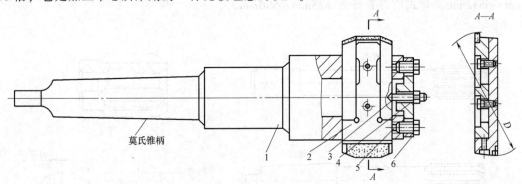

图 6-23　加工中心上使用的浮动铰刀
1—刀杆体　2—可调式浮动铰刀体　3—圆锥端螺钉　4—螺母　5—定位滑块　6—螺钉

### 4. 镗孔刀具

镗孔是加工中心的主要加工内容之一，它能精确地保证孔系的尺寸精度和几何精度，并纠正上道工序的误差。加工中心用的镗刀，就其切削部分而言，与外圆车刀没有本质的区别，但在加工中心上进行镗孔加工通常是采用悬臂方式，因此要求镗刀有足够的刚性和较好的精度。

镗孔加工精度一般可达 IT6~IT7，表面粗糙度值可达 $Ra6.3~0.8\mu m$。为了适应不同的切削条件，镗刀有多种类型。按镗刀的切削刃数量可分为单刃镗刀和双刃镗刀两种。

① 单刃镗刀。大多数单刃镗刀制成可调结构，如图 6-24 所示，螺钉 1 用于调整尺寸，螺钉 2 起锁紧作用。单刃镗刀刚性差，切削时容易引起振动，所以单刃镗刀的主偏角选得较大，以减小径向力。当镗铸铁或精镗时，一般取主偏角 $\kappa_r = 90°$；当粗镗钢件孔时，取主偏角 $\kappa_r = 60°~75°$，以提高刀具的寿命。所镗孔径的大小要靠调整镗刀来保证，调整麻烦，效率低，一般用于粗镗或单件小批生产零件的粗、精镗。

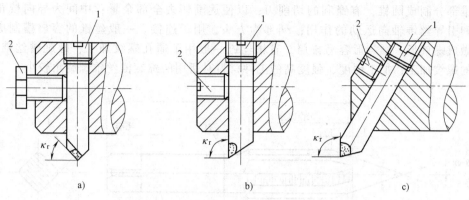

图 6-24 单刃镗刀

a) 通孔镗刀 b) 阶梯孔镗刀 c) 盲孔镗刀

1—调节螺钉 2—紧固螺钉

在孔的精镗过程中，目前较多地选用精镗微调镗刀，如图 6-25 所示。这种镗刀的径向尺寸可以在一定范围内进行微调，且调节方便，精度高。调整尺寸时，只要转动调整螺母 3，与它相配合的螺杆（即刀头）就会沿其轴线方向移动。尺寸调整好后，把螺杆尾部的螺钉 6 紧固后，即可使用。

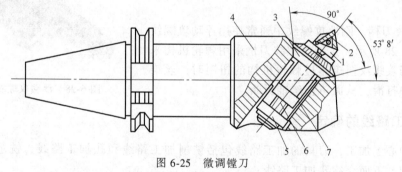

图 6-25 微调镗刀

1—刀体 2—刀片 3—调整螺母 4—刀杆 5—螺母 6—拉紧螺钉 7—导向键

② 双刃镗刀。双刃镗刀有两个对称的切削刃同时工作，不仅可以消除切削力对镗杆的影响，而且切削效率高，如图 6-26 所示。双刃镗刀可用于大直径孔的镗削，最大镗孔直径可 10000mm。

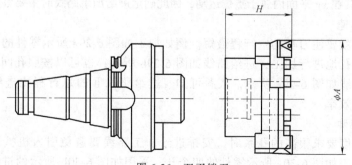

图 6-26 双刃镗刀

## 5. 攻螺纹刀具与刀柄

① 丝锥。丝锥是数控机床加工内螺纹的一种常用刀具，它能直接获得螺纹的尺寸。丝锥一般由合金工具钢或高速钢制成，其基本结构是一个轴向开槽的外螺纹，如图 6-27 所示。前

端切削锥部分制成圆锥,有锋利的切削刃,以便逐渐切去全部余量;中间为导向校正部分,起修光和引导丝锥轴向运动的作用;柄部为方头,用于连接。一般丝锥的容屑槽制成直的,也有的做成螺旋形,螺旋形容易排屑。直槽丝锥一般用于通孔螺纹加工,螺旋槽丝锥主要用于盲孔的螺纹加工;加工硬度、强度高的工件材料时所用的螺旋槽丝锥螺旋角较小。

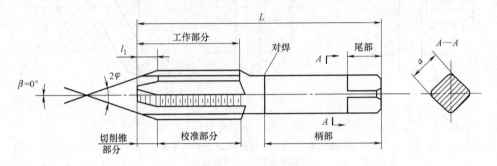

图 6-27 丝锥结构

数控机床有时还使用一种叫成组丝锥的刀具,其工作部分相当于 2~3 把丝锥串联,依次承担着粗、精加工,适用于高强度、高硬度材料或大尺寸、高精度的螺纹加工。

② 攻螺纹刀柄。刚性攻螺纹中通常使用浮动攻螺纹刀柄,如图 6-28 所示。这种攻螺纹刀柄采用棘轮机构来带动丝锥,当攻螺纹扭矩超过棘轮机构的扭矩时,丝锥在棘轮机构中打滑,从而防止丝锥折断。

图 6-28 浮动攻螺纹刀柄

### 6.2.6 加工路线的确定

在加工中心上加工,刀具的加工路线包括铣削加工路线和孔加工路线。铣削加工路线在第 5 章已介绍,下面介绍孔加工路线。

在加工中心上加工孔时,一般首先将刀具在 $xy$ 平面内快速定位到孔的中心上,然后再 $z$ 向进行加工。因此,孔加工进给路线的确定包括以下内容:

**1. 在 $xy$ 平面内的进给路线。**

加工孔时,刀具在 $xy$ 平面内属于点位运动,因此确定进给加工路线时主要考虑以下两点:

(1)定位要迅速

定位要迅速,就要使刀具的空行程最短。例如加工如图 6-29a 所示零件的十个孔,可以按照习惯一组孔一组孔地进行加工,进给路线如图 6-29b 所示;也可以按照孔间距离最短的路线进行加工,进给路线如图 6-29c 所示。从图可知,进给路线 Ⅱ 的总行程比进给路线 Ⅰ 要短很多,可以提高加工效率。

(2)定位要准确

在加工位置精度要求很高的孔系时,安排进给加工路线要避免引入机械进给传动系统的反向间隙。例如加工如图 6-30a 所示零件的四个孔,采用如图 6-30b 所示的进给路线 Ⅰ 在加工第四个孔时,由于 $y$ 轴反向,容易引入机床进给传动系统的反向间隙,难以保证第一个孔和第四个孔的位置精度;如图 6-30c 所示的进给路线 Ⅱ 是从同一方向趋近目标位置的,消除了机床进给传动系统反向间隙的误差,可以提高孔的位置精度。但是进给路线 Ⅱ 不是最短进给路线,没有满足定位迅速的要求。

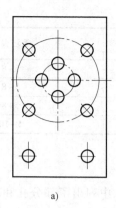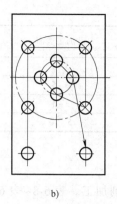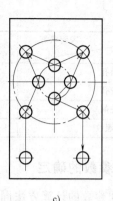

图 6-29 最短进给路线设计示例

a）零件 b）进给路线Ⅰ c）进给路线Ⅱ

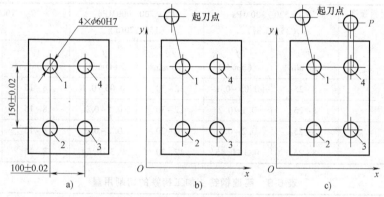

图 6-30 准确定位进给路线的设计示例

a）零件 b）进给路线Ⅰ c）进给路线Ⅱ

因此，在具体加工中应抓住主要矛盾，若按最短路线进给能保证位置精度，则取最短路线；反之，应取能保证定位准确的路线。

**2. $z$ 向（轴向）的进给路线**

确定 $z$ 向的进给路线时，主要考虑孔加工时的导入量和超越量。孔加工导入量（如图 6-31 所示 $\Delta Z$）是指在孔加工过程中，刀具自快进转为工进时，刀尖点位置与孔上表面间的距离。孔加工导入量可参照表 6-7 选取。

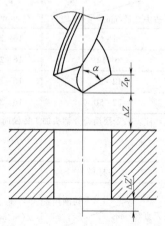

孔加工超越量（如图 6-31 中的 $\Delta Z'$），当钻通孔时，超越量通常取 $Z_P + (1 \sim 3)\,mm$，$Z_P$ 为钻尖高度（通常取 0.3 倍钻头直径）；当铰通孔时，超越量通常取 $3mm \sim 5mm$；当镗通孔时，超越量通常取 $1mm \sim 3mm$；当攻螺纹时，超越量通常取 $5mm \sim 8mm$。

图 6-31 孔加工导入量与超越量

表 6-7 孔加工导入量 （单位：mm）

| 加工方法 表面状态 | 已加工表面 | 毛坯表面 |
|---|---|---|
| 钻孔 | 2~3 | 5~8 |
| 扩孔 | 3~5 | 5~8 |

（续）

| 加工方法 ＼ 表面状态 | 已加工表面 | 毛坯表面 |
|---|---|---|
| 镗孔 | 3~5 | 5~8 |
| 铰孔 | 3~5 | 5~8 |
| 铣削 | 3~5 | 5~8 |
| 攻螺纹 | 5~10 | 5~10 |

### 6.2.7　切削参数的确定

　　孔加工切削参数的计算方法同铣削加工。表 6-8~表 6-12 中列出了部分孔和攻螺纹加工时的切削用量，供选择时参考。

表 6-8　高速钢钻头加工钢件时的切削用量

| 切削用量 ＼ 材料强度 | $R_m$ = 520~700MPa (35、45钢) | | $R_m$ = 700~900MPa (15Cr、20Cr) | | $R_m$ = 1000~1100MPa (合金钢) | |
|---|---|---|---|---|---|---|
| 钻头直径/mm | $v_c$ /(m/min) | $f$ /(mm/r) | $v_c$ /(m/min) | $f$ /(mm/r) | $v_c$ /(m/min) | $f$ /(mm/r) |
| 1~6 | 8~25 | 0.05~0.1 | 12~30 | 0.05~0.1 | 8~15 | 0.03~0.08 |
| 6~12 | 8~25 | 0.1~0.2 | 12~30 | 0.1~0.2 | 8~15 | 0.08~0.15 |
| 12~22 | 8~25 | 0.2~0.3 | 12~30 | 0.2~0.3 | 8~15 | 0.15~0.25 |
| 22~50 | 8~25 | 0.3~0.45 | 12~30 | 0.3~0.54 | 8~15 | 0.25~0.35 |

表 6-9　高速钢钻头加工铸铁的切削用量

| 切削用量 ＼ 材料强度 | 160~200HBW | | 200~400HBW | | 300~400HBW | |
|---|---|---|---|---|---|---|
| 钻头直径/mm | $v_c$ /(m/min) | $f$ /(mm/r) | $v_c$ /(m/min) | $f$ /(mm/r) | $v_c$ /(m/min) | $f$ /(mm/r) |
| 1~6 | 16~24 | 0.07~0.12 | 10~18 | 0.05~0.1 | 5~12 | 0.03~0.08 |
| 6~12 | 16~24 | 0.12~0.2 | 10~18 | 0.1~0.18 | 5~12 | 0.08~0.15 |
| 12~22 | 16~24 | 0.2~0.4 | 10~18 | 0.18~0.25 | 5~12 | 0.15~0.2 |
| 22~50 | 16~24 | 0.4~0.6 | 10~18 | 0.25~0.4 | 5~12 | 0.2~0.3 |

注：采用硬质合金钻头加工铸铁时取 $v_c$ = 20~30m/min。

表 6-10　高速钢铰刀铰孔的切削用量

| 切削用量 工件材料 | 铸铁 | | 钢及合金钢 | | 铝及其合金 | |
|---|---|---|---|---|---|---|
| 铰刀直径/mm | $v_c$ /(m/min) | $f$ /(mm/r) | $v_c$ /(m/min) | $f$ /(mm/r) | $v_c$ /(m/min) | $f$ /(mm/r) |
| 6~10 | 2~6 | 0.3~0.5 | 1.2~5 | 0.3~0.4 | 8~12 | 0.3~0.5 |
| 10~15 | 2~6 | 0.5~1 | 1.2~5 | 0.4~0.5 | 8~12 | 0.5~1 |
| 15~25 | 2~6 | 0.8~1.5 | 1.2~5 | 0.5~0.6 | 8~12 | 0.8~1.5 |
| 25~40 | 2~6 | 0.8~1.5 | 1.2~5 | 0.4~0.6 | 8~12 | 0.8~1.5 |
| 40~60 | 2~6 | 1.2~1.8 | 1.2~5 | 0.5~0.6 | 8~12 | 1.5~2 |

注：采用硬质合金铰刀加工铸铁时取 $v_c$ = 8~10m/min；铰铝时取 $v_c$ = 12~15m/min。

表 6-11　镗孔的切削用量

| 工件材料 | | 铸铁 | | 钢及合金钢 | | 铝及其合金 | |
|---|---|---|---|---|---|---|---|
| 工序 | 切削用量 / 刀具材料 | $v_c$ /(m/min) | $f$ /(mm/r) | $v_c$ /(m/min) | $f$ /(mm/r) | $v_c$ /(m/min) | $f$ /(mm/r) |
| 粗加工 | 高速钢 硬质合金 | 20~25 35~50 | 0.4~0.45 | 15~30 50~70 | 0.35~0.7 | 100~150 100~250 | 0.5~1.5 |
| 半精加工 | 高速钢 硬质合金 | 20~35 50~70 | 0.15~0.45 | 15~50 95~135 | 0.15~0.45 | 100~200 | 0.2~0.5 |
| 精加工 | 高速钢 硬质合金 | 70~90 | D1级<0.08 D级0.12~0.15 | 100~135 | 0.02~0.15 | 150~400 | 0.06~0.1 |

注：当采用高精度的镗头镗孔时，由于余量较小，直径余量不大于 0.2mm，因而切削速度可提高一些，铸铁件为 100~150m/min，钢件为 150~250m/min，铝合金为 200~400m/min，巴氏合金为 250~500m/min。进给量可在 0.03~0.1mm/r 范围内选取。

表 6-12　攻螺纹的切削用量

| 工件材料 | 铸铁 | 钢及其合金 | 铝及其合金 |
|---|---|---|---|
| $v_c$/(m/min) | 2.5~5 | 1.5~5 | 5~15 |

## 6.3　案例的决策与执行

### 6.3.1　盖板类零件的加工中心加工工艺分析

#### 1. 零件图分析，选择加工内容

盖板类零件是机械加工中的常见零件，主要加工面有平面和孔，通常需经铣平面、钻孔、扩孔、铰孔、镗孔及攻螺纹等多个工步加工。

如图 6-1 所示的盖板零件材料为铸铁（HT150），切削加工性能好。现需对该盖板的 4 个沉头螺钉孔和两个销孔进行加工，其中销孔的尺寸精度为 IT7，表面粗糙度为 $Ra1.6\mu m$，精度要求较高，而沉头螺钉孔的精度要求较低，因此该零件好加工。零件图尺寸标注完整、合理。

#### 2. 选择加工中心

由于加工内容集中在上平面内，只需单工位加工即可完成，故选择立式加工中心。工件一次装夹中自动完成钻、锪、铰等工步的加工。

#### 3. 工艺设计

（1）选择加工方法

两个 φ10H7 销孔的尺寸精度为 IT7，表面粗糙度为 $Ra1.6\mu m$，为防止钻偏，需按钻中心孔→钻孔→扩孔→铰孔的方案进行加工；4 个 φ9mm 通孔是用来装螺钉的，故精度要求较低，可按钻中心孔→钻孔的方案进行加工；4 个 φ15mm 沉孔可在通孔后再锪孔。

（2）确定加工顺序

选择了加工方法之后，在本工序中可根据刀具集中的原则确定加工顺序。加工顺序为钻所有孔的中心孔→钻孔→扩孔→锪孔→铰孔，具体加工过程见表 6-13。

（3）确定装夹方案和选择夹具

由于该零件为中大批量生产，可利用专用夹具进行装夹。由于底面、φ40H8 内腔和侧面已在前面工序加工完毕，本工序可以采用 φ40H8 内腔和底面为定位面，侧面加防转销限制六个自由度，用压板夹紧。

（4）选择刀具

两个 φ10H7 销孔的加工方案为钻中心孔→钻孔→扩孔→铰孔，故采用 φ5mm 中心钻、φ9mm 麻花钻、φ9.85mm 扩孔钻及 φ10H7 铰刀；4 个 φ15mm 沉孔可采用 φ15mm 的锪钻。具体所选刀具见表 6-14。

（5）进给路线的确定

由于各孔的位置精度要求并不高，因此在 $xy$ 平面内的进给路线以路线最短的原则来确定，在 $xy$ 平面和 $z$ 向的进给路线具体如图 6-32 至图 6-34 所示。

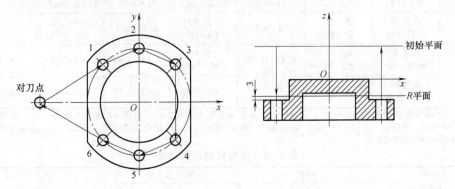

图 6-32　钻中心孔和钻 $\phi$9mm 孔的进给路线

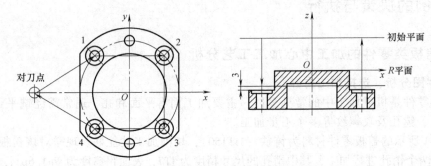

图 6-33　锪 4 个 $\phi$15mm 沉孔的进给路线

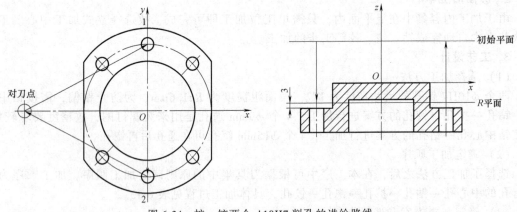

图 6-34　扩、铰两个 $\phi$10H7 削孔的进给路线

（6）选择切削用量

切削用量可参考表 6-9 和表 6-10 允许的范围进行取值，然后计算出主轴转速和进给速度，其值见表 6-14。

（7）填写盖板零件的加工中心加工工艺文件

盖板零件的数控加工工序卡见表 6-13；数控加工刀具卡见表 6-14；数控加工走刀路线卡略；数控加工程序单略。

表 6-13 盖板零件的数控加工工序卡

| 机械加工工序卡 | | 产品名称 | 零件名称 | 材料 | 零件图号 |
|---|---|---|---|---|---|
| | | | 盖板 | HT150 | |
| 工序号 | 程序编号 | 夹具名称 | 使用设备 | | 车间 |
| | | 专用夹具 | 立式加工中心 | | |

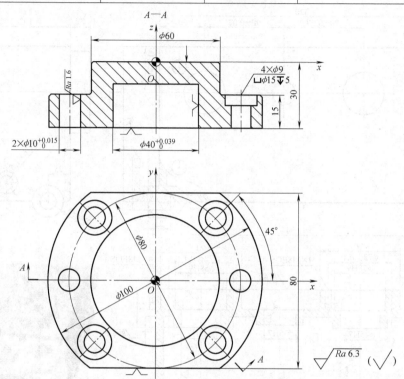

| 工步号 | 工步内容 | 刀具号 | 主轴转速 /(r/min) | 进给速度 /(mm/min) | 背吃刀量 /mm | 侧吃刀量 /mm | 备注 |
|---|---|---|---|---|---|---|---|
| 1 | 钻所有孔的中心孔 | T01 | 1000 | 50 | 1.5 | | |
| 2 | 钻 2 个 φ10H7 削孔和 4 个 φ9mm 的螺钉孔至 φ9mm | T02 | 650 | 100 | 4.5 | | |
| 3 | 扩 2 个 φ10H7 削孔至 φ9.85mm | T03 | 650 | 100 | 0.425 | | |
| 4 | 锪 4 个 φ15mm 的锪孔至尺寸,保证表面粗糙度 Ra6.3μm | T04 | 420 | 80 | 3 | | |
| 5 | 铰 2 个 φ10H7 削孔至尺寸,保证表面粗糙度 Ra1.6μm | T05 | 260 | 130 | 0.075 | | |
| 编制 | | 审核 | | 批准 | | 年 月 日 | 共 页 第 页 |

表 6-14 盖板零件的数控加工刀具卡

| 数控加工刀具卡 | | | 工序号 | 程序编号 | 产品名称 | 零件名称 | 材料 | 零件图号 |
|---|---|---|---|---|---|---|---|---|
| | | | | | | 盖板 | HT150 | |
| 序号 | 刀具号 | 刀具名称 | 刀具规格/mm | | 补偿值/mm | | 刀补号 | | 备注 |
| | | | 直径 | 长度 | 半径 | 长度 | 半径 | 长度 | |
| 1 | T01 | 中心钻 | φ3 | 实测 | | | | | 高速钢 |
| 2 | T02 | 麻花钻 | φ9 | 实测 | | | | | 高速钢 |
| 3 | T03 | 扩孔钻 | φ9.85 | 实测 | | | | | 高速钢 |
| 4 | T04 | 锪钻 | φ15 | 实测 | | | | | 高速钢 |
| 5 | T05 | 铰刀 | φ10H7 | 实测 | | | | | 高速钢 |
| 编制 | | 审核 | | 批准 | | 年 月 日 | 共 页 | 第 页 |

### 6.3.2　箱体类零件的加工中心加工工艺分析

加工如图 6-35 所示减速箱箱体，材料为 HT200，小批量生产，试制订减速箱箱体的机械加工工艺。

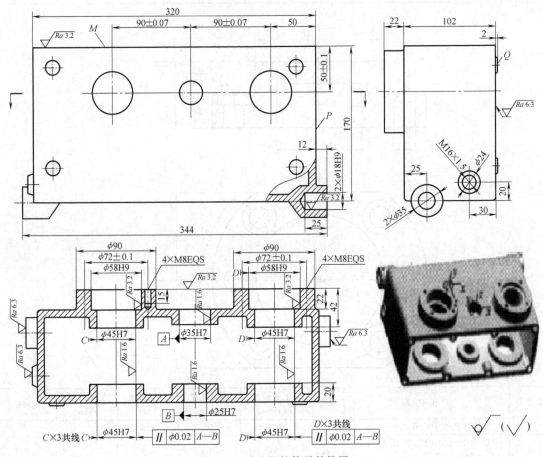

图 6-35　减速箱箱体零件简图

#### 1. 零件图样分析

箱体零件是机器或部件的基础零件，它承载着轴、轴承、齿轮等有关零件，因此箱体零件的加工质量至关重要，它影响着机器的装配精度、工作精度、使用性能和寿命。

该箱体零件是机床运屑器使用的两级变速的减速箱箱体，材料为 HT200 铸铁，小批量生产。其主要加工表面是平面和孔，下面对平面和孔的技术要求进行分析。

平面的精度要求。该减速箱体零件的设计基准是其上盖面（M 面），它有较高的平面度和较小的表面粗糙度要求；4 个小凸台面（Q 面）是为工艺需要而设置的辅助基准，是工艺基准；两个凸缘端面用于安装轴承端盖。

孔系的主要技术要求。箱体上有孔间距和同轴度要求的一系列孔，称为孔系。本减速箱体的孔系是三组轴承支承孔，用于安装轴承。为保证箱体孔与轴承外圈配合及轴的回转精度，孔的尺寸精度等级为 IT7，孔的同轴度由尺寸精度控制；为保证箱体中安装的齿轮副啮合精度，箱体孔轴线间的间距尺寸、孔轴线间的平行度均有较高要求。

孔系与平面间的位置精度。图样中由尺寸 50±0.1mm 公差控制减速箱体位置精度。

此外，该减速箱体是一个小箱体，它的装配基准是同一轴线的两个 $\phi18H9$ 的孔。

### 2. 毛坯的选择

该减速箱箱体的材料为铸铁，小批量生产，故选用铸件毛坯。

### 3. 定位基准的选择

选择基准的思路是：首先考虑以什么表面为精基准定位加工工件的主要表面，然后考虑以什么面为粗基准定位加工出精基准表面，即先确定精基准，然后选出粗基准。

（1）精基准的选择。由零件图样分析可知，该减速箱体的主要加工表面为3组轴承支承孔，它的设计基准为上盖面、凸台面以及右侧外壁。根据基准重合的原则，应尽量选择它们作为精基准，以保证零件的加工精度。

（2）粗基准的选择。粗基准的选择对零件主要有两个方面的影响，一是零件上加工表面与不加工表面的位置；二是加工表面的余量分配。减速箱体上的3组轴承支承孔是主要加工表面，毛坯上已铸出毛坯孔，要求它的加工余量均匀，从这一点出发，应选择轴孔为粗基准。本箱体不加工表面中，内壁面与加工面（轴孔）间位置关系重要，因为箱体中的大齿轮与不加工内壁间隙很小（5mm），若是加工出的轴承孔与内壁有较大的位置误差，会使大齿轮与内壁相碰。从这一点出发，应选择内壁为粗基准，但是夹具的定位结构不易实现以内壁定位。由于铸造时内壁和轴孔是同一个型心浇铸的，以轴孔为粗基准可同时满足上述两方面的要求，因此在实际生产中，一般以轴孔为粗基准。在本零件的工艺过程（见表6-15）中第三道工序是划线，即以轴孔为粗基准划加工平面的线，加工时按线找正，装夹工件。即粗基准是以划线基准来体现的。

### 4. 减速箱箱体的工艺过程设计

在加工箱盖平面和凸台面时，由于是按划线找正加工，工件装夹时间较长，因此选用普通立式铣床来加工；在加工轴承孔、端面等内容时，由于加工精度高、内容多、需多工位、多把刀具才能完成，因此选用卧式加工中心来加工。具体生产工艺过程见表6-15。

表6-15 减速箱箱体的生产工艺过程

| 机械加工工艺路线单 | | 产品名称 | 零件名称 | 材料 | 零件图号 |
|---|---|---|---|---|---|
| | | | 减速箱箱体 | HT200 | |
| 工序号 | 工种 | 工序内容 | 夹具 | 使用设备 | 工时 |
| 10 | 铸造 | | | | |
| 20 | 热处理 | 人工时效 | | | |
| 30 | 划线 | 以3组轴孔和箱体内壁面为基准划出凸台面和上盖面的加工线 | | | |
| 40 | 铣 | 按划线找正，粗、精铣凸台面 | 压板 | 普通立式铣床 | |
| 50 | 铣 | 以凸台面定位，按划线找正，粗、精铣上盖面（M面） | 压板 | 普通立式铣床 | |
| 60 | 加工中心 | 加工各端面、轴承孔、装配基准孔和螺纹孔 | 专用夹具 | 卧式加工中心 | |
| 70 | 钳工 | 去毛刺 | | 钳工台 | |
| 80 | 清洗 | | | 清洗机 | |
| 90 | 检验 | | | 检验台 | |
| 编制 | | 审核 | 批准 | 年 月 日 | 共 页 第 页 |

### 5. 加工中心加工工艺路线的拟定

（1）加工方法的选择

① 两个 $\phi$45H7 的轴承孔。标准公差等级为IT7，表面粗糙度为 $Ra1.6\mu m$，且有较高的同轴度和平行度要求，由于有预制孔，可按粗镗→半精镗→精镗的加工方案进行，在加工时要前后孔一起加工。

② 两个 $\phi$58H9 的孔。标准公差等级为IT9，表面粗糙度为 $Ra3.2\mu m$，可按粗镗→半精镗

→精镗的加工方案进行。

③ φ35H7 和 φ25H7 的轴承孔。标准公差等级为 IT7，表面粗糙度为 $Ra1.6\mu m$，且有较高的同轴度和平行度要求，由于 φ35H7 的孔有预制孔，可按钻孔→扩孔→铰孔的加工方案进行。

④ 8 个 M8 及 M18、M16 的螺纹孔。可按钻中心孔→钻孔→攻螺纹的加工方案进行。

⑤ 两个 φ18H9 的装配基准孔。标准公差等级为 IT9，表面粗糙度为 $Ra3.2\mu m$，可按钻中心孔→钻孔→扩孔→铰孔的加工方案进行。

⑥ 两个凸缘端面和左右两侧的小凸台面。这些平面的加工，可随孔加工一起完成，可按粗铣→精铣的加工方案进行。

（2）加工顺序的安排

在安排该箱体零件的加工中心加工顺序时，可按以下几个原则来确定：

① 先面后孔。由于箱体上的孔分布在平面上，先加工平面可以去除铸件毛坯表面的凹凸不平、夹砂等缺陷，对孔加工有利，如可减小钻头的歪斜、防止刀具崩刃等，同时对刀调整也方便。

② 先主后次。箱体上用于紧固的螺纹孔、小孔等可视为次要表面，因为这些次要表面往往需要依据主要表面（轴孔）定位，所以这些螺纹孔的加工应在轴孔加工后进行。对于次要孔与主要孔相交时的孔系，必须先完成主要孔的精加工，再加工次要孔，否则会使主要孔的精加工产生断续切削、振动，影响主要孔的加工质量。

③ 先粗后精。即先安排粗加工，后安排精加工。在表 6-18 数控加工工序卡中，20 工步前都是粗加工，20 工步后，是半精加工、精加工。

加工顺序具体见表 6-18。

**6. 填写减速箱箱体的机械加工工艺文件**

（1）工序 40（见表 6-16）

表 6-16　减速箱箱体的机械加工工序卡

| 机械加工工序卡 | | 产品名称 | 零件名称 | 材　料 | 零件图号 |
|---|---|---|---|---|---|
| | | | 减速箱箱体 | HT200 | |
| 工序号 | 程序编号 | 夹具名称 | 使用设备 | 车　间 | |
| 40 | | 压板 | 普通立式铣床 | | |

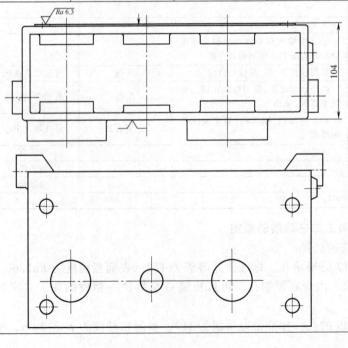

（续）

| 工步号 | 工 步 内 容 | 刀具号 | 主轴转速<br>/(r/min) | 进给速度<br>/(mm/min) | 背吃刀量<br>/mm | 侧吃刀量<br>/mm | 备注 |
|---|---|---|---|---|---|---|---|
| 1 | 粗铣凸台面,留加工余量0.3mm | φ40面铣刀 | 160 | 50 | | | 高速钢 |
| 2 | 精铣凸台面至尺寸,保证表面粗糙度为Ra6.3μm | φ40面铣刀 | 250 | 40 | 0.3 | | 高速钢 |
| 编制 | | 审核 | | 批准 | | 年 月 日 | 共 页 | 第 页 |

（2）工序50（见表6-17）

**表6-17 减速箱箱体的机械加工工序卡**

| 机械加工工序卡 | | 产品名称 | 零件名称 | 材 料 | 零件图号 |
|---|---|---|---|---|---|
| | | | 减速箱箱体 | HT200 | |
| 工序号 | 程序编号 | 夹具名称 | 使用设备 | 车 间 | |
| 50 | | 压板 | 普通立式铣床 | | |

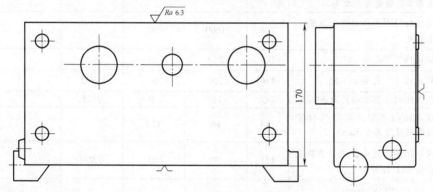

| 工步号 | 工 步 内 容 | 刀具号 | 主轴转速<br>/(r/min) | 进给速度<br>/(mm/min) | 背吃刀量<br>/mm | 侧吃刀量<br>/mm | 备注 |
|---|---|---|---|---|---|---|---|
| 1 | 粗铣上盖面,留加工余量0.3mm | φ40面铣刀 | 160 | 50 | | | 高速钢 |
| 2 | 精铣上盖面至尺寸,保证表面粗糙度为Ra6.3μm | φ40面铣刀 | 250 | 40 | 0.3 | | 高速钢 |
| 编制 | | 审核 | | 批准 | | 年 月 日 | 共 页 | 第 页 |

（3）工序60

加工工序卡见表6-18，加工刀具卡见表6-19。工序简图如图6-36~图6-38所示。

**表6-18 减速箱箱体的机械加工工序卡**

| 机械加工工序卡 | | 产品名称 | 零件名称 | 材 料 | 零件图号 |
|---|---|---|---|---|---|
| | | | 减速箱箱体 | HT200 | |
| 工序号 | 程序编号 | 夹具名称 | 使用设备 | 车间 | |
| 60 | | 专用夹具 | 卧式加工中心 | | |
| 工步号 | 工 步 内 容 | 刀具号 | 主轴转速<br>/(r/min) | 进给速度<br>/(mm/min) | 背吃刀量<br>/mm | 侧吃刀量<br>/mm | 备注 |
| | B0°工位 | | | | | | |
| 1 | 铣凸缘端面至尺寸,保证表面粗糙度为Ra6.3μm | T01 | 320 | 200 | 2 | 45 | |
| 2 | 钻$\phi 35^{+0.025}_{0}$孔至φ34 | T02 | 140 | 35 | 17 | | |

（续）

| 工步号 | 工步内容 | 刀具号 | 主轴转速 /(r/min) | 进给速度 /(mm/min) | 背吃刀量 /mm | 侧吃刀量 /mm | 备注 |
|---|---|---|---|---|---|---|---|
| 3 | 钻 $\phi 25^{+0.021}_{0}$ 孔至 $\phi 24$ | T03 | 200 | 50 | 12 | | |
| 4 | 粗镗 $2\times\phi 45^{+0.025}_{0}$ 孔至 $\phi 44.2$ | T04 | 280 | 110 | 2.1 | | |
| 5 | 粗镗 $2\times\phi 58^{+0.074}_{0}$ 孔至 $\phi 57.2$ | T05 | 230 | 90 | 2.1 | | |
| 6 | 钻 8×M8 螺纹的中心孔 | T06 | 1000 | 50 | | | |
| 7 | 钻 8×M8 螺纹底孔尺寸 $\phi 6.8$ | T07 | 680 | 70 | 3.4 | | |
| 8 | 攻 8×M8 螺纹至尺寸,保证表面粗糙度为 $Ra6.3\mu m$ | T08 | 120 | 150 | | | |
| | B90°工位 | | | | | | |
| 9 | 铣 $\phi 18^{+0.043}_{0}$ 孔端面至尺寸,保证表面粗糙度为 $Ra6.3\mu m$ | T01 | 320 | 200 | 2 | 35 | |
| 10 | 铣 M16×1.5 螺孔端面至尺寸,保证表面粗糙度为 $Ra6.3\mu m$ | T01 | 320 | 200 | 2 | 26 | |
| 11 | 钻 $\phi 18^{+0.043}_{0}$ 孔和 M16×1.5 螺孔的中心孔 | T06 | 1000 | 50 | | | |
| 12 | 钻 $\phi 18^{+0.043}_{0}$ 孔至 $\phi 17$ | T09 | 280 | 50 | 8.5 | | |
| 13 | 扩 $\phi 18^{+0.043}_{0}$ 孔至 $\phi 17.85$ | T10 | 300 | 60 | 0.425 | | |
| 14 | 钻 M16×1.5 螺纹底孔为 $\phi 14.5$ | T12 | 340 | 60 | 7.25 | | |
| 15 | 攻 M16×1.5 螺纹至尺寸,保证表面粗糙度为 $Ra6.3\mu m$ | T13 | 80 | 120 | | | |
| 16 | 铰 $\phi 18^{+0.043}_{0}$ 至尺寸,保证表面粗糙度为 $Ra3.2\mu m$ | T11 | 70 | 60 | 0.075 | | |
| | B270°工位 | | | | | | |
| 17 | 铣 $\phi 18^{+0.043}_{0}$ 孔端面至尺寸,保证表面粗糙度为 $Ra6.3\mu m$ | T01 | 320 | 200 | 2 | 35 | |
| 18 | 钻 $\phi 18^{+0.043}_{0}$ 孔的中心孔 | T06 | 1000 | 50 | | | |
| 19 | 钻 $\phi 18^{+0.043}_{0}$ 孔至 $\phi 17$ | T09 | 280 | 50 | 8.5 | | |
| 20 | 扩 $\phi 18^{+0.043}_{0}$ 孔至 $\phi 17.85$ | T10 | 300 | 60 | 0.425 | | |
| 21 | 铰 $\phi 18^{+0.043}_{0}$ 孔至尺寸,保证表面粗糙度为 $Ra3.2\mu m$ | T11 | 70 | 60 | 0.075 | | |
| | B0°工位 | | | | | | |
| 22 | 半精镗 $2\times\phi 45^{+0.025}_{0}$ 孔至 $\phi 44.85$ | T14 | 420 | 60 | | | |
| 23 | 半精镗 $2\times\phi 58^{+0.074}_{0}$ 孔至 $\phi 57.85$ | T15 | 320 | 40 | 0.325 | | |
| 24 | 扩 $\phi 35^{+0.025}_{0}$ 孔至 $\phi 34.85$ | T16 | 140 | 35 | 0.425 | | |
| 25 | 扩 $\phi 25^{+0.021}_{0}$ 孔至 $\phi 24.85$ | T17 | 190 | 45 | 0.425 | | |
| 26 | 精镗 $2\times\phi 45^{+0.025}_{0}$ 孔至尺寸,保证表面粗糙度为 $Ra1.6\mu m$ | T18 | 560 | 50 | 0.075 | | |
| 27 | 精镗 $2\times 58^{+0.074}_{0}$ 孔至尺寸,保证表面粗糙度为 $Ra3.2\mu m$ | T19 | 440 | 35 | 0.075 | | |
| 28 | 铰 $\phi 35^{+0.025}_{0}$ 孔至尺寸,保证表面粗糙度为 $Ra1.6\mu m$ | T20 | 40 | 32 | 0.075 | | |
| 29 | 铰 $\phi 25^{+0.021}_{0}$ 孔至尺寸,保证表面粗糙度为 $Ra1.6\mu m$ | T21 | 50 | 40 | 0.075 | | |
| 编制 | | 审核 | | 批准 | | 年 月 日 | 共 页 | 第 页 |

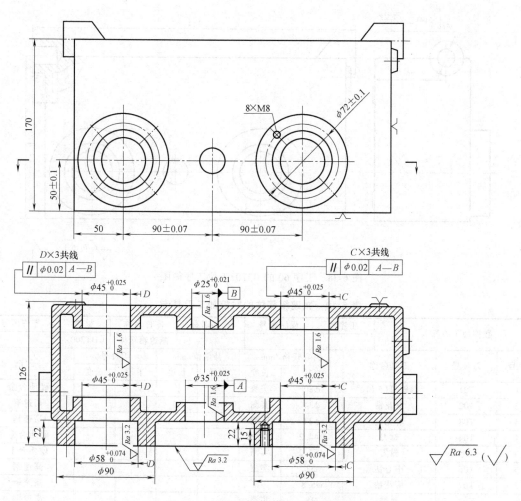

图 6-36 工序 60 的 B0°工位工序简图

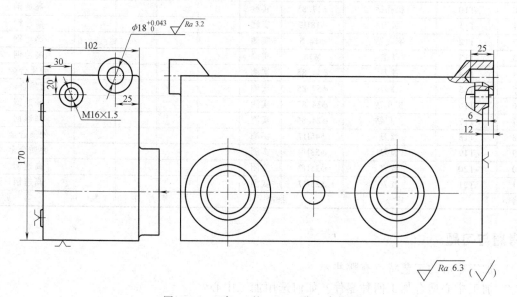

图 6-37 工序 60 的 B90°工位工序简图

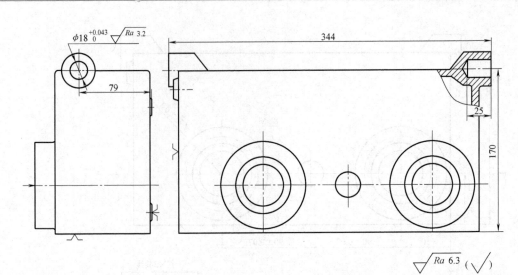

图 6-38 工序 60 的 B270°工位工序简图

表 6-19 减速箱箱体的数控加工刀具卡

| 数控加工刀具卡 | | | 工序号 | | 程序编号 | | 产品名称 | 零件名称 | 材料 | 零件图号 |
|---|---|---|---|---|---|---|---|---|---|---|
| | | | | | | | | 减速箱箱体 | HT200 | |
| 序号 | 刀具号 | 刀具名称 | 刀具规格/mm | | 补偿值/mm | | | 刀补号 | | 备注 |
| | | | 直径 | 长度 | 半径 | 长度 | 半径 | 长度 | | |
| 1 | T01 | 端铣刀（5齿） | $\phi80$ | 实测 | | | | | | 硬质合金 |
| 2 | T02 | 麻花钻 | $\phi34$ | 实测 | | | | | | 高速钢 |
| 3 | T03 | 麻花钻 | $\phi24$ | 实测 | | | | | | 高速钢 |
| 4 | T04 | 镗刀 | $\phi44.2$ | 实测 | | | | | | 硬质合金 |
| 5 | T05 | 镗刀 | $\phi57.2$ | 实测 | | | | | | 硬质合金 |
| 6 | T06 | 中心钻 | $\phi3$ | 实测 | | | | | | 高速钢 |
| 7 | T07 | 麻花钻 | $\phi6.8$ | 实测 | | | | | | 高速钢 |
| 8 | T08 | 丝锥 | M8 | 实测 | | | | | | 高速钢 |
| 9 | T09 | 麻花钻 | $\phi17$ | 实测 | | | | | | 高速钢 |
| 10 | T10 | 扩孔钻 | $\phi17.85$ | 实测 | | | | | | 高速钢 |
| 11 | T11 | 铰刀 | $\phi18H9$ | 实测 | | | | | | 高速钢 |
| 12 | T12 | 麻花钻 | $\phi14.5$ | 实测 | | | | | | 高速钢 |
| 13 | T13 | 丝锥 | M16 | 实测 | | | | | | 高速钢 |
| 14 | T14 | 镗刀 | $\phi44.85$ | 实测 | | | | | | 硬质合金 |
| 15 | T15 | 镗刀 | $\phi57.85$ | 实测 | | | | | | 硬质合金 |
| 16 | T16 | 扩孔钻 | $\phi34.85$ | 实测 | | | | | | 高速钢 |
| 17 | T17 | 扩孔钻 | $\phi24.85$ | 实测 | | | | | | 高速钢 |
| 18 | T18 | 镗刀 | $\phi45H7$ | 实测 | | | | | | 硬质合金 |
| 19 | T19 | 镗刀 | $\phi58H9$ | 实测 | | | | | | 硬质合金 |
| 20 | T20 | 铰刀 | $\phi35H7$ | 实测 | | | | | | 高速钢 |
| 21 | T21 | 铰刀 | $\phi25H7$ | 实测 | | | | | | 高速钢 |
| 编制 | | 审核 | | 批准 | | | 年月日 | | 共 页 | 第 页 |

## 思考题与习题

1. 加工中心的工艺特点有哪些？

2. 加工中心适合加工何种零件？如何选用加工中心？

3. 镗铣类工具系统的种类及其特点是什么？

4. 加工中心加工阶段的划分方法是什么？如何确定加工中心的加工顺序？

5. 加工中心对夹具有哪些要求？如何选择夹具？

6. 加工如图 6-39 所示的孔，分别按定位迅速和定位准确的原则确定 $xy$ 平面内的孔加工进给路线。

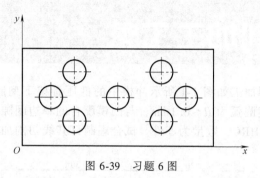

图 6-39 习题 6 图

7. 加工如图 6-40 所示泵盖零件，材料为 HT200，中批生产，试制订其机械加工工艺。

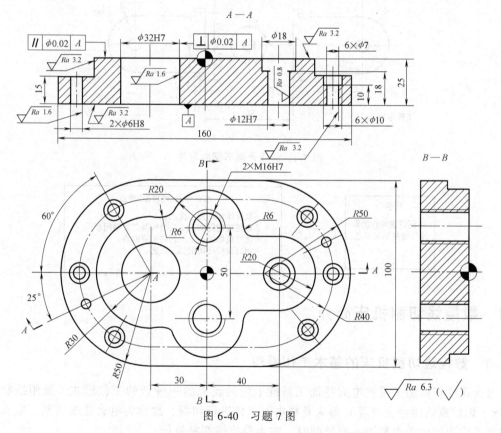

图 6-40 习题 7 图

# 第7章

# 数控线切割加工工艺

【案例引入】 线切割加工如图 7-1 所示冲模中的低压骨架下型腔零件，表面粗糙度值均为 $Ra1.6\mu m$，尖角的过渡圆弧为 $R\leqslant0.1mm$，与凸模配合的单边间隙为 $0.01mm$，材料为 Cr12 的合金钢，硬度为 $52\sim58HRC$，数量为 5 件。试合理制订其线切割加工工艺。

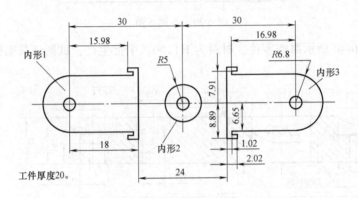

图 7-1　低压骨架下型腔零件

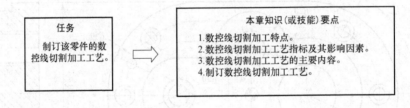

## 7.1　数控线切割机床简介

### 7.1.1　数控线切割机床的基本工作原理

电火花线切割加工是在电火花加工基础上发展起来的一种新的工艺形式，是用线状电极（铜丝、钼丝或钨钼合金丝等）靠火花放电对工件进行切割，故称为电火花线切割。电火花线切割加工机床的运动由数控装置控制时，称为数控线切割机床。

数控线切割机床的基本工作原理如图 7-2 所示，是利用移动的细金属线（钼丝）作为工具电极（接脉冲电源负电极），被切割的工件为工件电极（接脉冲电源正电极）。在加工过程中，工具电极和工件电极之间加上脉冲电压，并且由工作液循环装置供给具有一定绝缘性能的工作液（图中未画出）；当工具电极与工件电极的距离小到一定程度时，在脉冲电压的作用下，工作液被击穿，工具电极与工件电极之间形成瞬时放电通道，产生瞬时高温，使金属局部熔化甚至气化而被蚀除下来；若工件在数控装置（工作台）控制下相对电极丝按预定的轨迹进行运动，就能切割出所需要的形状。由于贮丝筒带动钼丝做正、反交替的高速移动，所以钼丝基本上不被蚀除，可使用较长时间。

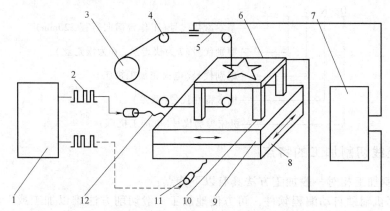

图 7-2 快走丝数控线切割机床的基本工作原理

1—数控装置 2—信号 3—贮丝筒 4—导轮 5—电极丝 6—工件 7—脉冲电源
8—下工作台 9—上工作台 10—垫铁 11—步进电动机 12—丝杠

## 7.1.2 数控线切割机床的种类与型号标注

根据电极丝的运行速度不同，数控线切割机床通常分为两大类：一类是快走丝数控线切割机床，这类机床的电极丝做高速往复运动，一般走丝速度为 8~12m/s，是我国生产和使用的主要机种，也是我国独创的电火花线切割加工模式；另一类是慢走丝数控线切割机床，这类机床的电极丝做低速单向运动，一般走丝速度为 2 m/min，是国外生产和使用的主要机种。它们在机床方面和加工工艺水平方面的比较见表 7-1。

表 7-1 快走丝数控线切割机床和慢走丝数控线切割机床的比较

| 比较项目 | 快走丝数控线切割机床 | 慢走丝数控线切割机床 |
|---|---|---|
| 走丝速度/(m/s) | 常用值 8~10 | 常用值 0.001~0.25 |
| 电极丝工作状态 | 往复供丝，反复使用 | 单向运行，一次性使用 |
| 电极丝材料 | 钼、钨钼合金 | 黄铜、铜、以铜为主的合金或镀覆材料、钼丝 |
| 电极丝直径/mm | 常用值 0.18 | 0.02~0.38，常用值 0.1~0.25 |
| 穿丝换丝方式 | 只能手工 | 可手工，可半自动，可全自动 |
| 工作电极丝长度/m | 200 左右 | 数千 |
| 电极丝振动 | 较大 | 较小 |
| 运丝系统结构 | 简单 | 复杂 |
| 脉冲电源 | 开路电压 80~100V，工作电流 1~5A | 开路电压 300V 左右，工作电流 1~32A |
| 单面放电间隙/mm | 0.01~0.03 | 0.003~0.12 |
| 工作液 | 线切割乳化液或水基工作液 | 去离子水，有的场合用电火花加工专用油 |
| 导丝机构型式 | 普通导轮，寿命较短 | 蓝宝石或钻石导向器，寿命较长 |
| 机床价格 | 较便宜 | 其中进口机床较昂贵 |
| 最大切割速度/(mm²/min) | 180 | 400 |
| 加工精度/mm | 0.01~0.04 | 0.002~0.01 |
| 表面粗糙度 Ra/μm | 1.6~3.2 | 0.1~1.6 |
| 重复定位精度/mm | 0.02 | 0.002 |
| 电极丝损耗 | 均布于参与工作的电极丝全长 | 不计 |
| 工作环保 | 较脏/有污染 | 干净/无害 |
| 操作情况 | 单一/机械 | 灵活/智能 |
| 驱动电动机 | 步进电动机 | 直线电动机 |

我国自主生产的线切割机床型号的编制是根据 GB/T 15375—2008《金属切削机床型号编制方法》的规定进行的，如：

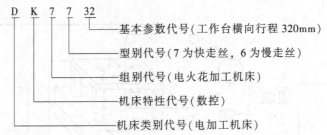

$$
\begin{array}{l}
\text{D K 7 7 32}
\end{array}
$$

基本参数代号(工作台横向行程 320mm)
型别代号(7 为快走丝，6 为慢走丝)
组别代号(电火花加工机床)
机床特性代号(数控)
机床类别代号(电加工机床)

### 7.1.3　数控线切割加工的特点

数控线切割加工相对一般加工方法具有以下特点：

1）用计算机辅助自动编程软件，可方便地加工一般切削方法难以加工或无法加工的复杂零件，如冲模、凸轮、样板及外形复杂的精密零件等。

2）由于采用直径不等的移动的细金属丝（铜丝或钼丝等）作工具电极，因而具备如下特点：

① 线切割刀具简单，大大简化了生产准备工作。

② 缝很窄，有利于材料的利用，可加工有细小结构的零件。

③ 可不必考虑电极丝损耗对加工精度的影响（快走丝线切割，采用低损耗脉冲电源；慢走丝线切割，采用单向连续供丝，在加工区总是保持新线电极加工），因而加工精度高。

④ 靠锥度切割功能，有可能实现凹凸模一次加工成形。

⑤ 电极丝材料不必比工件材料硬，因此无论被加工零件的硬度如何，只要是导体或半导体的材料都能进行加工。

⑥ 零件无法从周边切入时，工件上需钻穿丝孔。

⑦ 切削力很小，可以忽略不计。

3）依靠数控系统的线径偏移补偿功能，使冲模加工的凹凸模间隙可以任意调节。

4）采用四轴联动，可加工上、下面异型体，形状扭曲的曲面体，变锥度和球形体等零件。

5）粗、中、精加工，只需调整电参数即可，操作方便，自动化程度高。

6）加工对象主要是平面形状，台阶盲孔型零件还无法进行加工。

7）采用乳化液或去离子水的工作液，不必担心发生火灾，可以昼夜无人连续工作。

8）切割加工的效率低，加工成本高，不适合形状简单的大批零件的加工。

### 7.1.4　数控线切割加工的应用

数控线切割的加工方式独特，主要应用于以下三个方面：

1）加工模具。数控线切割适于加工各种形状的带锥度的模具，如冲模、挤压模、粉末冶金模、弯曲模及塑压模等。

2）加工电火花成形用的电极。若电极采为铜钨、银钨合金之类的材料，用线切割加工特别经济。另外对于微细、形状复杂的电极加工也适合。

3）加工零件。数控线切割适于加工：具有薄壁、窄缝、异形孔等复杂结构的零件；不仅有直线和圆弧组成的图形，还有阿基米德螺旋线、抛物线、双曲线等特殊曲线所构成的零件；图形大小和材料厚度有很大的差别，技术要求高，特别是加工精度和表面粗糙度方面有着不同要求的零件。

## 7.2 数控线切割加工的主要工艺指标及影响因素

### 7.2.1 数控线切割加工的主要工艺指标

#### 1. 切割速度 $v_{wi}$

在保持一定的表面粗糙度的切割过程中,单位时间内电极丝中心线在工件上切过的面积总和称为切割速度,单位为 $mm^2/min$,其与加工电流大小有关。通常慢走丝线切割的速度为 $40\sim80mm^2/min$,快走丝线切割的速度可达 $350mm^2/min$。

#### 2. 表面粗糙度

快走丝线切割的表面粗糙度值一般为 $Ra1.25\sim2.5\mu m$,最佳也只有 $Ra1\mu m$。慢走丝线切割一般可达 $Ra1.25\mu m$,最佳可达 $Ra0.2mm$。

#### 3. 极丝损耗量

快走丝线切割用电极丝切割 $10000mm^2$ 面积后电极丝直径的减小量来表示。一般每切割 $10000mm^2$ 后,钼丝直径减小量不应大于 $0.01mm$。

#### 4. 加工精度

加工精度是指所加工工件的尺寸精度、形状精度(如直线度、平面度、圆度等)和位置精度(如平行度、垂直度、倾斜度等)的总称。快走丝线切割的可控加工精度在 $0.01\sim0.02mm$ 之间,慢走丝线切割可达 $0.002\sim0.005mm$ 之间。

### 7.2.2 影响数控线切割加工工艺指标的主要因素

#### 1. 电参数对线切割加工工艺指标的影响

(1)脉冲宽度 $t_i$

通常 $t_i$ 加大时加工速度提高而表面粗糙度变差。一般 $t_i=2\sim60\mu s$,当 $t_i>40\mu s$ 后,加工速度提高不多,且电极丝损耗增大。在分组脉冲及光整加工时,$t_i$ 可小至 $0.5\mu s$ 以下,能改善表面粗糙度值至小于 $Ra1.25\mu m$。

(2)脉冲间隔 $t_o$

$t_o$ 减小时平均电流增大,切割速度正比加快,但 $t_o$ 不能过小,以免引起电弧和断丝。一般取 $t_o=(4\sim8)t_i$。在刚切入或大厚度加工时,应取较大的 $t_o$ 值。

(3)开路电压 $u_i$

该值会引起放电峰值电流和电加工间隙的改变。$u_i$ 提高,加工间隙增大,排屑容易,提高了切割速度和加工稳定性,但易造成电极丝振动,通常 $u_i$ 的提高还会使电极丝损耗加大。一般取 $u_i=60\sim150V$。

(4)放电峰值电流 $i_e$

这是决定单脉冲能量的主要因素之一。$i_e$ 增大时,切割速度提高,表面粗糙度变差,电极丝损耗加大甚至断丝。一般取 $i_e$ 小于 $40A$,平均电流小于 $5A$。在慢走丝线切割加工时,因脉宽很窄,电极丝又较粗,故 $i_e$ 有时大于 $50A$。

(5)放电波形

在相同的工艺条件下,高频分组脉冲常常能获得较好的加工效果。电流波形的前沿上升比较缓慢时,电极丝损耗较小。不过当脉宽很窄时,必须有陡的前沿才能进行有效的加工。

(6)极性

线切割加工因为脉宽较窄,所以都用正极性加工,工件接电源的正极,否则会使切割速

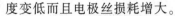

度变低而且电极丝损耗增大。

（7）变频、进给速度

预置进结速度的调节，对切割速度、加工精度和表面质量的影响都很大。预置进给速度应紧密跟踪工件蚀除速度，以保持加工间隙恒定在最佳值上。若预置进给速度调得太快，超过工件可能的蚀除速度，会出现频繁的短路现象，切割速度反而低，表面粗糙度也差，上下端面切缝呈焦黄色，甚至可能断丝；反之，若预置进给速度调得太慢，大大落后于工件的蚀除速度，极间将偏于开路，有时会时而开路时而短路，上下端面切缝出现焦黄色。这两种情况都严重影响工艺指标。因此，应按电压表、电流表调节进给旋钮，使表针稳定不动，此时进给速度均匀、平稳，是线切割加工速度和表面粗糙度均好的最佳状态。

**2. 非电参数对线切割加工工艺指标的影响**

（1）电极丝直径的影响

电极丝直径对加工精度的影响较大。若电极丝直径过小，不利于排屑和稳定加工，则不可能获得理想的切割速度。但电极丝直径超过一定值时，又会造成切缝过大，加工量增大，反而影响切割速度，因此电极丝直径不宜过大和过小，常用电极丝直径一般为 0.12~0.18mm（快走丝）和 0.076~0.3mm（慢走丝）。

（2）电极丝走丝速度的影响

在一定范围内，随着走丝速度的提高，线切割速度也可以提高。但若走丝速度过高，将使电极丝的振动加大、精度降低、表面粗糙度变差，并且易造成断丝。所以，快走丝线切割加工时的走丝速度一般以小于 10m/s 为宜。

（3）工件厚度及材料的影响

工件材料薄，工作液容易进入并充满放电间隙，对排屑和消电离有利，加工稳定性好。但若工件太薄，金属丝易产生抖动，对加工精度和表面粗糙度不利。工件材料厚，工作液难以进入和充满放电间隙，加工稳定性差，但电极丝不易抖动，因此加工精度高、表面粗糙度值较小。

当工件材料不同时，其熔点、气化点、导热率等都不一样，因而加工效果也不同。例如，采用乳化液加工铜、铝、淬火钢时，加工过程稳定，切割速度高；当加工不锈钢、磁钢、未淬火高碳钢时，则稳定性较差，切割速度较低，表面质量不太好；当加工硬质合金时，比较稳定，切割速度较低，表面粗糙度值小。

（4）工作液的影响

线切割加工可使用的工作液种类很多，有煤油、乳化液、去离子水、蒸馏水、洗涤剂和酒精溶液等，它们对工艺指标的影响各不相同，特别是对加工速度的影响较大。

**3. 其他因素对线切割加工工艺指标的影响**

机械部分的精度，例如导轨、轴承、导轮等的磨损，传动误差等都会对加工产生相当的影响。当导轮、轴承偏摆、工作液上下冲水不均匀时，会使加工表面产生上下凹凸相间的条纹，恶化工艺指标。

上面分析了各主要因素对线切割加工工艺指标的影响。实际上，各因素对工艺指标的影响往往是相互依赖又相互制约的。切割速度与脉冲电源的电参数有直接的关系，它将随单个脉冲能量的增加和脉冲频率的提高而提高，但有时也受到加工条件或其他因素的制约。表面粗糙度主要取决于单个脉冲放电能量的大小，但线电极的走丝速度和抖动状况等因素对表面粗糙度的影响也很大，而线电极的工作状况则与所选择的线电极材料、直径和张紧力大小有关。加工精度主要受机械传动精度的影响，但线电极的直径、放电间隙的大小、工作液喷流量的大小和喷流角度等也影响加工精度。因此，在线切割加工中，要综合考虑各种因素对工艺指标的影响，善于取其利，去其弊，以充分发挥设备性能，达到最佳的切割加工效果。

## 7.3 数控线切割加工工艺的主要内容

数控线切割加工，一般作为零件加工的最后一道工序，使零件达到图样规定的尺寸、几何精度和表面质量。如图7-3所示为数控线切割加工的加工过程。

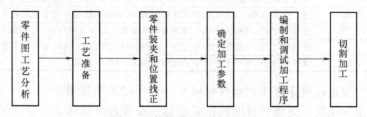

图 7-3 数控线切割加工过程

### 7.3.1 零件图的工艺分析

零件图工艺分析对保证零件加工质量和零件的综合技术指标是具有决定意义的第一步。对零件图进行分析主要包括以下内容。

#### 1. 凹角、尖角和窄缝宽度的尺寸分析

由于线切割加工时，电极丝具有一定的直径 $d$ 和一定的放电间隙 $\delta$，使电极丝中心的运动轨迹与加工面相距 $t$，即 $t=d/2+\delta$，如图7-4所示，因此，在零件的凹角处不能得到"清角"，而是半径为 $t$ 的圆角。对于形状复杂的精密冲模，在凸凹模设计图样上应注明拐角处的过渡圆弧半径 $R$。当加工凹角时，$R_{凹角} \geq d/2+\delta$；当加工尖角时，$R_{尖角} = R_{凹角} - \Delta = d/2+\delta-\Delta$，$\Delta$ 为凸、凹模配合间隙。同理，加工窄缝时，$H_{窄缝宽度} \geq d+2\delta$。

#### 2. 表面粗糙度和加工精度分析

线切割加工表面是由无数的小坑和凸起组成的，粗细较均匀，特别有利于保存润滑油，而机械加工表面则存在切削或磨削刀痕并具有方向性，在相同表面粗糙度的情况下，其耐磨性比机械加工的表面好。因此，采用线切割加工时，工件表面粗糙度的要求可以比机械加工法降低半级到一级。此外，如果线切割加工的表面粗糙度等级提高一级，则切割速度将大幅度下降，所以图样中要合理给定表面粗糙度值。线切割加工所能达到的最好表面粗糙度是有限的，若无特殊需要，对表面粗糙度的要求不能太高。同样，加工精度的给定也要合理，目前，绝大多数数控线切割机床的脉冲当量为每步0.001mm，由

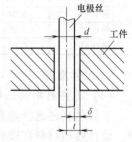

图 7-4 电极丝与零件放电位置关系

于工作台传动精度所限，加上走丝系统和其他方面的影响，线切割加工精度一般为6级左右，如果加工精度要求很高，是难于实现的。

### 7.3.2 工艺准备

工艺准备主要包括电极丝准备、工件准备和工作液配制。

#### 1. 电极丝准备

电极丝是线切割加工过程中必不可少的重要工具，相当于机械加工中的刀具。所以应合理选择电极丝的材料与直径，以保证加工稳定进行。

（1）电极丝材料的选择

电极丝材料应具有良好的导电性和耐电腐蚀性、较大的抗拉强度且材质均匀，另外电极丝的直线性要好，线径精度要高，无弯折和打结现象，便于穿丝。目前电极丝材料的种类很

多，主要有纯铜丝、黄铜丝、专用黄铜丝、钼丝、钨丝、各种合金丝及镀层金属丝等。常用电极丝材料及其特点见表7-2。

表 7-2　常用电极丝材料及其特点

| 材料 | 线径/mm | 特　点 |
|---|---|---|
| 纯铜 | 0.1~0.25 | 适合于切割速度要求不高或精加工时用，丝不易卷曲，抗拉强度低，容易断丝 |
| 黄铜 | 0.1~0.30 | 适合于高速加工，加工表面的蚀屑附着少，表面粗糙度和加工表面的平面度也比较好 |
| 专用黄铜 | 0.05~0.35 | 适合于高速、高精度和理想的表面粗糙度加工以及自动穿丝，但价格高 |
| 钼丝 | 0.06~0.25 | 抗拉强度高，一般用于快速走丝，在进行微细、窄缝加工时，也可用于慢速走丝 |
| 钨丝 | 0.03~0.10 | 抗拉强度高，可用于各种窄缝的微细加工，但价格昂贵 |

一般情况下，快走丝机床常用钼丝作电极丝，钨丝或其他昂贵金属丝因成本高而很少使用，其他丝材因抗拉强度低，在快走丝机床上不能使用。慢走丝机床上则可用各种铜丝、铁丝、专用合金丝以及镀层（如镀锌等）的电极丝。

（2）电极丝直径的选择

电极丝直径 $d$ 的大小应根据切缝宽度、零件厚度、拐角大小及切割速度等要求进行选取。由图 7-5 可知，电极丝直径 $d$ 与拐角半径 $R$ 的关系为 $d \leqslant 2(R-\delta)$。所以，在拐角要求小的微细线切割加工中，需要选用线径细的电极丝，但线径太细，能够加工的工件厚度也将会受到限制。线径与拐角极限和工件厚度的关系见表7-3。

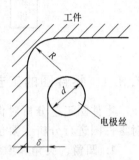

图 7-5　电极丝直径与拐角半径的关系

表 7-3　电极丝直径与拐角极限、工件厚度的关系

| 电极丝直径 $d$/mm | 拐角极限 $R_{min}$/mm | 切割工件厚度 /mm | 电极丝直径 $d$/mm | 拐角极限 $R_{min}$/mm | 切割工件厚度 /mm |
|---|---|---|---|---|---|
| 钨 0.05 | 0.04~0.07 | 0~10 | 黄铜 0.15 | 0.10~0.16 | 0~50 |
| 钨 0.07 | 0.05~0.10 | 0~20 | 黄铜 0.20 | 0.12~0.20 | 0~100 以上 |
| 钨 0.10 | 0.07~0.12 | 0~30 | 黄铜 0.25 | 0.15~0.22 | 0~100 以上 |

### 2. 工件准备

（1）工件材料的选择和处理

工件材料的选择是在图样设计时确定的。作为模具加工，在加工前毛坯需经锻打和热处理。锻打后的材料在锻打方向和与其垂直的方向上会有不同的残余应力；淬火后也会出现残余应力。在加工过程中残余应力的释放会使工件变形，从而达不到加工尺寸精度的要求，淬火不当的工件还会在加工过程中出现裂纹，因此，工件需经二次以上回火或高温回火。另外，加工前还要进行消磁及去除表面氧化皮和锈斑等处理。

例如，在以线切割加工为主的模具制造中，其加工路线一般是：下料→锻造→退火→机械粗加工→淬火与高温回火→磨加工（退磁）→线切割加工→钳工修整。这在加工全过程中要经过两次较大的变形，一次是退火后的整块坯件经机械粗加工使得材料内部的残余应力显著增加而使坯件变形；另一次是经淬火与回火后的坯件在线切割加工时，由于大面积去除金属和切断加工，又会使材料内部残余应力的平衡受到破坏而变形。因此，为了避免这些情况，一方面应选择锻造性好、淬透性好和热处理变形小的材料，如 CrWMn、Cr12Mo、GCr15 等合金工具钢，并要正确地选择热加工方法和严格执行热处理规范；另一方面，也要合理安排线切割加工工艺。

（2）工件加工基准的选择

为了便于线切割加工，根据工件外形和加工要求，应准备相应的校正和加工基准，并且此基准应尽量与图样的设计基准一致，常见的有以下两种形式：

① 以外形为校正和加工基准。外形是矩形的工件，一般需要有两个相互垂直的基准面，并垂直于工件的上、下平面，如图7-6所示。

② 以外形为校正基准，内孔为加工基准。无论是矩形、圆形还是其他异形工件，都应准备一个与工件的上、下平面保持垂直的校正基准，此时其中一个内孔可作为加工基准，如图7-7所示。在大多数情况下，外形基面在线切割加工前的机械加工中就已经准备好了。工件淬硬后，若基面变形很小，稍加打光便可用线切割加工；若变形较大，则应当重新修磨基面。

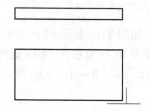

图 7-6　矩形工件的校正和加工基准

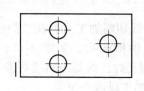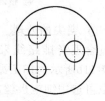

图 7-7　加工基准的选择
（矩形一侧边为校正基准，内孔为加工基准）

（3）线切割路线和穿丝孔的确定

1）线切割路线的确定。确定线切割路线，即确定线切割加工的起始点和走向。在确定线切割路线时，应尽量避免破坏工件材料原有的内部应力平衡，防止工件材料在切割过程中因切割路线安排不合理而产生较大变形，致使工件的加工精度和表面质量下降。因此，应注意以下几个问题。

① 凸模线切割路线。一般应将切割起点安排在靠近夹持端，然后转向远离夹具的方向进行加工，最后转向零件夹具的方向。如图7-8所示凸模的线切割路线选择：a图和b图的线切割路线是错误的，如果按此路线加工，第一段或中间段的线切割加工就将主要连接的部位割断，余下的材料与夹持部分连接较少，工件刚度降低，易产生变形；c图的线切割路线是最后一段切割靠近夹持部分，工件变形小，是可行的切割路线；d图的线切割路线是采用穿丝孔作为起割位置，能保证坯件的完整性，刚性好，工件几乎不变形，是最好的线切割路线。

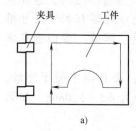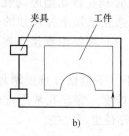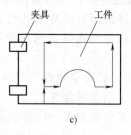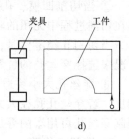

图 7-8　凸模线切割路线的选择

a）不合理的线切割路线　b）不合理的线切割路线　c）可行的线切割路线　d）最好的线切割路线

② 凹模线切割路线。由于加工凹模时，是采用穿丝孔作为起割位置，能保证坯件的完整性，刚性好，工件不易变形，因此，对线切割路线没有严格的要求，但是对加工起始点和穿丝孔的位置有要求。

③ 加工起始点。加工起始点应选择平坦、容易加工的拐角处或对工件性能影响不大的以及精度要求不高、容易修整的表面处。

④ 多件的线切割路线。在一块毛坯上切割两个或两个以上零件时，不应连续一次切割出来，而应从不同的预制穿丝孔开始加工，如图7-9b所示。

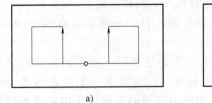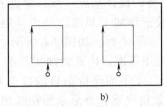

图 7-9 在一块毛坯上切割两个或两个以上零件的加工路线

a) 错误方案，从同一个穿丝孔开始加工 b) 正确方案，从不同的穿丝孔开始加工

⑤ 突尖的处理。线切割加工后，在切割起始点会产生突尖，如图 7-10 所示的 $P$ 点处。可通过合理安排路线来消除突尖，如图 7-11a 所示为加工外形时采用拐角法的线切割路线；图 7-11b 所示为加工型孔时，线切割路线可按 $S \rightarrow A \rightarrow B \rightarrow C \rightarrow D \rightarrow E \rightarrow A \rightarrow B \rightarrow A \rightarrow S$ 的顺序。另外也可选用细电极丝加工以减小突尖。

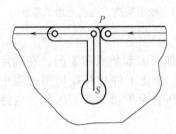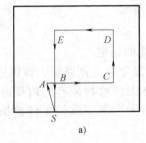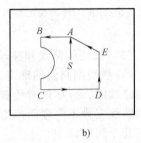

图 7-10 突尖的产生          图 7-11 消除突尖的线切割路线

⑥ 加工的路线距离端面（侧面）应大于 5mm，以保证工件的结构强度。

2) 穿丝孔的确定

① 当切割凸模类工件时，为了避免将坯件外形切断而引起变形，常在坯件内部接近外形附近预制穿丝孔，如图 7-8d 所示。

② 当切割凹模、孔类工件时，可将穿丝孔位置选在待切型腔（孔）的边角处时，这样使得在切割过程中无用的轨迹最短；而穿丝孔位置选在已知坐标尺寸的交点处则有利于尺寸推算。当切割孔类零件时，将穿丝孔位置选在型孔中心可使编程操作容易。因此，要根据具体情况来选择穿丝孔的位置。

③ 穿丝孔大小要适宜。如果穿丝孔孔径太小，不但钻孔难度增加，而且也不便于穿丝；相反，若穿丝孔孔径太大，则会增加钳工工艺的难度。穿丝孔常用直径为 $\phi 3 \sim \phi 10 mm$。如果预制穿丝孔可用车削等加工方法加工，则穿丝孔孔径也可大些。

**3. 选配工作液**

在线切割加工过程中，需要稳定地供给有一定绝缘性能的工作液，以冷却电极丝和工件，排除电蚀产物等，因此工作液要具有一定的绝缘性能、洗涤性能和冷却性能并且是无污染、无害的。工作液的好坏将直接影响切割速度、表面粗糙度和加工精度，加工时应根据线切割机床的类型和加工对象来选择工作液的种类、浓度和导电率等。常用工作液的种类、特点及应用见表 7-4。

表 7-4 线切割工作液的种类、特点及应用

| 种　类 | 特点及应用 |
|---|---|
| 水类工作液<br>（自来水、蒸馏水、去离子水） | 冷却性能好，但洗涤性能差，易断丝，切割表面易黑脏。适用于厚度较大的零件加工用 |

（续）

| 种　类 | 特点及应用 |
|---|---|
| 煤油工作液 | 介电强度高、润滑性能好，但切割速度低，易着火，只有在特殊情况下才采用 |
| 皂化液 | 洗涤性能好，切割速度较高，适用于加工精度及表面质量要求较低的零件 |
| 乳化型工作液 | 介电强度比水高，比煤油低；冷却能力比水弱，比煤油好；洗涤性能比水和煤油都好。切割速度较高，是普通使用的工作液 |

快走丝线切割加工一般采用 5%～20% 的乳化液，通常使用 10% 左右的乳化液。当切割加工精度及表面质量要求高的工件时，乳化液的配比浓度应高些；当切割大厚度工件时，乳化液的配比浓度应低些。慢走丝线切割加工大多采用去离子水，其导电率应控制在 $4 \times 10^4$ $\Omega \cdot cm \sim 10^5 \Omega \cdot cm$。

## 7.3.3　工件的装夹和位置校正

### 1．对工件装夹的基本要求

1）工件的装夹基准面应清洁无毛刺，经过热处理的工件，在穿丝孔或凹模类工件扩孔的台阶处，要清理干净残渣及表面氧化膜。

2）夹具精度要高。工件至少用两个侧面固定在夹具或工作台上，如图 7-12 所示。

3）装夹工件的位置要有利于工件的找正，并能满足加工行程的需要，当工作台移动时，不得与丝架相碰。

4）装夹工件的作用力要均匀，不得使工件变形或翘起。

5）批量加工时最好采用专用夹具，以提高效率。

6）装夹困难的细小、精密、薄壁工件应固定在辅助工作台或不易变形的辅助夹具上，如图 7-13 所示。

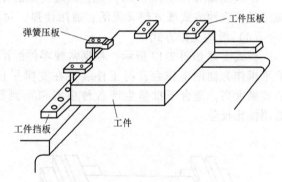

图 7-12　两个侧面固定工件

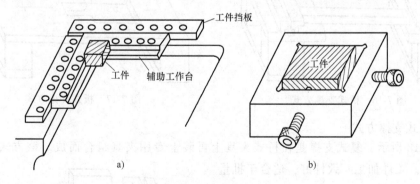

图 7-13　辅助工作台和夹具
a）辅助工作台　b）夹具

### 2．工件的装夹方式

（1）悬臂支撑方式

悬臂支撑如图 7-14 所示，工件一端悬伸。这种方式装夹简单方便，通用性强，但由于工件平面难与工作台面找平，工件受力时悬伸端易挠曲，导致所切割出的侧面与工件底平面存在垂直度误差，通常只在工件加工要求低或悬伸部分短的情况下使用。

（2）两端支撑方式

两端支撑如图7-15所示，将工件两端分别固定在两个相对的工作台面上。这种方式装夹简单方便，并且支撑稳定，定位精度高，但不适合装夹小型工件，且工件的刚性要好，中间的悬伸部分不会产生挠曲。

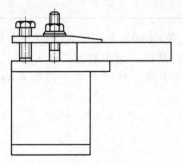

图 7-14　悬臂支撑方式

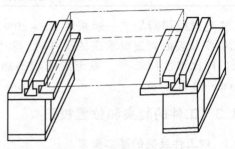

图 7-15　两端支撑方式

（3）桥式支撑方式

桥式支撑如图7-16所示，先在两端支撑的工作台面上架上两根支撑垫铁，再在垫铁上装夹工件。这种方式既方便又灵活，通用性强，对大、中、小型工件都适用。

（4）板式支撑方式

板式支撑如图7-17所示，根据常规零件的形状和尺寸大小，制成带有各种矩形或圆形孔的平板作为辅助工作台，将工件装夹在支撑平板上。该方式可增加纵、横方向的定位基准，装夹精度高，适合于批量生产各种小型和异型零件。但无论切割型孔还是外形都需要穿丝，通用性比较差。

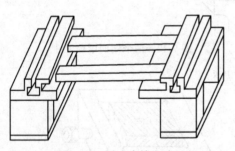

图 7-16　桥式支撑方式

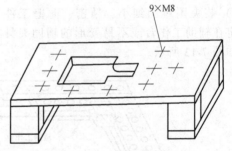

图 7-17　板式支撑方式

（5）复式支撑方式

如图7-18所示，复式支撑是在桥式夹具上再装上专用夹具组合而成。该方式装夹方便，校正时间短，工件加工一致性好，适合于批量零件加工。

### 3. 常用的线切割加工夹具

（1）压板夹具

压板夹具主要用于固定平板状的工件，对于稍大的工件要成对使用。夹具上如有定位基准面，则加工前应预先用划针或百分表将夹具定位基准面与工作台对应的导轨校正平行，这样在加工批量工件时较方便，因为切割型腔的

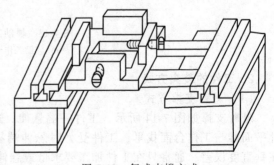

图 7-18　复式支撑方式

划线一般是以模板的某一面为基准。夹具的基准面与夹具底面的距离是有要求的，当夹具成对使用时两件基准面的高度一定要相等，否则切割出的型腔与工件端面不垂直，造成废品。在夹具上加工出 V 形的基准，则可用以夹持轴类工件。

（2）磁性夹具

采用磁性工作台或磁性表座夹持工件，不需要压板和螺钉，操作快速方便，定位后不会因压紧而变动，如图 7-19 所示。

（3）分度夹具

如图 7-20 所示，分度夹具是根据加工电机转子、定子等多型孔的旋转形工件设计的，可保证较高的分度精度。近年来，因计算机控制器及自动编程机对加工图形具有对称、旋转等功能，所以分度夹具用得较少。

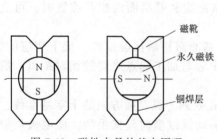

图 7-19　磁性夹具的基本原理

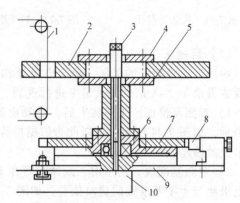

图 7-20　分度夹具

1—电极丝　2—工件　3—螺杆　4—压板　5—垫铁
6—轴承　7—定位板　8—定位销　9—底座　10—工作台

#### 4. 工件位置的校正调整

在装夹工件时，为使工件的定位基准面分别与机床的工作台面和工作台的进给方向 $x$、$y$ 保持平行，确保所切割的表面与基准面之间的相对位置精度，必须进行校正调整。常用的校正调整方法有下面三种。

（1）拉表法

如图 7-21 所示，用磁力表架将百分表固定在丝架上或其他位置上，百分表的触头与工件基准面接触，往复移动工作台，按百分表指示值调整工件位置，直至百分表指针的偏摆范围达到所要求的数值。需要注意的是，找正应在相互垂直的三个方向上进行。

（2）划线法

工件待切割图形与定位基准相互位置要求不高时，可采用划线法找正，如图 7-22 所示。利用固定在丝架上的划针对正工件上划出的基准线，往复移动工作台，目测划针、基准线之间的偏离情况，将工件调整到正确位置。该法也可以在表面粗糙度较差的基准面校正时使用。

（3）固定基面靠定法

利用通用或专用夹具纵、横方向的基准面，经过一次校正后，保证基准面与相应坐标方向一致。于是具有相同加工基准面的工件可以直接靠定，这样保证了工件的正确加工位置，如图 7-23 所示。

#### 5. 电极丝的位置校正

在线切割加工之前，应将电极丝调整到切割的起始坐标位置上，其常用的调整方法有以下三种。

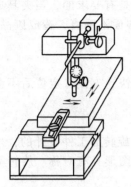
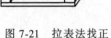

图 7-21　拉表法找正

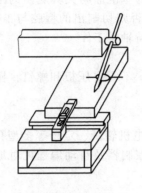

图 7-22　划线法找正

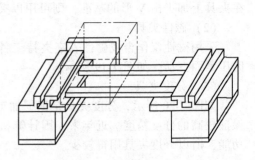

图 7-23　固定基面靠定法找正

（1）目视法

对加工要求较低的工件，确定电极丝和工件有关基准线和基准面的相互位置时，可直接目视或借助于 2~8 倍的放大镜来进行观测。

1）观测基准面。工件装夹后，观测电极丝与工件基准面初始接触位置，记下相应的纵、横坐标，如图 7-24 所示，再以此为依据推算出电极丝中心与加工起点之间的相对距离，然后将电极丝移动到加工起点上。

2）观测基准线。利用钳工或镗床等在工件的穿丝孔处划上纵、横方向的十字基准线，观测电极丝与十字基准线的相对位置，如图 7-25 所示。摇动纵或横向丝杠手柄，使电极丝中心分别与纵、横方向基准线重合，此时的坐标就是电极丝的中心位置。

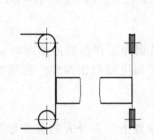

图 7-24　观测基准面确定电极丝位置

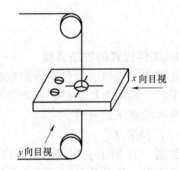

图 7-25　观测基准线确定电极丝位置

（2）火花法

如图 7-26 所示，移动工作台使工件的基准面逐渐靠近电极丝，在出现火花的瞬间，记下工作台的相对坐标值，再根据放电间隙计算电极丝中心的坐标。此法简单易行，但往往因电极丝靠近基准面时产生的放电间隙与正常切割条件下的放电间隙不完全相同而产生定位误差。

（3）自动找中心法

自动找中心法就是让电极丝在穿丝孔的中心自动定位，具体方法如图 7-27 所示。移动横向床鞍，使电极丝与孔壁相接触，记下坐标值 $x_1$，反向移动床鞍至另一导通点，记下相应坐标值 $x_2$，将拖板移至 $x_1$ 与 $x_2$ 的绝对值之和的一半处。同理，移动纵向床鞍，记录下坐标值 $y_1$、$y_2$，将拖板移至 $y_1$ 与 $y_2$ 的绝对值之和的一半处，即可找到电极丝与基准中心相重合的坐标。该方法定位精度高，但必须有预制的穿丝孔。

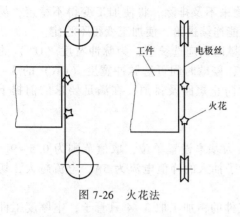

图 7-26 火花法

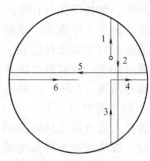

图 7-27 自动找中心过程

## 7.3.4 加工参数的选择

### 1. 快走丝线切割加工参数的选择

（1）脉冲波形（GP）

大多数快走丝线切割机的脉冲波形为矩形波（如图 7-28 所示），其加工效率高、加工范围宽、加工稳定性好，是常用的加工波形。但也有些快走丝线切割机除了矩形波外，还有分组脉冲（如图 7-29 所示），分组脉冲适用于薄工件的加工，精加工较稳定。

图 7-28 矩形波脉冲

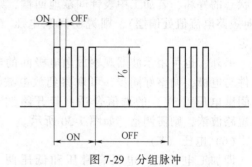

图 7-29 分组脉冲

（2）脉冲宽度（ON）

设置一个脉冲放电时间的长短，单位为 μs。在特定的工艺条件下，脉冲宽度（ON）增加，切割速度提高，表面粗糙度值增大，电极丝损耗也相应增大，这个趋势在脉冲宽度（ON）增加的初期，切割速度增大较快，但随着脉冲宽度（ON）的进一步增大，切割速度的增大相对平缓，表面粗糙度值的变化趋势也一样。这是因为单脉冲放电时间过长，会使局部温度升高，形成对侧边的加工余量增大，热量散发快，因此减缓了切割速度。

通常情况下，脉冲宽度（ON）的取值要考虑工艺指标及工件的材质、厚度。如对表面粗糙度要求较高、工件材质易加工、厚度适中时，脉冲宽度（ON）的取值较小，一般在 3～20μs；在中粗加工时，工件材质切割性能差并且工件较厚时，脉冲宽度（ON）的取值一般为 20～40μs。

当然，这里只能定性地介绍脉冲宽度（ON）的选择趋势和大致取值范围，在实际加工时要综合考虑各种影响因素，根据侧重的不同，最终确定合理的数值。

（3）脉冲间隔（OFF）

设置一个脉冲周期内的停歇时间，单位为 μs。在特定的工艺条件下，脉冲间隔（OFF）减小，切割速度增大，表面粗糙度值稍有下降。这表明脉冲间隔（OFF）对切割速度影响较大，而对表面粗糙度影响较小。减小脉冲间隔（OFF）可以提高切割速度，但是脉冲间隔

（OFF）不能太小，否则消电离不充分，电蚀产物来不及排除，将使加工变得不稳定，易烧伤工件并断丝；脉冲间隔（OFF）太大也会导致不能连续进给，使加工变得不稳定。

对于难加工、厚度大、排屑不利的工件，停歇时间应选长些，为脉冲宽度（ON）的 5~8 倍比较适宜；对于加工性能好、厚度不大的工件，停歇时间可选脉冲宽度（ON）的 3~5 倍。脉冲间隔（OFF）的取值主要考虑加工稳定性，防止短路及排屑，在满足要求的前提下，通常减小脉冲间隔（OFF）以取得较高的切割速度。

（4）功率管数（IP）

设置投入放电加工回路的功率管数，以 0.5 为基本设置单位，取值范围为 0.5~9。功率管数的增、减决定脉冲峰值电流的大小，每只管子抽入的峰值电流为 5A，电流越大，切割速度越高，表面粗糙度值增大，放电间隙变大。

功率管数（IP）的选择，一般对于中厚度工件的精加工取 3~4 只管子；中厚度工件的中加工和大厚度工件的精加工取 5~6 只管子；大厚度工件的中粗加工取 6~9 只管子。

（5）间歇电压（SV）

间歇电压是用来控制伺服的参数，最大值为 7。当放电间隙电压高于设定值时，电极丝进给；低于设定值时，电极丝回退。加工状态的好坏，与间歇电压（SV）的取值密切相关。间歇电压（SV）的取值过小，会造成放电间隙小，排屑不畅，易短路；反之，使空载脉冲增多，加工速度下降。间歇电压（SV）的取值合适时，加工状态最稳定。从电流表上可观察加工状态的好坏，若加工中表针间歇地回摆，则说明间歇电压（SV）过大；若表针间歇性前摆（向短路电流值处偏摆），则说明间歇电压（SV）过小；若表针基本不动，则说明加工状态稳定。

另外，也可用示波器观察放电电极间的电压波形来判定加工状态的好坏。将示波器连接工件与电极，调整好同步，可观察到放电波形，若加工波较浓，而开路波、短路波弱，则说明间歇电压（SV）的选值合适；若开路波或短路波浓，则需调整，如图 7-30 所示。

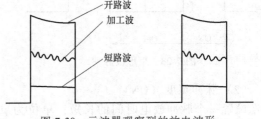

图 7-30　示波器观察到的放电波形

（6）电压（V）

即加工电压值。电压有常压和低压两种，低压一般在找正时选用，加工时一般都用常压，因而电压（V）参数一般不用修改。

**2. 慢走丝线切割加工参数的选择**

慢走丝线切割加工参数见表 7-5。

表 7-5　慢走丝线切割加工参数

| 加工参数项目名 | 功能 | 设 定 范 围 |
| --- | --- | --- |
| ON | 放电脉冲时间 | 000~031　100~131　300~331 |
| OFF | 停止脉冲时间 | 000~063　100~163<br>200~263　300~363 |
| IP | 主电源峰值 | 000~031<br>1000~1031　2000~2031<br>1200~1234　2200~2231 |
| HRP | 辅助电源电路 | H:0~6　R:0~7　P:0~7 |
| MAO | 脉冲宽度调整 | M:0~9　A:0~9　O:0~9 |
| SV | 伺服基准电压 | 0~225 |
| V | 主电源电压 | 0~9 |
| SF | 伺服速度 | 0000~9999 |
| C | 电容器 | 0 |

（续）

| 加工参数项目名 | 功能 | 设定范围 |
|---|---|---|
| PIK | PIKA 选择 | 000~039 |
| CTRL | 选项 | 0000~0099 |
| WK | 电极丝控制 | 000~499 |
| WT | 张力控制 | 0~255 |
| WS | 电极丝速度 | 0~225 |
| WP | 高压喷流 | 000~063 |

慢走丝线切割加工的控制通过输入表 7-5 中 15 个参数的值来进行，下面逐一介绍。

（1）ON 和 OFF

ON 为设定 1 次放电脉冲的 ON 时间，也就是在电极间施加有电压的时间。如果脉冲 ON 的时间长，放电能量就大，加工速度就快。但是，放电间隙扩大，加工表面会变粗糙，甚至电极丝易断裂，应加以注意。

OFF 为设定放电停止时间，也就是从放电结束到下一次在电极间施加电压为止的时间。放电停止时间越短，则一定时间内放电次数增加，加工效率越高；但是，如果时间过短，反而会发生短路断丝现象，使加工效率降低。

（2）IP

IP 用 4 位数字设定。用第 1~2 位的数字设定电流波峰值的大小，第 3 位数字选择 SuperBS 的有无，第 4 位数控制加工分类。增大电流波峰值，放电能量将增加。

（3）HRP

HRP 按如下分类（H、R、P 分别用 1 位数字设定）：

H（高压电源）：断路/高压同步用电源的有无及其电压值。

R（断路）：断路的有无及其电阻值。

P（高压同步）：高压同步的有无及其电阻值。

（4）MAO

MAO 是判断加工状态是否稳定的参数，分标准加工和 TM 脉冲加工两种，其检测方法不一样，如图 7-31 所示。

M、A、O 各以 1 位数字设定。

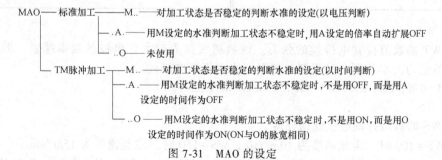

图 7-31 MAO 的设定

（5）SV

ON、OFF、IP、MAO 是对一个放电脉冲的控制，而 SV 是对电极丝的前进、后退的控制。在加工过程中，因电极间的状态变化，平均加工电压在变化，根据 SV 的设定，定出了一定的基准电压，如果电极间的平均加工电压比该值高，则电极丝前进；如果比该值低时，则后退。SV 可以在 0~225 的范围内设 226 级，将平均加工电压控制为设定值的电压。该设定值愈大，电极间的平均放电间隙也愈大，而且一定时间内放电次数减少，放电状态稳定，但是加工速度变慢。相反，如果该值设定的较小，则电极间的平均放电间隙变小。还有，如果一定

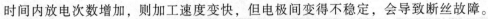

时间内放电次数增加，则加工速度变快，但电极间变得不稳定，会导致断丝故障。

通常，SV 的设定值不高于用 V 或 HRP 设定的加工电压。

（6）V

V 是设定施加在电极间的电源电压。如图 7-32 所示，该值越大，放电的能量越大。

V——标准加工 —— 设定施加在电极间的电源电压。无负载时，电压计示值即是设定电压值

　└─TM 脉冲加工 —— 设定 TM 脉冲的电源电压。无负载时，电压计示值为 80V

图 7-32　V 值的设定

（7）SF

用 SF 设定工作台在加工中的传送速度，输入是用 4 位数字进行的，但是与传送速度有关的是后 3 位数字，而且第 4 位上的数字决定伺服的方式。

（8）C

C 决定在电极间是否加装电容电路，并确定其电容容量。该值越大，放电能量的冲击越大，有利于放电的安定化。但是，如果设定值比需要值大，放电间隙变大，加工表面会变粗糙。

（9）PIK

用第 1 位数字和第 2 位数字选择 PIKA 电路的模式。

（10）CTRL

第 1 位和第 2 位数字用于设定 ACW（除去部分功能的选项）。

（11）WK

在第 1 位和第 2 位上设定丝径，在第 3 位上设定电极丝的材料，见表 7-6。丝径为直接输入数值。

例：$\phi0.10$mm 电极丝输入 ＊10；$\phi0.15$mm 电极丝输入 ＊15。

表 7-6　WK 第 3 位数字的设定

| WK 的第 3 位 | 电极丝的材料 | WK 的第 3 位 | 电极丝的材料 |
|---|---|---|---|
| 0 ＊ ＊ | 黄铜（硬） | 3 ＊ ＊ | 钨 |
| 1 ＊ ＊ | 黄铜（软） | 4 ＊ ＊ | 钼 |
| 2 ＊ ＊ | AP | | |

（12）WT

输入 WT 的数值控制电极丝的张力。该值越大张力越大，电极丝绷得越紧。但要注意不同电极丝的张力大小不同，如果超过极限，将会绷断电极丝。

注：WT＝0 时，没有张力；WT＝255 时，设定为最大值。

（13）WS

输入 WS 的数值控制电极丝的速度。

例：WS＝100 时，走丝速度为 10m/min；WS＝150 时，走丝速度为 15m/min。

注：WS＝0 时，停止；WS＝1～10 时，设定为 1m/min；WS＝11～150 时，呈线性变化；WS＝151～255 时，设定为约 15m/min。

（14）WP

将高压喷流时的变频器频率（Hz）的数值输入到第 1 位和第 2 位上。

例：WP＝＊55 时，变频器频率为 55Hz。

注：低压喷流时，WP 的值不起作用。

**3. 间隙补偿量 $t$ 的确定**

由于机床控制的是电极丝的中心轨迹，若按零件的轮廓尺寸进行编程，加工出来的凸模

尺寸要比零件图样尺寸小些，凹模尺寸要比零件图样尺寸大些。因此，在采用零件的轮廓尺寸进行编程时，要进行电极丝半径和放电间隙的补偿，即间隙补偿量 $t$。它的数值在切割不同零件时是不同的，各种零件的计算方法如下：

（1）间隙补偿量 $t$ 的符号

可根据在电极丝中心轨迹图形中圆弧半径及直线段法线长度的变化情况来确定。如图7-33所示，对于圆弧，当考虑电极丝中心轨迹后，其圆弧半径比原图形半径增大时取 $+t$，减小时取 $-t$；对于直线段，当考虑电极丝中心轨迹后，使该直线段的法线长度 $P$ 增加时取 $+t$，减小时取 $-t$。

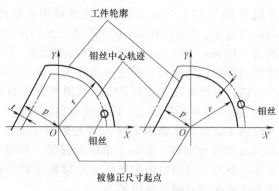

图7-33　间隙补偿量的符号判别

（2）间隙补偿量 $t$ 的算法

加工冲模凸、凹模时，应考虑电极丝半径 $r_{\text{丝}}$、单边放电间隙 $\delta_{\text{电}}$ 及凸、凹模间的单边配合间隙 $\delta_{\text{配}}$。具体计算方法为：当加工冲孔模具时（即冲后要求保证工件孔的尺寸），凸模尺寸由孔的尺寸确定，因 $\delta_{\text{配}}$ 在凹模上扣除，故凸模的间隙补偿量 $t_{\text{凸}}=r_{\text{丝}}+\delta_{\text{电}}$，凹模的间隙补偿量 $t_{\text{凹}}=r_{\text{丝}}+\delta_{\text{电}}-\delta_{\text{配}}$；当加工落料模时（即冲后要求保证冲下的工件尺寸），凹模尺寸由工件的尺寸确定，因 $\delta_{\text{配}}$ 在凸模上扣除，故凸模的间隙补偿量 $t_{\text{凸}}=r_{\text{丝}}+\delta_{\text{电}}-\delta_{\text{配}}$，凹模的间隙补偿量 $t_{\text{凹}}=r_{\text{丝}}+\delta_{\text{电}}$。

### 4. 多次切割加工参数的选择

多次切割加工也叫二次切割加工，它是在对工件进行第一次切割之后，利用适当的偏移量和更精的加工规准，使电极丝沿原切割轨迹逆向或相同轨迹再次对工件进行精修的切割工序。对快走丝线切割加工来说，由于电极丝做高速往复运动，电极丝在加工中振动较大，一般不能进行多次切割加工，而慢走丝线切割加工时，电极丝做单向低速运动，机床运丝系统精度高，电极丝运动精确，无振动，而且能自动穿丝，可方便进行多次切割加工。另外，现在市场上流行一种介于快走丝线切割机床和慢走丝线切割机床之间的中走丝线切割机床，由于其走丝速度采用变频装置实现无级调速，走丝速度在 $1\sim11\text{m/s}$ 之间，且运丝机构和导丝装置精度比较高，电极丝在往复运动中振动小，故也可进行多次切割加工。

多次切割加工可提高尺寸精度和表面质量，修整工件的变形和拐角塌角。一般情况下，采用多次切割能使加工精度达到 $\pm0.005\text{mm}$，圆角和垂直度小于 $0.005\text{mm}$，表面粗糙度达到 $Ra0.63\mu\text{m}$。但若粗加工后工件变形过大，应通过合理选择材料、热处理方法及正确选择切割路线来尽可能减小工件的变形，否则，多次切割的效果也会不好，甚至反而差。

多次切割加工一般分三步进行，第一步为高速稳定切割，以快速去除余量；第二步为精修，以提高尺寸精度；第三步为抛磨修光，以提高表面粗糙度。每步加工参数的选择方法如下：

1）第一步为高速稳定切割，以快速去除余量：①脉冲参数：选用高峰值电流，较长脉宽的规准进行大电流切割，以获得较高的切割速度。②电极丝中心轨迹的补偿量 $t$：$t=1/2d+\delta+\Delta+S$，式中，$t$ 为补偿量（mm）；$\delta$ 为第一次切割时的放电间隙（mm）；$d$ 为电极丝直径（mm）；$\Delta$ 为留给第二次切割的加工余量（mm）；$S$ 为精修余量（mm）。在高峰值电流粗规准切割时，单边放电间隙大约为 $0.02\text{mm}$，精修余量甚微，一般只有 $0.003\text{mm}$，而加工余量 $\Delta$ 则取决于第一次切割后的加工表面粗糙度及机床精度，大约在 $0.03\sim0.04\text{mm}$ 范围内。这样，第一次切割的补偿量 $t$ 应在 $1/2d+(0.05\sim0.06)\text{mm}$ 之间，选大了会影响第二次切割的速度，选小了又难以消除第一次切割的痕迹。③走丝方式：采用高速走丝，走丝速度为 8～12m/min，达到最大加工效率。

2）第二步为精修，以提高尺寸精度：①脉冲参数：选用中等规准，使第二次切割后的粗糙度值在 $Ra1.4～1.7\mu m$ 之间。②电极丝中心轨迹的补偿量 $t$：由于第二次切割是精修，此时放电间隙较小，$\delta$ 不到 0.01mm，而第三次切割所需的加工余量甚微，只有几微米，二者加起来约为 0.01mm。所以，第二次切割的补偿量 $t$ 约为 $1/2d+0.01mm$ 即可。③走丝方式：为了达到精修的目的，通常采用低速走丝方式，走丝速度为 1～3m/min，并把跟踪进给速度限制在一定范围内，以消除往返切割条纹，获得所需的加工尺寸精度。

3）第三步为抛磨修光，以提高表面粗糙度：①脉冲参数：用最小脉宽进行修光，而峰值电流随加工表面质量要求而异。②电极丝中心轨迹的补偿量 $t$：理论上是电极丝的半径加上 0.003mm 的放电间隙，实际上精修过程是一种电火花磨削，加工量甚微，不会改变工件的尺寸大小。所以，仅用电极的半径作补偿量也能获得理想的效果。③走丝方式：像第二次切割那样采用低速走丝限速进给即可。

## 7.3.5　数控线切割加工的工艺技巧

数控线切割加工中经常会遇到各种类型的复杂模具和工件。各种不同要求的复杂工件，大致可分为两类：一类是数控线切割的加工工艺比较复杂，不采取必要的措施加工，就难以达到要求，甚至无法加工；另一类是装夹困难，容易变形，有一定批量而且精度要求较高的工件。至于几何形状复杂的模具（包括非圆、齿轮等），只要把自动编程技术和线切割加工的工艺技术很好地结合，就能顺利完成其加工。

### 1. 复杂工件的数控线切割加工工艺

（1）对要求精度高、表面粗糙度好的工件及窄缝、薄壁工件的加工

加工这类工件时，电极丝导向机构必须良好，电极丝张力要大，电参数宜采用小的峰值电流和小的脉宽；进给跟踪必须稳定，且严格控制短路；工作液浓度要大些，喷流方向要包住上下电极丝进口，流量适中；在一个工件加工过程中，中途不能停机，要注意加工环境的温度，并保持清洁。

（2）对大厚度、高生产率及大工件的加工

这类工件的加工，要求进给系统保持稳定，严格控制烧丝，保证良好的电极丝导向机构。同时，电参数宜采用大的峰值电流和大的脉宽，脉冲波形前沿不能太陡，脉冲搭配方案应考虑控制电极丝的损耗。工作液浓度要小些，喷流方向要包住上下电极丝进口，流量稍大。

### 2. 切割不易装夹工件的加工方法

（1）加工坯料余量小的工件的装夹方法

为了节省材料，经常会碰到加工坯料没有夹持余量的情况。由于模具质量大，单端夹持往往会使工件造成低头，使加工后的工件不垂直，致使模具达不到技术要求。如果在坯料边缘处不加工的部位加一块托板，使托板的上平面与工作台面在同一个平面上，如图 7-34 所示，就能使加工工件保持垂直。

（2）切割圆棒工件时的装夹

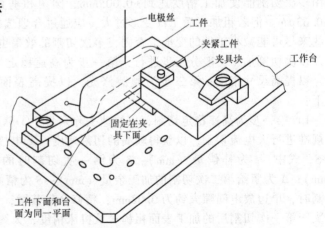

图 7-34　加工坯料余量小的工件的装夹方法

方法

当切割圆棒形坯料时，或当加工阶梯式成形冲头或塑料模阶嵌件时，可采用如图7-35所示的装夹方法。圆棒可装夹在六面体的夹具内，夹具上钻一个与基准面平行的孔，用内六角螺钉固定。有时把圆棒坯料先加工成需要的片状，卸下夹子把夹具转90°再加工成需要的形状。

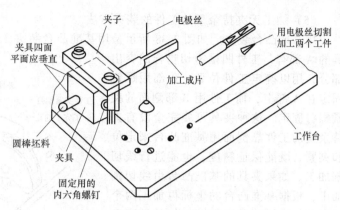

图 7-35 切割圆棒工件时的装夹方法

（3）切割六角形薄壁工件时的装夹方法

装夹六角形薄壁工件用的夹具，主要应考虑工件夹紧后不应变形，可采用如图7-36所示的装夹方法，即让六角形薄壁工件的一面接触基准块，靠贴有许多橡胶板的胶夹由一侧加压，夹紧力由夹持弹簧产生。在易变形的工件上可分散设置许多个弹性加压点，这样不仅能达到减小变形的目的，工件固定也很可靠。此方法适合于批量生产。

（4）加工多个复杂工件的装夹方法

如图7-37所示是一个用环状毛坯加工菠萝图形工件的夹具，

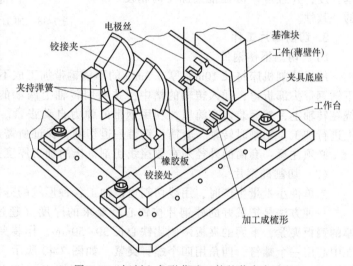

图 7-36 切割六角形薄壁工件的装夹方法

工件加工完后切断成4个。夹具分为上板和下板，两者互相固定，下板的四个突出部分支持工件并避开加工位置。用螺钉通过矩形压板把工件夹固在上板上。这种装夹方法也适合于批量生产。

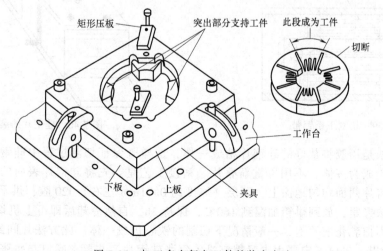

图 7-37 加工多个复杂工件的装夹方法

（5）加工无夹持余量的工件的装夹方法

用基准凸台装夹。如图7-38所示是用基准凸台装夹工件侧面来加工异形孔的夹具。在夹具的A部有与工件凹槽密切吻合的突出部分，用以确定工件位置。B部用螺钉固定在A部上，而工件用B部侧面的夹紧螺钉固定。这种夹具可使完全没有夹持余量的工件靠侧面用基准凸台来定位和夹紧，既能保证精度，也能进行线切割加工。如果夹具的基准凸台由线切割加工，根据基准凸台的坐标再加工两个异形孔，这样更易于保证工件的精度和垂直度，并且可以保证批量加工时精度的一致性。

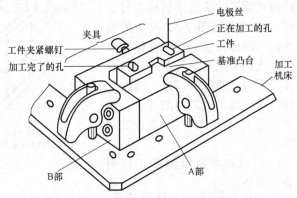

图7-38　加工无夹持余量工件用的基准凸台

### 3. 切割薄片工件

（1）切割不锈钢带

用线切割机床将长10m、厚0.3mm的不锈钢带加工成不同的宽带，如图7-39所示。可将不锈钢带头部折弯，插入转轴的槽中，并利用转轴上两端的孔，穿上小轴，将钢带紧紧地缠绕在转轴上，然后装入套筒里，利用钢带的弹力自动张紧。这样即可固定在数控线切割机床上进行加工。切割时转轴、套筒、钢带一道切割，保证所需规格的各种宽度尺寸 $L$、$L_1$…。

必须注意：套筒的外径须在数控线切割机床的加工厚度范围以内，否则无法进行加工。

（2）切割硅钢片

当单件小批量生产时，用线切割可以加工各种形状的硅钢片，制成电机定、转子铁心。

一种方法是把裁好的硅钢片按铁心所要求的厚度（超过50mm的分几次切割），用3mm厚的钢板夹紧，下面的夹板两侧比铁心长30~50mm，作装夹用。铁心外径在150mm左右的可在中心用一个螺钉，四角用四个螺钉夹紧，如图7-40所示。螺钉的位置和个数可根据加工图形而定，保证既能夹紧又不影响加工。进电可用原来的机床夹具进电，但因硅钢片之间有绝缘层，电阻较大，最好从夹紧螺钉处进电。

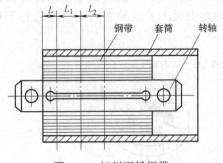

图7-39　切割不锈钢带

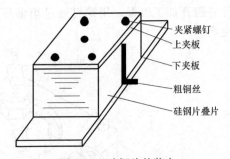

图7-40　硅钢片的装夹

另一种方法是用胶将裁好的硅钢片粘成一体，这样既保证切割过程中硅钢片不变形，又使加工完的铁心成为一体，不用再重新叠片。粘接工艺是：先将硅钢片表面的污垢洗净，将片烘干，然后将片两面均匀地涂上一薄层（厚度约0.01mm左右）420胶，烘干后按要求的厚度用第一种方法夹紧，放到烘箱加温到160℃，保持2h，自然冷却后即可上机切割。420胶粘接能力较强，不怕乳化液浸泡，一般情况下切割的铁心仍成一体。此方法片间绝缘较好（420胶不导电），所以，进电一定要由夹紧螺钉进入每张硅钢片，并要求螺钉与每张硅钢片孔接触良好（轻轻打入即可）。另外一种进电方法是将叠片的某一侧面打光后用铜导线把每片焊上，从这根铜导线进电效果更好。

## 7.4 案例的决策与执行

### 1. 零件图分析

该零件为冲模中的低压骨架下型腔零件（图中的顶杆孔未画出），而且是一模两穴。由零件图（图 7-1）可知，该零件的型腔中有 4 个窄缝，窄缝的最小宽度为 0.98mm，尖角的过渡圆弧 $R \leqslant 0.1$mm，因此，应选用较小直径的电极丝进行加工。零件的材料为 Cr12 的模具材料，在线切割加工之前需进行热处理，硬度达到 52~58HRC，表面粗糙度值为 $Ra1.6\mu$m，因此可选用快走丝线切割机床对两个型腔和一个圆孔进行加工。

### 2. 工艺准备

（1）选择电极丝

由于该零件中有 4 个窄缝，窄缝的最小宽度为 0.98mm，尖角的过渡圆弧 $R \leqslant 0.1$mm，因此选用 $\phi$0.12mm 的钼丝。

（2）工件准备

在线切割加工前，型腔的外形加工应结束并保证尺寸精度和位置精度。具体如下：下料，锻造，退火，先铣六个面，留 0.4mm 的磨削余量，钻三个穿丝孔，孔径为 $\phi$4mm，然后淬火，最后磨上、下表面使表面粗糙度值达到 $Ra1.6\mu$m，磨一侧面，用于调整找正。

一般情况下，因为考虑到工件在切割加工前要淬火，所以穿丝孔应在未热处理前预制。如有条件可在热处理完成后在电火花穿孔机上完成。

### 3. 工件装夹和调整

采用桥式支撑装夹方式，压板夹具固定。在装夹时，两块垫铁各自斜放，使工件和垫铁之间留有间隙，方便电极丝位置的确定。用百分表找正调整工件，使工件的底面和工作台平行，磨削后的工件侧面和工作台 $y$ 轴方向相互平行。

### 4. 电极丝位置的调整

为了保证工件内形相对于外形的位置精度和下型腔的装配精度，必须使电极丝的起始切割点位于下型腔的中心位置。电极丝位置的调整采用自动找中心法找正。

### 5. 确定编程零点和切割路线

1）编程零点的选择：选择工件的底面作为定位基准面，考虑到确定电极丝位置的方便，应使加工基准和设计基准统一，选择直角坐标系 $O_1$ 为工艺基准。编程零点的选择有两种方案，如图 7-41 所示。

① 选择 $O_1$ 为整个图形的编程零点，这种编程零点的缺点是尺寸标注基准和编程基准不统一，导致编程繁琐，计算量大，编程容易出错。

② 分别选择 $O_1$、$O_2$、$O_3$ 为三个封闭内形的编程零点。这种编程零点的优点是尺寸标注基

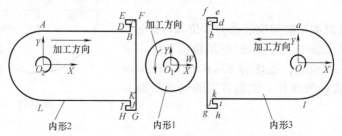

图 7-41 加工路线的确定

准和编程基准统一，编程方便简单。

2）确定切割路线：为了方便预制穿丝孔和程序编制，选择 $O_1$、$O_2$、$O_3$ 为三个型孔的穿丝孔。加工顺序为首先切割内形 1，然后切割内形 2，最后切割内形 3，切割路线如下：

① 内形 1：$O_1 \rightarrow W \rightarrow W \rightarrow O_1$

② 内形 2：$O_2 \rightarrow A \rightarrow B \rightarrow C \rightarrow D \rightarrow E \rightarrow F \rightarrow G \rightarrow H \rightarrow I \rightarrow J \rightarrow K \rightarrow L \rightarrow A \rightarrow O_2$

③ 内形 3：$O_3 \rightarrow a \rightarrow b \rightarrow c \rightarrow d \rightarrow e \rightarrow f \rightarrow g \rightarrow h \rightarrow i \rightarrow j \rightarrow k \rightarrow l \rightarrow a \rightarrow O_3$

**6. 加工参数的选择**

1）选择电参数：根据工件的厚度 20mm，表面粗糙度值 $Ra1.6\mu m$，选择电参数，见表 7-7。

表 7-7　加工电参数

| 电压 $U$/V | 脉冲宽度 $T_{on}$/$\mu s$ | 脉冲间隔 $T_{off}$/$\mu s$ | 功率管数 IP/个 |
|---|---|---|---|
| 常压档（75） | 10 | 30~50 | 3~4 |

2）间隙补偿量 $t$ 的确定：根据钼丝直径 0.12mm，单边放电间隙 0.01mm，与凸模的配合间隙单边 0.01mm，可得凹模的间隙补偿量 $t_{凹}$ 为

$$t_{凹} = r_{丝} + \delta_{电} - \delta_{配} = 0.12/2 + 0.01 - 0.01 = 0.06 \text{（mm）}$$

**7. 加工的注意事项**

1）在切割过程中，应调节上下喷嘴工作液的流量，使工作液始终包住电极丝，保证切割稳定。

2）在切割过程中，应调节跟踪的速度，使电流表和电压表的指针在某一值处稳定，电流表的指针应稳定在 1.5~2A 范围内。

3）在切割过程中，发生短路时，控制系统会自动发出回退指令，开始做原始切割路线回退运动，直到脱离短路状态，重新进入正常切割加工。

4）在切割过程中，若发生断丝，控制系统会立即停止运丝和喷工作液，同时发出两种执行方法的指令：一种是回到切割起始点，重新穿丝，这时可选择反向切割；二是在断丝位置穿丝，继续切割。

5）在跳步切割过程中，穿丝时一定要注意电极丝是否在导轮的中间，若不在导轮的中间会发生断路，引起不必要的麻烦。

## 思考题与习题

1. 数控线切割机床的工作原理及加工特点是什么？

2. 线切割加工工件时装夹的方式主要有哪些？如何找正工件？

3. 线切割加工路线如何确定？

4. 线切割加工的电规准是什么？电规准与加工工艺有什么关系？

5. 什么是线切割加工的间隙补偿？其值如何确定？

6. 线切割加工如图 7-42 所示的南瓜模板零件，表面粗糙度要求为 $Ra1.6\mu m$，毛坯为 55mm×80mm×6mm 的 45 钢板，生产数量为 5 件，试制订它的线切割加工工艺。

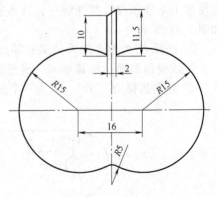

图 7-42　习题 6 图

# 第8章

# 数控电火花成形加工工艺

【案例引入】 在工件上加工一个矩形腔，如图 8-1 所示。底面和侧面的表面粗糙度要求为 $Ra2.0\mu m$，工件材料为 45 钢，电极材料为纯铜，要求加工时损耗、效率兼顾。

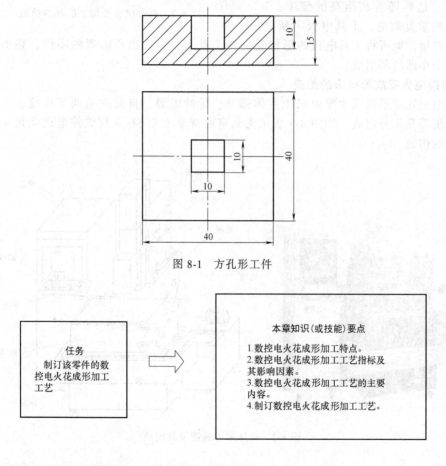

图 8-1 方孔形工件

| | |
|---|---|
| **任务**<br>制订该零件的数控电火花成形加工工艺 | **本章知识(或技能)要点**<br>1. 数控电火花成形加工特点。<br>2. 数控电火花成形加工工艺指标及其影响因素。<br>3. 数控电火花成形加工工艺的主要内容。<br>4. 制订数控电火花成形加工工艺。 |

## 8.1 数控电火花成形机床简介

### 8.1.1 数控电火花成形加工的原理

#### 1. 数控电火花成形加工的原理

数控电火花成形加工的原理是基于工具电极和工件（正、负电极）之间脉冲性火花放电时的电腐蚀现象来蚀除多余的金属，以达到零件的尺寸、形状及表面质量预定的加工要求。如图 8-2 所示，工具电极与工件分别与高频脉冲电源的两输出端相连接，主轴进给机构使工具电极与工件之间经常保持一个很小的放电间隙，且工具电极与工件之间充满工作液。当脉冲电压加到两极之间时，便在当时条件下相对某一间隙最小处或绝缘强度最低处击穿介质，在该局部产生火花放电，瞬时高温使电极和工件表面都蚀除掉一小部分金属，各自形成一个小凹坑。脉冲放电结束后，经过一段间隔时间（即脉冲间隔），使工作液恢复绝缘后，第二个脉冲电压又加到两极上，又会在当时极间距相对最近或绝缘强度最弱处击穿放电，又电蚀出一个小坑。这样随着相当高的频率，连续不断地重复放电，工具电极不断

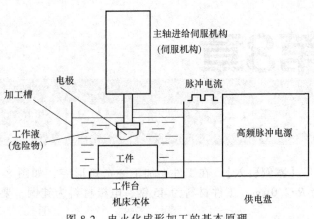

图 8-2 电火化成形加工的基本原理

地向工件进给，就可将工具电极的形状复制在工件上，加工出所需要的零件，整个加工表面将由无数个小凹坑所组成。

### 2. 数控电火花成形机床的组成

数控电火花成形机床主要由机床主体部分、脉冲电源、自动进给调节系统、工作液净化及循环系统等几部分组成。如图 8-3 所示为北京阿奇夏米尔 SE 系列数控电火花机床的外观及其各部分的构成。

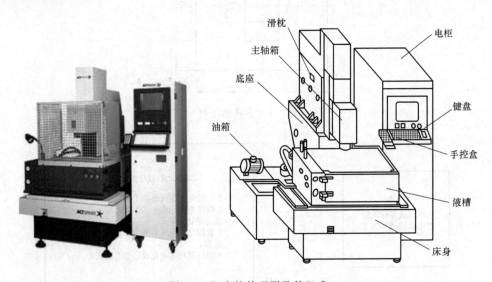

图 8-3 机床的外观图及其组成

## 8.1.2 数控电火花成形加工的特点与应用

### 1. 数控电火花成形加工的特点

数控电火花成形加工是一种直接利用电能和热能进行加工的新工艺，具有以下优点和缺点。

（1）数控电火花成形加工的优点

① 数控电火花成形加工是靠放电的电热作用实现的，其加工性能主要取决于材料的热学性能，如熔点、比热容、热导率等。因此不受工件材质的硬度及韧性限制，只要导电就可以加工，如淬火钢、硬质合金钢、耐热合金钢等。

② 其加工是非接触式加工，只是电能的作用，故加工中无明显的作用力。当然不能忽略在加工面积较大时，由冲油以及抬刀形成的液压力。

③ 可以加工特殊及复杂形状的零件。一是由于加工中无切削力，可以加工低刚度工件及微细加工，如各种小孔、深孔、窄缝零件（尺寸可以是几微米）等；二是由于可以简单地将工具电极的形状复制到工件上，因此特别适用于复杂表面形状工件的加工，如复杂型腔模具的加工。另外，数控电火花加工可以用简单形状的工具电极加工复杂形状的零件。

④ 工艺灵活性大。一是数控电火花加工本身有"正极性加工"和"负极性加工"之分；二是可与其他工艺结合，形成复合加工，如与电解加工结合；三是可以改革工件结构，多种型腔可整体加工，提高零件的加工精度，降低工人劳动强度；四是电火花加工可在淬火后进行，免去了工件热变形的修正问题。

⑤ 便于实现加工过程自动控制。

⑥ 利用数控功能可显著扩大应用范围：如水平加工、锥度加工、多型腔加工，采用简单电极进行三维型面加工，利用旋转主轴进行螺旋面加工等。

⑦ 加工表面微观形貌圆滑，工件的棱边、尖角处无毛刺、塌边等缺陷。

（2）电火花加工的缺点

① 一般只能加工金属等导电材料。

② 加工速度一般较慢，效率较低。

③ 存在电极损耗。

④ 电蚀产物在排除过程中与工具电极距离太小时会引起二次放电，形成加工斜度，影响加工精度。

⑤ 最小角部半径有限制。一般电火花加工能得到的最小角部半径等于加工间隙（通常为0.02～0.03mm），若电极有损耗或采用平动加工、摇动加工，则角部半径还要增大。

**2. 数控电火花加工的应用**

① 加工模具。如冲模、锻模、塑料模、拉伸模、压铸模、挤压模、玻璃模、胶木模、陶土模、粉末冶金烧结模和花纹模等。

② 航空、宇航等部门中使用的高温合金等难加工材料的加工。如喷气发动机的涡轮叶片和一些环形件上，大约需要一百万个冷却小孔，其材料为又硬又韧的耐热合金，使用电火花加工是最合适的工艺方法。

③ 微细精密加工，通常可用于0.01～1mm范围内的型孔加工，如化纤异型喷丝孔、发动机喷油嘴等。

④ 加工各种成形刀具、样板、工具、量具、螺纹等成形零件。

# 8.2　数控电火花成形加工的主要工艺指标及其影响因素

### 1. 加工速度

加工速度是指在单位时间内工件被蚀除的体积或重量，也称为加工生产率，一般用体积表示。若在时间 $t$ 内，工件被蚀除的体积为 $V$，则加工速度 $U_W$ 为

$$U_W = V/t$$

在规定的表面粗糙度、规定的相对电极损耗下的最大加工速度，是衡量电火花加工机床工艺性能的重要指标。一般情况下，生产厂家给出的加工速度是以最大加工电流，在最佳加工状态下所能达到的最高加工速度。因此，在实际加工时，由于被加工件尺寸与形状的千变万化，加工条件、排屑条件等与理想状态相差甚远，即使在粗加工时，加工速度也往往大大低于机床的最大加工速度指标。

影响加工速度的主要因素有脉冲宽度、脉冲间隔、峰值电流、排屑条件、加工面积、电极材料及加工极性等。

### 2. 电极损耗

在电火花加工中，工具电极损耗直接影响加工精度，特别是对于型腔加工，电极损耗这一工艺指标较加工速度更为重要。

电极损耗分为绝对损耗和相对损耗两种。

绝对损耗最常用的是体积损耗 $V_e$ 和长度损耗 $V_{eh}$ 两种方式，它们分别表示在单位时间内，工具电极被蚀除的体积和长度，即

$$V_e = V/t$$
$$V_{eh} = H/t$$

相对损耗是工具电极绝对损耗与工件加工速度的百分比。通常采用长度相对损耗比较直观，测量也比较方便。

在电火花加工中，工具电极的不同部位，其损耗的速度也不相同。一般尖角的损耗比钝角快，角的损耗比棱快，棱的损耗比面快，而端面的损耗比侧面快，端面的侧缘损耗比端面的中心部位快。

对工具电极损耗的影响因素有脉冲宽度、脉冲间隔、峰值电流、加工极性、加工面积、冲油或抽油的大小、电极材料和工作液等。

### 3. 表面粗糙度

表面粗糙度是指加工表面上的微观几何形状特性。对电加工表面来讲，即加工表面放电痕——坑穴的聚集。由于坑穴表面会形成一个加工硬化层，而且能存润滑油，其耐磨性比同样粗糙度的机加表面要好，所以电加工表面允许比要求的粗糙度大些。而且在相同粗糙度的情况下，电加工表面比机加工表面亮度低。工件的电火花加工表面粗糙度直接影响其使用性能，如耐磨性、配合性质、接触刚度、疲劳强度和抗腐蚀性等，尤其对于高速、高洁、高压条件下工作的模具和零件，其表面粗糙度往往是决定其使用性能和使用寿命的关键因素。

影响表面粗糙度的主要因素有脉冲宽度、峰值电流、电极的材料及加工极性等。

### 4. 表层变化

电火花加工过程中，在火花放电局部的瞬时高温高压下，煤油中分解的碳颗粒渗入工件表层，又在工作液的快速冷却下，材料的表面层发生了很大变化，可粗略地把它分为熔化凝固层和热影响层，如图8-4所示。另外，还会在熔化层（白层）内出现显微裂纹，当脉冲能力很大时，显微裂纹也会扩展到热影响层，进而影响零件的耐磨性、耐疲劳性等。

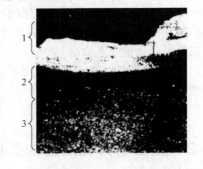

图 8-4　电火花加工的工件表面层放大图
1—熔化凝固层　2—热影响层
3—未受影响的基体层

### 5. 加工精度

电火花加工精度主要包括尺寸精度和形状精度。尺寸精度是指电火花加工完成后各部位尺寸值的准确程度，如加工深度的尺寸精度。形状精度是指电火花加工完成后各部位的形状与加工要求形状的符合情况。

影响加工精度的主要因素有脉冲宽度、峰值电流、电压及加工的稳定性等。

## 8.3　数控电火花成形加工工艺的主要内容

电火花成形加工的基本工艺包括：电极的制作、工件准备、电极与工件的装夹定位、冲

抽油方式的选择、加工规准的选择转换、电极缩放量的确定及平动量的分配等，其基本工艺路线如图 8-5 所示。

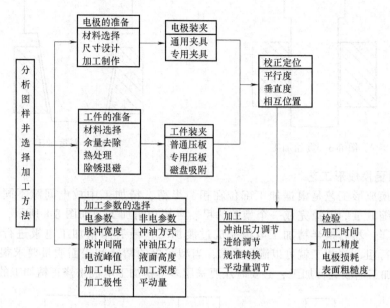

图 8-5 数控电火花加工过程

## 8.3.1 数控电火花加工工艺方法的选择

数控电火花加工工艺方法主要有单电极直接成形工艺、多电极更换成形工艺、分解电极成形工艺、数控摇动成形工艺和数控多轴联动成形工艺等，选择时要根据工件成形的技术要求、复杂程度、工艺特点、机床类型及脉冲电源的技术规格、性能特点而定。

### 1. 单电极直接成形工艺

单电极直接成形工艺是指只用一个电极加工出所需的型腔部位。这种工艺方法操作简单，整个加工过程只需一个电极，节省了电极制造成本，提高了操作效率，适用于以下几种情况：

1）用于加工形状简单、精度要求不高的型腔和经过预加工的型腔。例如一些精度要求不高的大型模具其大多数成形部位没有精度要求，电火花加工后电极损耗的残留部位完全可以通过钳工的修整来达到加工要求。

2）用于加工深度很浅或加工余量很小的型腔。加工这类型腔时，加工余量不大，电极损坏很小，用一个电极加工就能满足加工精度要求，如花纹模、模具表面图案及模具的清角加工等。

3）用于没有精度要求的电火花加工场合。如用电火花加工来去除折断在工件中的钻头、丝锥等。

4）采用一个电极，用数控电火花机床进行摇动加工。首先采用低损耗、高生产效率的粗规准进行加工，然后利用摇动按照粗、中、精的顺序逐级改变电规准，加大电极的平动量，以补偿前后两个加工规准之间型腔侧面放电间隙差和表面粗糙度差，实现型腔侧面仿型修光，完成整个型腔模的加工，其缺点是形状精度不高。

5）用于加工贯通形状的型孔。由于加工部位为贯通的，所以用一个电极通过贯通延伸加工就可以弥补因电极底面损耗留下的加工缺陷，如图 8-6 所示。加工有斜度的型腔时，当电极在做垂直进给时，对倾斜的型腔表面有一定的修整、修光作用，通过多次加工规准的转换，不用摇动加工方法就可以用一个电极修光侧壁，达到加工目的，如图 8-7 所示。

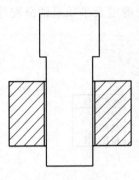

图 8-6  贯通加工

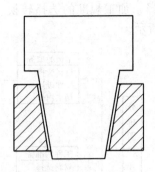

图 8-7  斜度加工

### 2. 多电极更换成形工艺

多电极更换成形工艺是根据加工部位在粗、半精、精加工中放电间隙不同的特点，采用几个相应尺寸缩放量的电极完成一个型腔的粗、半精和精加工。如图 8-8 所示，先用粗加工电极蚀除大量金属，然后换半精加工电极完成过渡加工，最后用精加工电极进行精加工。一般用两个电极进行粗、精加工就可以满足要求，当型腔模的精度和表面质量要求很高时，才采用粗、半精、精加工电极进行加工，必要时还要采用多个精加工电极来修正精加工的电极损耗。

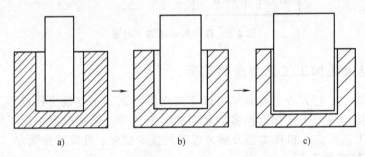

图 8-8  多电极更换成形工艺示意图

a) 粗加工  b) 半精加工  c) 精加工

多电极更换成形工艺要求多个电极的一致性要好、制造精度要高、更换电极的重复装夹定位精度要高等。目前，采用高速铣制造电极可以保证电极的高精度要求；使用基准球测量的定位方法可以保证很高的定位精度；快速装夹定位系统可以保证极高的重复定位精度。因此，多电极更换成形工艺能达到很高的加工精度，非常适宜精密零件的电火花加工，这种工艺方法在实际加工中被广泛采用。

### 3. 分解电极成形工艺

分解电极成形工艺是根据型腔的几何形状，把电极分解成主型腔电极和副型腔电极分别制造，分别使用，是单电极直接成形工艺和多电极更换成形工艺的综合应用。如图 8-9 所示，主型腔电极一般完成去除余量大、形状简单的主型腔加工，如图 8-9a 所示；副型腔电极一般完成去除余量小、形状复杂（如尖角、窄槽、花纹等）的副型腔加工，如图 8-9b 所示。

分解电极成形工艺的优点是可以根据主、副型腔不同的加工条件，选择不同的加工规准，有利于提高加工速度和改善加工表面质量，能分别满足型腔各部分的要求，保证模具的加工质量；还可以简化电极制造的复杂程度，便于修整电极。该工艺方法适用于尖角、窄缝、沉孔以及深槽多的复杂模具的加工。

### 4. 数控摇动成形工艺

数控电火花机床具有 $X$、$Y$、$Z$ 等多轴数控系统，工具电极和工件之间的运动就可以多种

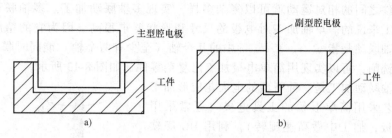

图 8-9 分解电极成形工艺示意图

a) 主型腔加工 b) 副型腔加工

多样。利用工作台或滑板按一定轨迹在加工过程中做微量运动，通常将这种加工称为摇动加工。如图 8-10 所示为数控电火花机床正方形摇动加工的过程。

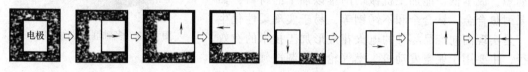

图 8-10 正方形摇动加工过程示意图

有代表性的摇动类型如图 8-11 所示，加工时根据电极形状和目的选择摇动类型。

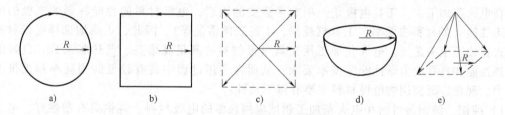

图 8-11 代表性的摇动类型

a) 圆摇动 b) 四方形摇动 c) 放射摇动 d) 球摇动 e) 三轴放射摇动

数控摇动加工有以下作用：

1）可逐步修光侧面和底面。由于在所有方向上发生均匀的放电，可以得到均匀微细的加工表面质量。

2）可以精确控制尺寸精度。通过改变摇动量，可以简单地指定尺寸，提高了加工精度。

3）可加工出清棱、清角的侧壁和底面。

4）变全面加工为局部加工，改善加工条件，有利于排屑和稳定加工，可以提高加工速度。

5）由于尖角部位的损耗小，电极根数可以减少，如图 8-12 所示。

**5. 数控多轴联动成形工艺**

数控电火花多轴联动加工有电火花铣削加工、电火花创成加工、电火花展成加工等多种称法。

数控电火花机床的数控系统对机床坐标轴的移动和转动进行数字控制，使之成为数字控制进给或数控伺服进给。由于具有多轴控制系

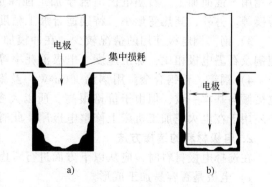

图 8-12 摇动加工减小电极损坏

a) 无摇动加工 b) 有摇动加工

统，电极和工件之间的相对运动就可以复杂多样，实现多轴联动加工。多轴联动加工是针对简单的单轴加工来说的。单轴加工对电极的尺寸和形状要求很高，因为它的精度直接影响加工结果，而多轴联动是指 $x$、$y$、$z$、$b$、$c$ 中的几个轴（至少有两个轴）能同时联动，类似于多轴控制的数控铣削，可以实现用简单电极加工出复杂零件，如图 8-13 所示。

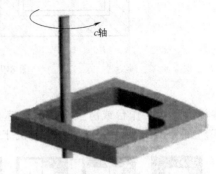

　　电火花多轴联动加工是一种新型的电火花成形加工工艺，这种工艺采用简单形状的工具电极（通常采用中空圆柱棒电极，加工中做高速旋转），利用 UG 等软件的数据文件自动生成加工指令，控制工作台及主轴做多坐标数控伺服运动，配以高效放电加工电源，仿铣加工平面轮廓曲线和三维空间复杂曲面。电极的设计与制造极为简单（不需要制造复杂的成形电极），工艺准备周期短，成本低，能加工机械切削难以加工的材料，如高温耐热合金、钛合金和不锈钢等，易于实现柔性化生产，是实现面向产品零件的电火花成形加工技术的有效途径，主要用于航空发动机、燃气轮机的制造领域。

图 8-13　多轴联动凹模加工

## 8.3.2　电极的准备

### 1. 常用的电极材料

　　在电火花加工中，工具电极是一项非常重要的因素，电极材料的性能将影响电极的电火花加工性能（如材料去除率、工具损耗率、工件表面质量等），因此，正确地选择电极材料对于电火花加工至关重要。电火花加工用工具电极材料应满足高熔点、低热胀系数、良好的导电导热性能和良好的力学性能等基本要求，从而在使用过程中具有较低的损耗率和抵抗变形的能力。现在广泛使用的电极材料主要有以下几种：

　　1）纯铜。纯铜是目前在电火花加工领域应用最多的电极材料。纯铜具有塑性好、电极成形容易（可机械加工成形、锻造成形、电铸成形、电火花线切割成形等）、加工稳定性好、加工表面质量高等优点，但其也具有熔点低（1083℃）、热膨胀系数较大等缺点，适合于较高精度模具的电火花加工，如加工中、小型型腔、花纹图案、细微部位等。

　　2）石墨。石墨也是电火花加工中常用的电极材料，其具有价格较便宜、密度小、良好的机械加工性能和导电性能、熔点高（3700℃）、加工效率高、在大电流的情况下仍能保持电极的低损耗等优点；但在精加工中石墨电极的放电稳定性较差，容易过渡到电弧放电，只能选取损耗较大的加工条件来加工；在加工微细面时表面粗糙度略差，在加工中容易脱落、掉渣，不能用于镜面加工。石墨电极适合于加工蚀除量较大的型腔，如大型的塑料模具、锻模、压铸模等。另外，其热变形小，特别适合加工精度要求高的深窄缝条。

　　3）钢。钢电极使用的情况较少，在冲模加工中，可以直接用冲头作电极加工冲模，但与纯铜及石墨电极相比，加工速度、电极消耗率等方面均较差。

　　4）铜钨、银钨合金。用铜钨（Cu-W）及银钨（Ag-W）合金电极加工钢料时，特性与铜电极倾向基本一致，但由于价格很高，所以大多只用于加工硬质合金类耐热性材料。除此之外还用于在电火花加工机床上修整电极用，此时应用正极性。

### 2. 电极材料的选择方法

　　在选择电极材料时，应从以下方面进行考虑：

　　1）电极是否容易加工成形。

　　2）电极的放电加工性能如何。

　　3）加工精度、表面质量如何。

4）电极材料的成本是否合理。

5）电极的重量如何。

### 8.3.3　数控电火花加工电参数的确定

电火花加工的主要电参数为脉冲峰值电流、脉冲宽度和脉冲间隔，如图8-14所示。这三大电参数决定了放电加工的能量，对加工生产率、表面粗糙度、放电间隙、电极损耗、表面变质层、加工稳定性等各方面的工艺效果有重要影响，如表8-1所示。

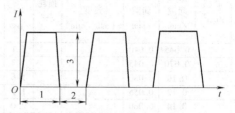

图8-14　脉冲电流波形
1—脉冲宽度　2—脉冲间隔　3—脉冲峰值电流

表 8-1　三大电参数对工艺指标的影响

| 电参数 ＼ 工艺指标 | 加工速度 | 电极损耗 | 表面粗糙度 | 放电间隙 | 综合影响评价 |
|---|---|---|---|---|---|
| 脉冲峰值电流↑ | ↑非常显著 | ↑显著 | ↑非常显著 | ↑非常显著 | 非常显著 |
| 脉冲宽度↑ | ↑显著 | ↓非常显著 | ↑显著 | ↑显著 | 显著 |
| 脉冲间隔↑ | ↓显著 | ↑不是很显著 | ↓不是很显著 | ↓不是很显著 | 不是很显著 |

数控电火花机床一般都有用于各种加工的成套电参数，并将一组电参数用一个条件号来表示，因此选用电参数时可以直接调用条件号。下面以北京阿奇夏米尔 SE 系列数控电火花机床为例讲解条件号和工艺留量的确定方法。

#### 1. 确定第一个加工条件

可根据投影面积的大小和工艺组合，由加工参数表（表8-2～表8-4）来选择第一个加工条件。查表时要区分工艺要求是低损耗，还是标准，还是高效率的要求。

表 8-2　铜打钢最小损耗参数表

| 条件号 | 面积 /cm² | 安全间隙 /mm | 放电间隙 /mm | 加工速度 /(mm³/min) | 损耗 /% | 侧面 Ra /μm | 底面 Ra /μm | 极性 | 电容 | 高压管 | 管数 | 脉冲间隙 | 脉冲宽度 | 模式 | 损耗类型 | 伺服基准 | 伺服速度 | 极限值 损耗类型 | 极限值 脉冲间隙 | 极限值 伺服基准 |
|---|---|---|---|---|---|---|---|---|---|---|---|---|---|---|---|---|---|---|---|---|
| 100 | | 0 | 0.005 | | | | | − | 0 | 0 | 3 | 2 | 2 | 8 | 0 | 85 | 8 | | | |
| 101 | | 0.04 | 0.025 | | | 0.56 | 0.7 | + | 0 | 0 | 2 | 6 | 9 | 8 | 0 | 80 | 8 | | | |
| 103 | | 0.06 | 0.045 | | | 0.8 | 1.0 | + | 0 | 0 | 3 | 7 | 11 | 8 | 0 | 80 | 8 | | | |
| 104 | | 0.08 | 0.05 | | | 1.2 | 1.5 | + | 0 | 0 | 4 | 8 | 12 | 8 | 0 | 80 | 8 | | | |
| 105 | | 0.11 | 0.065 | | | 1.5 | 1.9 | + | 0 | 0 | 5 | 9 | 13 | 8 | 0 | 75 | 8 | | | |
| 106 | | 0.12 | 0.07 | 1.2 | | 2.0 | 2.6 | + | 0 | 0 | 6 | 10 | 14 | 8 | 0 | 75 | 10 | 0 | 6 | 35 |
| 107 | | 0.19 | 0.15 | 3.0 | | 3.04 | 3.8 | + | 0 | 0 | 7 | 12 | 16 | 8 | 0 | 75 | 10 | 0 | 6 | 55 |
| 108 | 1 | 0.28 | 0.19 | 10 | 0.10 | 3.92 | 5.0 | + | 0 | 0 | 8 | 13 | 17 | 8 | 0 | 75 | 10 | 0 | 6 | 55 |
| 109 | 2 | 0.4 | 0.25 | 15 | 0.05 | 5.44 | 6.8 | + | 0 | 0 | 9 | 13 | 18 | 8 | 0 | 75 | 12 | 0 | 8 | 52 |
| 110 | 3 | 0.58 | 0.32 | 22 | 0.05 | 6.32 | 7.9 | + | 0 | 0 | 10 | 15 | 19 | 8 | 0 | 75 | 12 | 0 | 8 | 52 |
| 111 | 4 | 0.7 | 0.37 | 43 | 0.05 | 6.8 | 8.5 | + | 0 | 0 | 11 | 15 | 20 | 8 | 0 | 75 | 12 | 0 | 8 | 48 |
| 112 | 6 | 0.83 | 0.47 | 70 | 0.05 | 9.68 | 12.1 | + | 0 | 0 | 12 | 16 | 21 | 8 | 0 | 65 | 15 | 0 | 8 | 48 |
| 113 | 8 | 1.22 | 0.60 | 90 | 0.05 | 11.2 | 14.0 | + | 0 | 0 | 13 | 16 | 23 | 8 | 0 | 65 | 15 | 0 | 10 | 50 |
| 114 | 12 | 1.55 | 0.83 | 110 | 0.05 | 12.4 | 15.5 | + | 0 | 0 | 14 | 16 | 25 | 8 | 0 | 58 | 15 | 0 | 12 | 50 |
| 115 | 20 | 1.65 | 0.89 | 205 | 0.05 | 13.4 | 16.7 | + | 0 | 0 | 15 | 17 | 26 | 8 | 0 | 58 | 15 | 0 | 13 | 50 |

表 8-3　铜打钢标准型参数表

| 条件号 | 面积/cm² | 安全间隙/mm | 放电间隙/mm | 加工速度/(mm³/min) | 损耗/% | 侧面Ra/μm | 底面Ra/μm | 极性 | 电容 | 高压管 | 管数 | 脉冲间隙 | 脉冲宽度 | 模式 | 损耗类型 | 伺服基准 | 伺服速度 | 极限值脉冲间隙 | 极限值伺服基准 |
|---|---|---|---|---|---|---|---|---|---|---|---|---|---|---|---|---|---|---|---|
| 121 | | 0.045 | 0.040 | | | 1.1 | 1.2 | + | 0 | 0 | 2 | 4 | 8 | 8 | 0 | 80 | 8 | | |
| 123 | | 0.070 | 0.045 | | | 1.3 | 1.4 | + | 0 | 0 | 3 | 4 | 8 | 8 | 0 | 80 | 8 | | |
| 124 | | 0.10 | 0.050 | | | 1.6 | 1.6 | + | 0 | 0 | 4 | 6 | 10 | 8 | 0 | 80 | 8 | | |
| 125 | | 0.12 | 0.055 | | | 1.9 | 1.9 | + | 0 | 0 | 5 | 6 | 10 | 8 | 0 | 75 | 8 | | |
| 126 | | 0.14 | 0.060 | | | 2.0 | 2.6 | + | 0 | 0 | 6 | 7 | 11 | 8 | 0 | 75 | 10 | | |
| 127 | | 0.22 | 0.11 | 4.0 | | 2.8 | 3.5 | + | 0 | 0 | 7 | 8 | 12 | 8 | 0 | 75 | 10 | | |
| 128 | 1 | 0.28 | 0.165 | 12.0 | 0.40 | 3.7 | 5.8 | + | 0 | 0 | 8 | 11 | 15 | 8 | 0 | 75 | 10 | 5 | 52 |
| 129 | 2 | 0.38 | 0.22 | 17.0 | 0.25 | 4.4 | 7.4 | + | 0 | 0 | 9 | 13 | 17 | 8 | 0 | 75 | 12 | 6 | 52 |
| 130 | 3 | 0.46 | 0.24 | 26.0 | 0.25 | 5.8 | 9.8 | + | 0 | 0 | 10 | 13 | 18 | 8 | 0 | 70 | 12 | 6 | 50 |
| 131 | 4 | 0.61 | 0.31 | 46.0 | 0.25 | 7.0 | 10.2 | + | 0 | 0 | 11 | 13 | 18 | 8 | 0 | 70 | 12 | 5 | 48 |
| 132 | 6 | 0.72 | 0.36 | 77.0 | 0.25 | 8.2 | 12 | + | 0 | 0 | 12 | 14 | 19 | 8 | 0 | 65 | 15 | 5 | 48 |
| 133 | 8 | 1.00 | 0.53 | 126.0 | 0.15 | 12.2 | 15.2 | + | 0 | 0 | 13 | 14 | 22 | 8 | 0 | 65 | 15 | 5 | 45 |
| 134 | 12 | 1.06 | 0.544 | 166.0 | 0.15 | 13.4 | 16.7 | + | 0 | 0 | 14 | 14 | 23 | 8 | 0 | 58 | 15 | 7 | 45 |
| 135 | 20 | 1.581 | 0.84 | 261.0 | 0.15 | 15.0 | 18.0 | + | 0 | 0 | 15 | 16 | 25 | 8 | 0 | 58 | 15 | 8 | 45 |

表 8-4　铜打钢最大去除率型参数表

| 条件号 | 面积/cm² | 安全间隙/mm | 放电间隙/mm | 加工速度/(mm³/min) | 损耗/% | 侧面Ra/μm | 底面Ra/μm | 极性 | 电容 | 高压管 | 管数 | 脉冲间隙 | 脉冲宽度 | 模式 | 损耗类型 | 伺服基准 | 伺服速度 | 极限值脉冲间隙 | 极限值伺服基准 |
|---|---|---|---|---|---|---|---|---|---|---|---|---|---|---|---|---|---|---|---|
| 141 | | 0.046 | 0.04 | | | 1.0 | 1.2 | + | 0 | 0 | 2 | 6 | 9 | 8 | 0 | 80 | 8 | | |
| 142 | | 0.090 | 0.055 | | | 1.1 | 1.4 | + | 0 | 0 | 3 | 7 | 11 | 8 | 0 | 80 | 8 | | |
| 143 | | 0.11 | 0.06 | | | 1.2 | 1.6 | + | 0 | 0 | 4 | 8 | 12 | 8 | 0 | 80 | 8 | | |
| 144 | | 0.13 | 0.065 | | | 1.7 | 2.1 | + | 0 | 0 | 5 | 9 | 13 | 8 | 0 | 78 | 8 | | |
| 145 | | 0.15 | 0.07 | | | 2.1 | 2.6 | + | 0 | 0 | 6 | 10 | 14 | 8 | 0 | 75 | 10 | | |
| 146 | | 0.18 | 0.08 | | | 2.7 | 3.7 | + | 0 | 0 | 7 | 10 | 15 | 8 | 0 | 75 | 10 | | |
| 147 | | 0.23 | 0.122 | 10.0 | 5.0 | 3.2 | 4.8 | + | 0 | 0 | 8 | 6 | 11 | 8 | 0 | 75 | 10 | | |
| 148 | 1 | 0.29 | 0.145 | 15.0 | 2.5 | 3.4 | 5.4 | + | 0 | 0 | 9 | 7 | 12 | 8 | 0 | 75 | 12 | | |
| 149 | 2 | 0.346 | 0.19 | 19.0 | 1.8 | 4.2 | 6.2 | + | 0 | 0 | 9 | 8 | 13 | 8 | 0 | 75 | 12 | 6 | 45 |
| 150 | 3 | 0.43 | 0.22 | 30.0 | 1.0 | 4.6 | 8.0 | + | 0 | 0 | 10 | 10 | 15 | 8 | 0 | 70 | 15 | 5 | 45 |
| 151 | 4 | 0.61 | 0.3 | 45.0 | 0.9 | 6.0 | 9.2 | + | 0 | 0 | 11 | 11 | 16 | 8 | 0 | 70 | 15 | 5 | 45 |
| 152 | 6 | 0.71 | 0.35 | 76.0 | 0.8 | 8.0 | 12.2 | + | 0 | 0 | 12 | 11 | 17 | 8 | 0 | 65 | 15 | 5 | 45 |
| 153 | 8 | 0.97 | 0.457 | 145.0 | 0.4 | 11.8 | 14.2 | + | 0 | 0 | 13 | 12 | 20 | 8 | 0 | 65 | 15 | 7 | 48 |
| 154 | 12 | 1.22 | 0.59 | 220.0 | 0.4 | 13.9 | 17.2 | + | 0 | 0 | 14 | 12 | 21 | 8 | 0 | 58 | 15 | 8 | 48 |
| 155 | 20 | 1.6 | 0.81 | 310.0 | 0.4 | 15.0 | 19.0 | + | 0 | 0 | 15 | 15 | 23 | 8 | 0 | 58 | 15 | 10 | 48 |

**2. 确定最终加工条件**

根据最终表面粗糙度要求查表 8-2、表 8-3 和表 8-4 确定最终加工条件。

**3. 确定中间加工条件**

全选第一个加工条件至最终加工条件间的全部加工条件。

**4. 确定每个加工条件的底面留量**

最后一个加工条件之前的底面留量按所选加工条件的安全间隙 M 的一半留取，最后一个加工条件按本条件的放电间隙的一半留取。

## 8.3.4　电火花工作液的选择

电火花加工一般是在液体介质中进行的，液体介质通常称为工作液（或加工液），它是放电蚀除过程中的重要因素，具有消电离、排除电蚀产物、冷却和增加蚀除量等作用，它的性能会影响加工的工艺指标，因此应正确选择和使用电火花工作液。

**1. 电火花工作液的性能要求**

为了满足电火花加工要求，电火花工作液应具有以下性能：

1）低黏度。冷却性好，流动性好，加工屑容易排出。

2）高闪火点、高沸点。闪火点高，不易起火；沸点高，不易汽化、损耗。

3）绝缘性好。以维持工具电极与工件之间适当的绝缘强度。

4）臭味小。加工中分解的气体无毒，对人体无害，无分解气体最好。

5）对加工件不污染、不腐蚀。

6）氧化安全性要好，寿命长。

7）价格要便宜，便于选用和更换。

**2. 电火花工作液的种类**

（1）煤油、水基及一般矿物油型工作液

由于煤油的闪点低（46℃左右）、易因意外导致火灾；芳烃含量高，易挥发，加工分解出的有害气体多；抗氧化性差，易炭化、积炭、结焦；环保性、附加值差，易造成加工环境污染，过滤芯需频繁更换；因此目前国内企业基本不采用煤油作为电火花工作液了。

水基工作液仅局限于电火花高速穿孔加工等，因为其绝缘性、电极消耗、防锈性等都很差，所以成形加工基本不用。

一般矿物油型工作液具有良好的排屑性和排除积炭的作用，油的黏度较低，在 $1.3 \sim 2.2\mathrm{mm}^2/\mathrm{s}$（40℃）范围内，闪火点偏低，常含有一定量的芳烃，导致油品的安全性差，有臭味，对皮肤也有刺激，一般加有酚类抗氧化剂，工作液的颜色较深。采用的原因就是价格低廉，并且含有一定的芳烃，对提高加工速度有利，在 20 世纪 80~90 年代被广泛使用，现逐步被专用的矿物油性火花油所代替。

（2）合成型（或半合成型）电火花工作液

这种电火花工作液主要指正构烷烃和异构烷烃。由于不加酚类抗氧化剂，因此油的颜色水白透亮；几乎不含芳烃，没有异味，但加工速度低于矿物油型的电火花工作液；其价格低廉。

（3）高速合成型电火花工作液

高速合成型电火花工作液是在合成型电火花工作液的基础上，加入聚丁烯等类似添加剂，旨在提高电蚀速度和加工效率。这种添加剂成本高，工艺不易掌握，通常脂肪烃类聚合物加多了，容易引起电弧现象，并不是很适用，因此应慎重选择使用。

**3. 混粉电火花工作液**

混粉电火花工作液就是在电火花工作液中加入一定的粉末添加剂，如硅粉、铬粉、镁粉等。在放电加工液内混入粉末添加剂，可以高速获得光泽加工面，这种加工方法称为混粉加工（或镜面加工），使用这种方法能方便地加工出表面粗糙度不大于 $Ra0.8\mu\mathrm{m}$ 的表面。混粉加工主要应用于复杂模具型腔，尤其是不便于进行抛光作业的复杂曲面的精密加工，可降低零件表面粗糙度值，省去手工抛光工序，还可以提高零件的使用性能（如寿命、耐磨性、耐腐蚀性和脱模性等），目前该技术已在部分生产厂家得到了实际应用。

## 8.3.5 工作液的处理方式

数控电火花加工工作液的处理方式可分为冲液方式和无冲液方式两种。其选用原则是：尽量用无冲液方式代替冲液方式，必要时应采用合理的冲液方式，并严格控制冲液压力。

**1. 冲液方式**

冲液方式包括加工中的冲油式和抽油式两种，一般与加工中的抬刀组合使用。冲液方式要求尽量保证冲液压力的均匀。数控电火花机床为安全起见，要求采用浸油加工，因此，即使是进行冲液，也是在浸油的环境中进行的。如图 8-15 所示，其中图 8-15a、b 是冲油式，即将具有一定压力的干净工作液流向加工表面，迫使工作液连同电蚀产物从电极四周间隙流出；图 8-15c、d 是抽油式，从待加工表面将已使用过的工作液连同电蚀产物一起抽出。

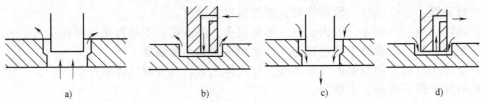

图 8-15 冲油方式

a)、b) 冲油式　c)、d) 抽油式

冲油式排屑效果好，但电蚀产物从已加工面流出时易造成二次放电（由于电蚀产物在侧面间隙中滞留引起的电极侧面和已加工面之间的放电现象），使型腔四壁形成斜度，影响加工精度。抽油式的抽油压力略大于冲油式油压，排屑能力不如冲油式，但可获得较高的精度和较小的表面粗糙度值。

（1）冲液的方法

为了防止由于加工屑引起的二次放电，必须高效率地排出加工屑，因此应正确使用冲液的液处理方式，如图 8-16 所示，标有"○"的是好的冲液方法，标有"×"的是不好的冲液方法。

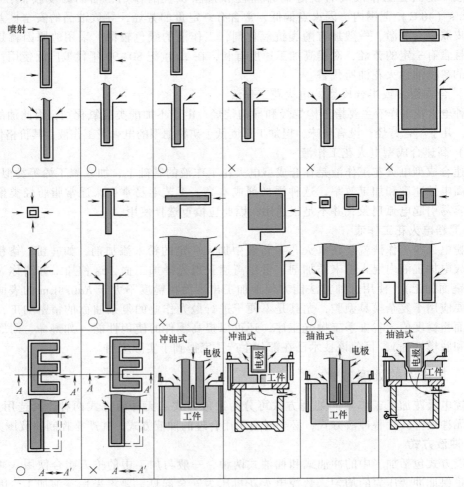

图 8-16 各种冲液的方法

（2）冲油压力的设定

若冲、抽油压力过大，则电极表面不易吸附沉积炭黑膜，电极的损耗会相应地增加，因此只要能使加工稳定，保证必要的排屑条件，则应使冲液压力尽量小些，一般将液压控制在接近稳定加工的临界压力范围内，可参考表8-5来设定液压。

**表8-5 冲液压力的设定及注意事项**

| 工作液处理 | 类型 | 液压 | 主要注意事项 |
|---|---|---|---|
| 喷射压 | 型腔 | 粗加工 $(0.2\sim0.5)\times10^5\,\mathrm{Pa}$<br>精加工 $(0.3\sim0.5)\times10^5\,\mathrm{Pa}$ | 1）工作液喷射口应尽量接近极间<br>2）喷射角度应尽量与电极侧面平行<br>3）喷射反面有变宽的倾向<br>4）液压高，电极损耗增加 |
| | 通孔 | 粗加工 $0.5\times10^5\,\mathrm{Pa}$ 以上<br>精加工 $0.5\times10^5\,\mathrm{Pa}$ 以上 | |
| 喷出压 | 型腔 | 粗加工 $(0.05\sim0.1)\times10^5\,\mathrm{Pa}$<br>精加工 $(0.05\sim0.1)\times10^5\,\mathrm{Pa}$ | 1）由于二次放电，侧面将产生斜度<br>2）大面积加工时，应设有排气孔<br>3）除喷出阀外，旁路阀也打开，进行液压调节<br>4）液压高，电极损耗增加 |
| | 通孔 | 粗加工 $(0.05\sim0.2)\times10^5\,\mathrm{Pa}$<br>精加工 $(0.1\sim0.4)\times10^5\,\mathrm{Pa}$ | |
| 抽吸压 | 型腔 | 精加工 $10\sim15\,\mathrm{cmHg}$[①] | 1）液压调整在抽吸辅助阀侧进行<br>2）不能进行 $c$ 轴的抽吸<br>3）液压过高，电极损耗增加 |
| | 通孔 | 精加工 $10\sim30\,\mathrm{cmHg}$[①] | |

① $1\,\mathrm{cmHg}=1333.22\,\mathrm{Pa}$

## 2. 无冲液方式

无冲液方式是指在电火花加工过程中，使电极和工件浸入工作液中，不采用冲、抽油的液处理方式。这种方式大多通过数控电火花机床的高速抬刀技术来满足加工的排屑要求，还可以配以其他如电极摇动、电极旋转等工艺方法。

无冲液高速抬刀加工的排屑过程如图8-17所示。

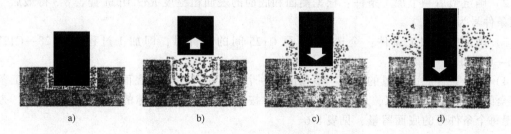

图 8-17 无冲液高速抬刀加工的排屑过程
a）处于放电状态 b）电极高速上升 c）电极高速下降 d）电极到达放电位置

1）当处于放电状态时，加工间隙内产生电蚀产物及有害气体。

2）当电极高速上升时，加工液急剧地流进加工型腔，在电极与加工面之间形成负压，使电蚀产物与有害气体分散。

3）当电极高速下降时，将电极与加工面之间的电蚀产物及有害气体随同加工液一起被迅速排出。

4）当电极到达放电位置时，准备进入放电状态，这时电蚀产物及有害气体基本被排出。

无冲液的高速抬刀非常适合深窄、精密的加工场合。当加工大面积型腔时，不能采用高速抬刀方法，因为电极运动阻力随放电间隙变化而急剧变化，在放电间隙较小时，工作液在放电间隙中的流动会受到很大阻力，相应的在放电间隙中产生较大的压差，从而使电极受到较大的运动阻力，电极所受到的这种运动阻力会使电极的装夹产生相应的变形，影响加工精度。

### 3. 冲液方式与无冲液方式加工效果的区别

采用高速抬刀技术的无冲液加工不会像冲液加工那样，由于冲液的不均匀使得加工屑、废气、焦油等残留在加工部位，并产生一定的浓度差，使残留的加工屑、废气、焦油引起集中放电和二次放电；也不会产生间隙不均匀，放电面不一致的现象，不再依赖操作者个人经验或有无冲液处理，只要在同样的条件下加工，就能实现稳定的加工。另外，无冲液方式因放电状态稳定，避免了因二次放电引起的电极异常损耗，延长了电极的寿命。

## 8.4　案例决策与执行

### 1. 工艺分析

如图 8-1 所示，该零件为在一个正方形板上加工一个 10mm×10mm 的方孔，深为 10mm，零件材料为 45 钢，要求底面和侧面的表面粗糙度均为 $Ra2.0\mu m$，加工时要求电极损耗和加工效率兼顾。型孔较小，精度及质量要求一般。

### 2. 工件的装夹

采用电磁吸盘装夹工件，用千分表找正工件的位置。

### 3. 选择加工方法

由于该型孔形状简单，尺寸不大，精度和表面粗糙度要求一般，可采用单电极加工。

### 4. 选择电极材料

由任务可知，采用纯铜做电极。

### 5. 选择电参数

1) 确定第一个加工条件：根据型孔的底面积 $1cm^2$（10mm×10mm = 100mm²）和工艺要求电极损耗与加工效率兼顾查表 8-3 得，第一个加工条件号为 C128。

2) 确定最后一个加工条件：根据侧面和底面的表面粗糙度 $Ra2.0\mu m$ 查表 8-3 得最后一个加工条件号为 C125。

3) 确定中间加工条件：全选 C128 至 C125 间的条件号，即加工过程为 C128—C127—C126—C125。

4) 每个条件底面留量的确定：根据最后一个加工条件之前的底面留量，按所选加工条件的安全间隙 M 的一半留取，最后一个加工条件按本条件的放电间隙的一半留取的算法，查表 8-3 得每个条件号的底面留量，见表 8-6。

表 8-6　加工条件与底面留量

| 加工条件 | C128 | C127 | C126 | C125 |
|---|---|---|---|---|
| 确定方法 | 取 M/2 值 | | | 取放电间隙的一半 |
| 底面留量/mm | 0.14 | 0.11 | 0.07 | 0.0275 |

### 6. 选择极性

采用正极性加工，即工具电极接脉冲电源的正极，工件接负极。

## 思考题与习题

1. 简述数控电火花成形加工的工作原理。

2. 数控电火花成形加工的工艺方法有哪些？各使用于什么场合？

3. 简述数控电火花成形加工主要电参数的选择原则与方法。

4. 在工件上加工四个型腔，如图 8-18 所示，底面和侧面的表面粗糙度要求为 $Ra1.6\mu m$，工件材料为 45 钢，采用纯铜电极加工，要求加工时损耗、效率兼顾。

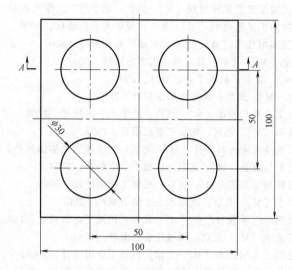

图 8-18 习题 4 图

# 参 考 文 献

[1] 王爱玲. 数控机床加工工艺 [M]. 北京：机械工业出版社，2006.
[2] 赵长明. 数控加工工艺及设备 [M]. 北京：高等教育出版社，2003.
[3] 黄应勇. 数控机床 [M]. 北京：北京大学出版社，中国林业出版社，2006.
[4] 徐宏海. 数控加工工艺 [M]. 北京：化学工业出版社，2003.
[5] 罗春华，刘海明. 数控加工工艺简明教程 [M]. 北京：北京理工大学出版社，2007.
[6] 张明建，杨世成. 数控加工工艺规划 [M]. 北京：清华大学出版社，2009.
[7] 李立. 数控线切割加工实用技术 [M]. 北京：机械工业出版社，2007.
[8] 蔡厚道. 数控机床构造 [M]. 北京：北京理工大学出版社，2007.
[9] 熊光华. 数控机床 [M]. 北京：机械工业出版社，2007.
[10] 杨峻峰. 机床及夹具 [M]. 北京：清华大学出版社，2005.
[11] 张平亮. 现代数控加工工艺与装备 [M]. 北京：清华大学出版社，2008.
[12] 韩洪涛. 机械制造技术 [M]. 北京：化学工业出版社，2003.
[13] 刘登平. 机械制造工艺及机床夹具设计 [M]. 北京：北京理工大学出版社，2008.
[14] 周晓宏. 数控加工工艺与设备 [M]. 北京：机械工业出版社，2008.
[15] 苏建修，杜家熙. 数控加工工艺 [M]. 北京：机械工业出版社，2009.
[16] 张平亮. 机械制造技术 [M]. 北京：北京理工大学出版社，2007.
[17] 陆剑中，孙家宁. 金属切削原理与刀具 [M]. 北京：机械工业出版社，1985.
[18] 赵志修. 机械制造工艺学 [M]. 北京：机械工业出版社，1985.
[19] 伍端阳. 数控电火花加工实用技术 [M]. 北京：机械工业出版社，2007.
[20] 张定华. 数控加工工艺手册：第三卷 [M]. 北京：化学工业出版社，2013.